21世纪高等职业教育信息技术类规划教材
21 Shiji Gaodeng Zhiye Jiaoyu Xinxi Jishulei Guihua Jiaocai

Java程序设计实例教程

Java CHENGXUSHEJI SHILIJIAOCHENG

刘志成 主编　宁云智 刘彦姝 刘畅 副主编

人 民 邮 电 出 版 社
北 京

图书在版编目（CIP）数据

Java程序设计实例教程 / 刘志成主编. -- 北京 ：人民邮电出版社，2010.8
21世纪高等职业教育信息技术类规划教材
ISBN 978-7-115-22607-5

Ⅰ. ①J… Ⅱ. ①刘… Ⅲ. ①JAVA语言－程序设计－高等学校：技术学校－教材 Ⅳ. ①TP312

中国版本图书馆CIP数据核字(2010)第054012号

内容提要

本书系统介绍了Java语言的基础语法和Java桌面程序开发相关技术，主要内容包括Java语言概述、Java数据类型与运算符、Java流程控制语句、Java面向对象编程技术、Java图形用户界面技术、Java异常处理技术、Java输入输出技术、多线程编程、网络编程和数据库编程。

本书根据Java桌面开发程序员的岗位能力要求，融入SCJP认证和NCRE二级Java考试的内容，结合高职学生的认知规律，精心组织教学内容。全书通过54个典型的案例，由浅入深地介绍了Java基础语法和Java桌面开发技术。将知识讲解、技能训练和职业素质培养有机结合，融“教、学、做”三者于一体，适合“项目驱动、案例教学、理论实践一体化”的教学模式。

本书可作为高职高专IT类相关专业Java程序设计入门课程的教材，也可作为计算机培训班的教材，以及Java程序员的参考书。

21世纪高等职业教育信息技术类规划教材

Java程序设计实例教程

◆ 主　　编　刘志成
　副 主 编　宁云智　刘彦姝　刘　畅
　责任编辑　王　威
◆ 人民邮电出版社出版发行　北京市崇文区夕照寺街14号
　邮编　100061　电子函件　315@ptpress.com.cn
　网址　http://www.ptpress.com.cn
　北京鑫正大印刷有限公司印刷
◆ 开本：787×1092　1/16
　印张：17.75　2010年8月第1版
　字数：455千字　2010年8月北京第1次印刷

ISBN 978-7-115-22607-5

定价：32.50元

读者服务热线：(010)67170985　印装质量热线：(010)67129223
反盗版热线：(010)67171154

前　言

Java 是当前最流行的程序设计语言之一，它的出现大大地促进了软件产业和互联网的发展。从 1995 年 Java 诞生以来，Java 从一种编程语言发展为一个平台、一个社群、一个产业。Java 作为一种优秀的面向对象程序设计语言，已成为软件开发领域中的主流技术，全球有 450 万名程序员使用 Java 开发软件，14 亿部设备上运行着 Java 编写的程序。

本书是湖南省职业院校教育教学改革研究项目（项目编号：ZJGB2009014）研究成果，是国家示范性建设院校重点建设专业（软件技术专业）的建设成果，是实践环节系统化设计的实验成果。

本书是作者在总结了多年开发经验与教学成果的基础上编写的。通过 54 个典型的实例，按照“语言基础”、“技术基础”和“高级编程”3 个层次由浅入深，由易到难地介绍了 Java SE 6 的核心技术。通过本教材的学习，读者可以快速、全面地掌握使用 Java SE 技术开发桌面应用程序的方法。作为“项目驱动、案例教学、理论实践一体化”教学的载体，本教材主要有以下特色。

（1）准确的课程定位。根据软件企业对 Java 技术的应用现状，对基于 Java 的桌面开发技术进行细分。将课程目标定位为培养掌握 Java 基本开发技术的桌面开发程序员。该课程在 Java 方向的课程体系中的位置如图 0-1 所示。

（2）层次化的知识结构。根据 Java 桌面程序开发所需技术，遵循学生的认知规律，设计了“语言基础”、“技术基础”和“高级编程”层次递进的知识模块，如图 0-2 所示。

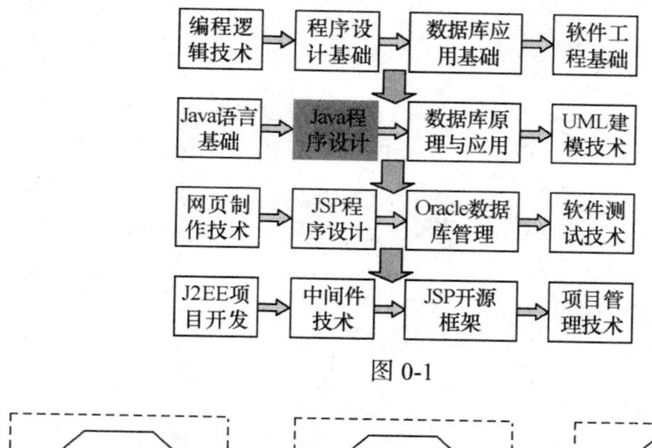

图 0-1

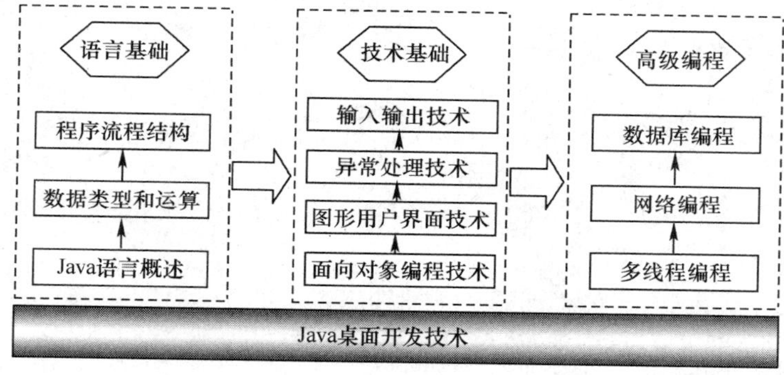

图 0-2

（3）完整的案例教学。针对重点和难点精心选择 54 个典型的案例。每个案例的讲解都按照“案例学习目标”→“案例知识要点”→“案例完成步骤”这些环节详细展开，强化编程逻辑训练。

（4）深度融入行业认证。课程知识面向 NCRE 中的二级 Java 考试和 Sun 公司的 SCJP 认证，精选近 3 年二级 Java 考试真题作为课后习题，并随书赠送 2007 年～2009 年历次二级 Java 考试真题题解。

本书由刘志成任主编，宁云智、刘彦姝、刘畅任副主编，朱兴荣、林东升、冯向科、谢树新、薛志良、龚娟、李蓓、谢志勇、王咏梅参与了部分章节的编写和文字校对工作。

本书适合作为高职高专计算机类专业的教材，也可以作为培训教材。由于编者水平有限，书中难免存在疏漏之处，欢迎广大读者提出宝贵的意见。

编　者

2010 年 3 月

目 录

第1章 Java语言概述

【学习目标】

本章主要介绍Java语言的基本情况。主要包括Java的发展历史、Java的特点、Java开发环境、命令行方式开发第一个Java程序、Eclipse环境开发第一个Java程序和Java工作原理等。本章的学习目标如下。

（1）了解Java的发展历史。

（2）了解Java的工作原理。

（3）熟悉Java的特点。

（4）熟悉Java程序编写、编译和运行的基本过程。

（5）能选择合适的JDK版本。

（6）能熟练搭建Java桌面开发环境。

（7）能编写简单的Java程序。

【学习导航】

Java语言是由Sun公司于1995年推出的纯面向对象的程序设计语言，集安全性、简单性、易用性和平台无关性等特点于一身。今天，Java已由简单的编程语言发展成为一个开发平台，在网络环境中得到广泛应用。本章内容在Java桌面开发技术中的位置如图1-1所示。

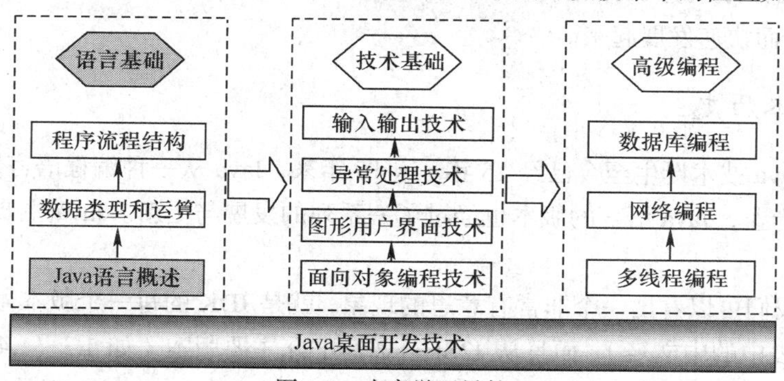

图1-1 本章学习导航

1.1 Java 语言简介

Java 是 Sun 公司推出的面向对象程序设计语言，它的面向对象、跨平台和分布应用等特点给编程人员带来一种崭新的计算机概念，使 WWW 由最初的单纯提供静态信息发展到现在的提供各种各样的动态服务。Java 不仅能够编写嵌入网页中具有声音和动画功能的小应用程序，而且还能够编写大中型企业级的应用程序，其强大的网络功能可以把整个 Internet 作为一个统一的运行平台，极大地拓展了传统单机模式和客户/服务器模式应用程序的外延和内涵。从 1995 年正式问世以来，Java 逐步从一种单纯的高级编程语言发展为一种重要的基于 Internet 的开发平台，并进而带动了 Java 产业的发展和壮大，成为当今计算机业界不可忽视的力量和最重要的发展潮流。

1.1.1 Java 的发展简史

1. Java 发展历程

1991 年，美国 Sun Microsystems 公司的某个研究小组为了能够在消费电子产品上开发应用程序，积极寻找合适的编程语言。消费电子产品种类繁多，包括 PDA、机顶盒、手机等，即使是同一类消费电子产品所采用的处理芯片和操作系统也不相同，也存在着跨平台的问题。当时最流行的编程语言是 C 和 C++语言，Sun 公司的研究人员就考虑是否可以采用 C++语言来编写消费电子产品的应用程序。但是研究表明，对于消费电子产品而言 C++语言过于复杂和庞大，并不适用，安全性也并不令人满意。于是，Bill Joy 先生领导的研究小组就着手设计和开发出一种新的语言，将 C++语言进行简化，去掉指针操作、运算符重载、多重继承等，得到了 Java 语言，并将它变为一种解释执行的语言，在每个芯片上装上一个 Java 语言虚拟机器。刚开始 Java 语言被称之为 Oak 语言。

Java 语言的发展得益于 WWW 的发展。在 Java 出现以前，Internet 上的信息内容都是一些乏味死板的 HTML 文档，这对于那些迷恋于 Web 浏览的人们来说简直不可容忍。他们迫切希望能在 Web 中看到一些交互式的内容，开发人员也极希望能够在 Web 上创建一类无需考虑软硬件平台就可以执行的应用程序，当然这些程序还要有极大的安全保障。对于用户的这种要求，传统的编程语言显得无能为力。Sun 的工程师敏锐地察觉到了这一点，他们将 Oak 技术应用于 Web，Oak 语言发展起来以后来改名为 Java 语言。1995 年，Sun 公司正式对外公布了 Java。此后，Java 就随着 Internet 的发展而快速发展起来。

2. Java 版本历史

从 1995 年 Java 技术诞生至今已经 15 年。这 15 年来，Java 从一种编程语言发展为一个平台、一个社群、一个产业，Java 语言的版本也经过了一系列的发展与更新。Java 主要版本的发布时间如表 1-1 所示。

从表 1-1 中我们可以看出一个非常有意思的现象，就是 JDK 的每一个版本号都使用一个开发代号表示（就是表中的中文名）。而且从 J2SE 1.2.2 开始,主要版本（如 1.3，1.4，5.0）都是以鸟类或哺乳动物来命名的，而它们的 bug 修正版本（如 1.2.2，1.3.1，1.4.2）都是以昆虫命名的。

表1-1 Java主要版本的发布时间

版 本 号	名 称	中 文 名	发 布 日 期
JDK 1.1.4	Sparkler	宝石	1997-09-12
JDK 1.1.5	Pumpkin	南瓜	1997-12-13
JDK 1.1.6	Abigail	阿比盖尔—女子名	1998-04-24
JDK 1.1.7	Brutus	布鲁图—古罗马政治家和将军	1998-09-28
JDK 1.1.8	Chelsea	切尔西—城市名	1999-04-08
J2SE 1.2	Playground	运动场	1998-12-04
J2SE 1.2.1	none	无	1999-03-30
J2SE 1.2.2	Cricket	蟋蟀	1999-07-08
J2SE 1.3	Kestrel	美洲红隼	2000-05-08
J2SE 1.3.1	Ladybird	瓢虫	2001-05-17
J2SE 1.4.0	Merlin	灰背隼	2002-02-13
J2SE 1.4.1	grasshopper	蚱蜢	2002-09-16
J2SE 1.4.2	Mantis	螳螂	2003-06-26
J2SE 5.0 (1.5.0)	Tiger	老虎	2004-10
Java SE 6 (Beta)	Mustang	野马	2006-04

- J2SE 1.5.0发布时，为了表示该版本的重要性，J2SE 1.5更名为Java SE 5.0；
- 2005年6月，JavaOne大会召开，Java的各种版本都进行了更名，取消了原有版本中的数字“2”：J2EE更名为Java EE，J2SE更名为Java SE，J2ME更名为Java ME；
- 虽然Java SE 7很快就要发布，本书仍然就Java SE 6进行讲解。

3. 几个重要的名词

（1）Java SE（Java Standard Edition）。Java SE是Java各应用平台的基础，主要用于桌面开发和低端商务应用开发。Java SE是本书主要介绍的内容，可分为4个主要的部分：即Java虚拟机(JVM)、Java运行环境（JRE）、开发工具及其API、Java语言等。

Java虚拟机(JVM)向Java程序提供运行环境，JVM包括在Java运行环境JRE中，所以要运行Java程序，必须先取得JRE并安装。Java开发工具包JDK除包含JRE的所有内容外，还提供了Java运用程序的开发工具，如javac、java、appletviewer等工具程序。因此，开发Java应用程序，必须先安装JDK。由上可知，Java语言只是Java SE的一部分。除此之外，Java最重要的特点就是提供了功能强大的API类库，如字符串处理、数据输入/输出、网络组件、图形用户界面等API。可以使用这些API作为基础来进行程序开发，而无需重复开发功能相同的组件。事实上，在Java的学习过程中，更多的是要学习Java提供了哪些API以及如何使用这些API构造自己的程序。

（2）Java EE（Java Enterprise Edition）。Java EE以Java SE为基础，主要用于企业级应用开发。提供面向分布式、多层式、组件式的Web应用程序的开发。整个Java EE的体系是相当庞大的，其中比较重要的技术有 JSP、Servlet、Enterprise JavaBeans（EJB）、Remote Method Invocation（RMI）等。

（3）Java ME（Java Micro Edition）。Java ME 是面向小型数字设备（如手机、PDA、股票机等）的移动应用程序开发及部署的。目前，越来越多的手持设备，支持 Java ME 程序，如 Java 游戏、股票相关程序、记事程序、月历程序等。

随着 Java 技术的不断进步，Java 已由一个程序设计语言变成了一种开发软件的平台，一种开发软件的标准与架构的统称。事实上，语言在整个 Java 的蓝图中只是极小的一部分，学习 Java 也不仅仅在于学习如何使用 Java 语言的语法，更多的时候是在学习如何应用 Java 所提供的资源与各种标准，以开发出架构更好、更容易维护的软件。

1.1.2　Java 的特点

Sun 公司对 Java 语言的描述如下。

"Java is a simple，object-oriented, distributed, interpreted, robust, secure, architecture neutral, portable, high-performance, multithreaded, and dynamic language."

因此，Java 语言的特点可以概括为：简单、面向对象、分布式、解释执行、健壮、安全、结构中立、可移植、高性能、多线程和动态。下面我们对 Java 语言的这些特点进行简单说明，更多具体的内容可以查阅 Sun 公司关于 Java 的白皮书（http://java.sun.com/docs/white/langenv/）。

1. 简单

Java 略去了运算符重载、多重继承等模糊的概念，并且通过实现自动垃圾收集大大简化了程序设计者的内存管理工作。另外，Java 的简单性还体现在 Java 也适合于在小型设备上运行，它的基本解释器及类的支持只有 40KB 左右，加上标准类库和线程的支持也只有 215KB 左右。

2. 面向对象

Java 语言的设计集中于对象及其接口，它提供了简单的类机制以及动态的接口模型。对象中封装了它的状态变量以及相应的方法，实现了模块化和信息隐藏（参阅第 4 章）；而类则提供了一类对象的原型，并且通过继承机制，子类可以使用父类所提供的方法，实现代码的复用。

3. 分布式

Java 是面向网络的语言，通过它提供的类库可以处理 TCP/IP，用户可以通过 URL 地址在网络上很方便地访问其他对象（参阅第 9 章）。

4. 解释执行

Java 解释器直接对 Java 字节码进行解释执行。字节码本身携带了许多编译时信息，使得目标文件的连接过程更加简单。

5. 健壮

健壮，也称鲁棒性。Java 在编译和运行程序时，都要对可能出现的问题进行检查，以消除错误的产生。它提供自动垃圾收集来进行内存管理，防止程序员在管理内存时产生容易出现的错误。

通过集成的面向对象的异常处理机制（参阅第 6 章），帮助程序员正确处理编译时可能出现的异常，以防止系统的崩溃。另外，Java 在编译时还可捕获类型声明中的许多常见错误，防止动态运行时不匹配问题的出现。

6. 安全

用于网络、分布环境下的 Java 必须要防止病毒的入侵。Java 不支持指针，一切对内存的访问都必须通过对象的实例变量来实现，这样就防止程序员使用“特洛伊”木马等欺骗手段访问对象的私有成员，同时也避免了指针操作中容易产生的错误。

7. 结构中立

Java 解释器生成与体系结构无关的字节码指令，只要安装了 Java 运行时环境（JRE），Java 程序就可在不同类型的处理器上运行。这些字节码指令对应于 Java 虚拟机中的表示，Java 解释器得到字节码后，对它进行转换，使之能够在不同的平台运行。

8. 可移植

与平台无关的特性使 Java 程序可以方便地被移植到网络上的不同机器。同时，通过 Java 的类库也可以实现与不同平台的接口，使这些类库可以移植。另外，Java 编译器是由 Java 语言实现的，Java 运行时系统由标准 C 实现，这使得 Java 系统本身也具有可移植性。

9. 高性能

和其他解释执行的语言（如 BASIC）不同，Java 字节码的设计使之能很容易地直接转换成对应于特定处理器的机器码，从而得到较高的性能。

10. 多线程

多线程机制使应用程序能够并行执行，而且同步机制保证了对共享数据的正确操作。通过使用多线程，程序设计者可以分别用不同的线程完成特定的行为，而不需要采用全局的事件循环机制，这样就很容易地实现网络上的实时交互行为（参阅第 8 章）。

11. 动态

Java 的设计使它适合于一个不断发展的环境。它允许程序动态地装入运行过程中所需要的类。在类中可以自由地加入新的方法和实例变量而不会影响用户程序的执行。并且 Java 通过接口来支持多重继承，使之比严格的类继承具有更灵活的方式和扩展性。

1.2 JDK 和 Java 开发环境

1.2.1 Java 开发环境概述

JDK（Java 开发工具）是许多 Java 初学者使用的开发环境，由一个标准类库和一组测试及建立文档的 Java 实用程序组成，如表 1-2 所示。

表 1-2　　Java 实用程序

程序名称	程序功能
javac	Java 编译器，将 Java 源程序转换成字节码
java	Java 解释器，将 Java 字节码文件(类文件)解释为二进制代码执行
appletviewer	小程序浏览器，一种执行 HTML 文件上的 Java 小程序的 Java 浏览器
javadoc	根据 Java 源程序及说明语句生成 HTML 格式的标准的帮助文档
jdb	Java 调试器，可以逐行执行程序，设置断点和检查变量
javah	产生可以调用 Java 过程的 C 语言过程，或建立能被 Java 程序调用的 C 语言过程的头文件
javap	Java 反汇编器，显示编译类文件中的可访问功能和数据，同时显示字节码含义

Java 桌面程序的开发，可以基于各种环境完成。在 Java 语言学习的初期，可以在普通的文本编辑器（如记事本等）编写 Java 源程序，利用 javac 命令完成 Java 程序的编译，利用 java 命令完成 Java 程序的解释运行，这种编程方式可以帮助掌握 Java 语言的基础语法和 Java 程序运行的基本原理。在具备一定的 Java 程序开发基础之后，可以选择一些集成的开发环境（如 Eclipse、JCreator 和 NetBeans 等），以提高开发效率。

本书选用的开发环境为 Eclipse 3.3，其他开发环境的使用，请读者参阅相关资料。

1.2.2　课堂案例 1——搭建 Java 开发环境

【案例学习目标】　理解 JDK 的内涵，能下载和安装 JDK 1.6，能搭建 JDK 1.6+Eclipse 3.3 的 Java 开发环境。

【案例知识要点】　JDK 版本的选择、JDK 的下载、JDK 的安装、设置 Path 与 Classpath、JDK 的测试、Eclipse 的下载、Eclipse 的安装、Eclipse 开发环境的测试。

【案例完成步骤】

1. 下载 JDK

JDK 可以到 Sun 公司网站上提供的下载地址进行免费下载，虽然 Sun 公司的网站上已经提供了 JDK7 的下载，但本书仍使用 Java SE 6 进行讲解。本书使用的 Java SE 6 的下载地址是：http://java.sun.com/javase/downloads/index.jsp。

2. 安装 JDK

JDK 下载完毕后，直接运行所下载的 Java jdk1.6.0.exe，按照提示进行安装，安装过程中可以更改默认的安装路径(如 C:\jdk1.6.0)。

3. 设置 Path 与 Classpath

安装完成后需要配置 JDK 环境变量，从而可以对编辑的 Java 程序进行编译。操作步骤

如下。

（1）在 Win2000/XP/2003 的桌面上用鼠标右键单击“我的电脑”，在弹出的快捷菜单中选择“属性”→“高级”→“环境变量”，如图 1-2 所示。

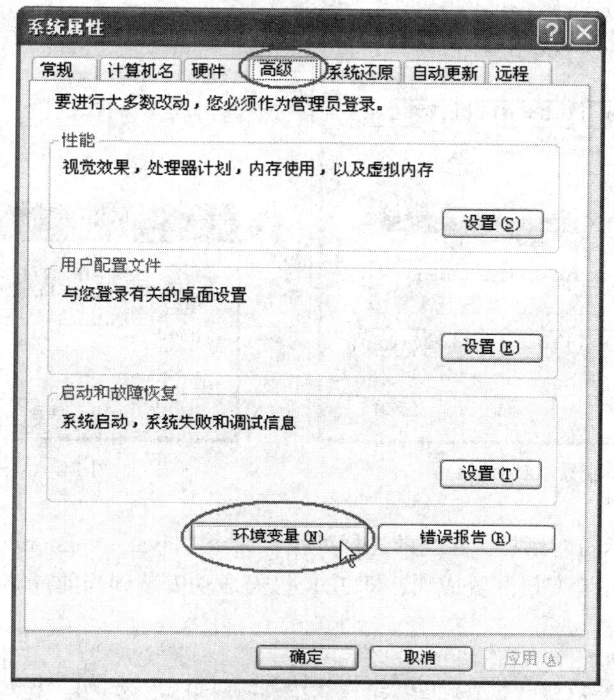

图 1-2 “系统属性”对话框

（2）在“环境变量”对话框的“系统变量”栏中，设置 3 项属性：JAVA_HOME、PATH、CLASSPATH（大小写无关）。如果这些属性变量已经存在，则单击“编辑”按钮可以进行重新设置。如果这些属性变量不存在，则单击“新建”按钮，如图 1-3 所示。环境变量中各属性设置方式如下。

JAVA_HOME 属性：用于指定 JDK 的位置。在“系统变量”栏中，单击“新建”按钮，打开“编辑系统变量”对话框，在“变量名”文本框中输入“JAVA_HOME”，在“变量值”文本框中输入“C:\jdk1.6.0”。

PATH 属性：用于在安装路径下识别 Java 命令。即在“变量值”文本框的最前面输入“C:\jdk1.6.0\bin”或“%Java_HOME%\bin”。

CLASSPATH 属性：Java 加载类（class 或 lib）的路径，只有类在 CLASSPATH 属性设置的路径下，Java 命令才能识别使用。即在“变量值”文本框中输入“.;C:\jdk1.6.0\lib\dt.jar；C:\jdk1.6.0\lib\tools.jar；”或“.；%JAVA_HOME%\lib\dt.jar；%JAVA_HOME%\lib\dt.jar”。

4. 测试 JDK

（1）在操作系统环境中，选择“开始/运行”命令，打开“运行”对话框，在其文本框中输入命令“cmd”，如图 1-4 所示，单击“确定”按钮。

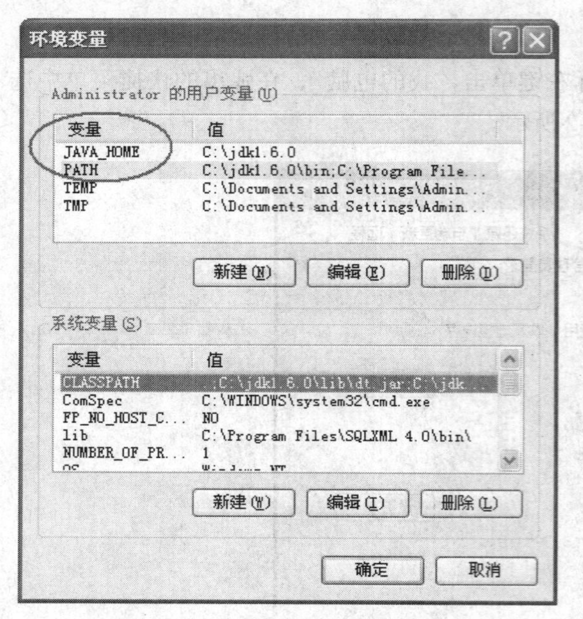

图 1-3 “环境变量”对话框

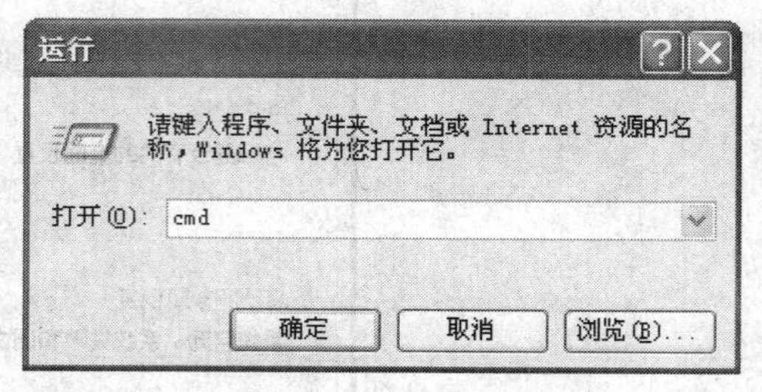

图 1-4 “运行”对话框

（2）打开命令提示符对话框，在当前光标处输入命令“java -version”，如果出现如图 1-5 所示的版本信息，说明环境变量配置成功，即 JDK 已经成功安装到当前计算机中。

图 1-5 命令提示符窗口

- 如果 path 变量存在，双击该变量名，在变量值文本框中按 HOME 键将光标定位到最前面将 C:\jdk1.6.0\bin 添加到 path 的最前面，以保证使用该路径下的 JDK。
- 同一机器中可以存在多个 JDK，具体使用哪一个由开发者决定。
- C:\jdk1.6.0\bin 添加到 path 中，除非是在最后，否则必须后面加上“;”号；CLASSPATH 中的“.”不能少，代表当前目录。
- 在具有权限的情况下，最好将 Path 添加到系统变量，将 CLASSPATH 添加到用户变量。

5. 下载和安装 Eclipse

Eclipse 是一个开放可扩展的集成开发环境。它不仅可以用于 Java 桌面程序的开发，通过安装开发插件，也可以构建 Web 项目和移动项目的开发环境。Eclipse 是开放源代码的项目，并可以免

费下载。它的官方网址是：http://www.eclipse.org。

（1）从 Eclipse 的官方网站 http://archive.eclipse.org/eclipse/downloads/index.php 进入到 Eclipse SDK 的下载页面，如图 1-6 所示。

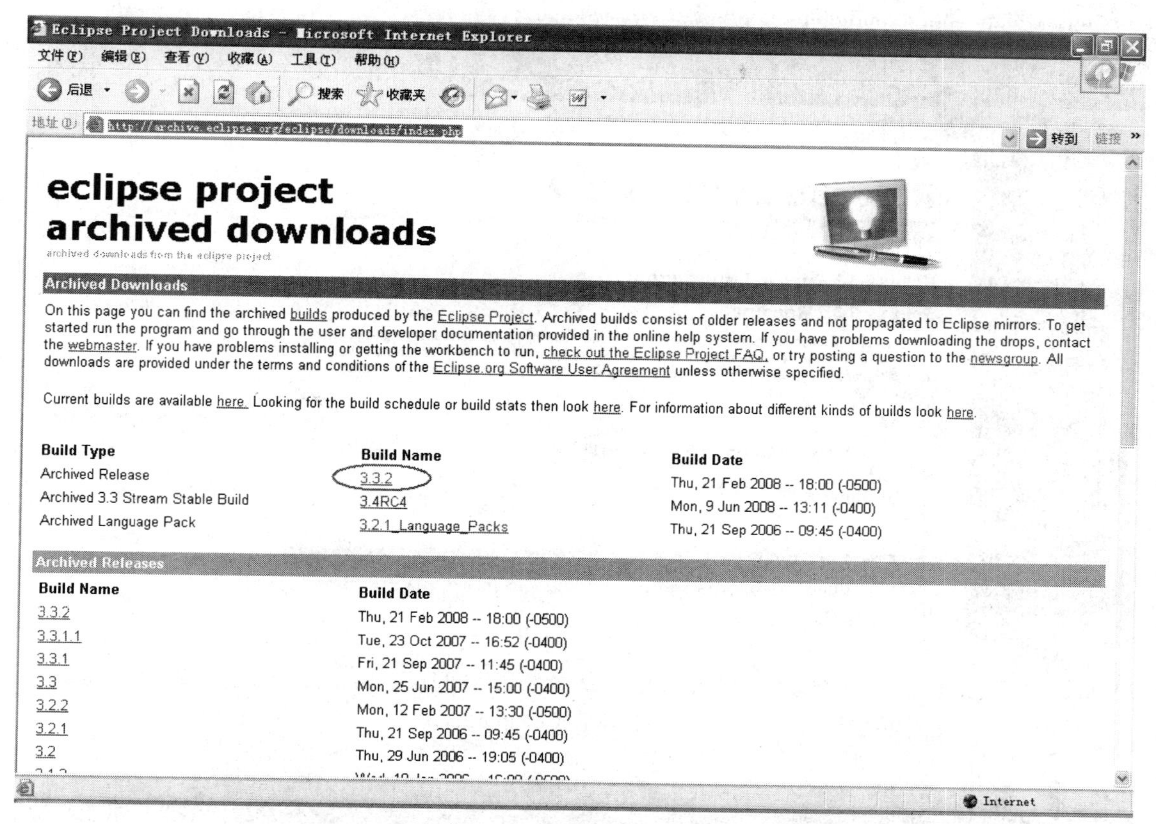

图 1-6　Eclipse 下载页面

（2）选择下载版本 3.3.2。其下载地址为 http://archive.eclipse.org/eclipse/downloads/drops/R-3.3.2-200802211800/eclipse-SDK-3.3.2-win32.zip，如图 1-7 所示。

（3）下载后的 Eclipse SDK 是一个压缩文件，用户在解压该压缩文件后，运行 eclipse 文件夹中的 eclipse.exe 文件即可启动该程序。

6. 汉化 Eclipse

下载后的 Eclipse 是英文版本，对初学者来说，为了方便使用，可以对 Eclipse 进行汉化。Eclipse 3.3 以前版本的语言包在 Eclipse 官方网站上有，在 Eclipse 3.3 以后，其汉化工作交给了 babel 项目来做，并且是通过 Eclipse 的自动升级来完成的，下面简要介绍 Eclipse 3.3 的汉化过程。

（1）解压下载好的 eclipse-SDK-3.3-win32.zip 到本地磁盘，启动 eclipse.exe 后依次单击菜单“help”→“Software Updates”→“find and install”，如图 1-8 所示。

（2）在打开的“Install/Update”对话框中选择“Search for new features to Install”单选选钮，单击“Next”按钮继续，如图 1-9 所示。

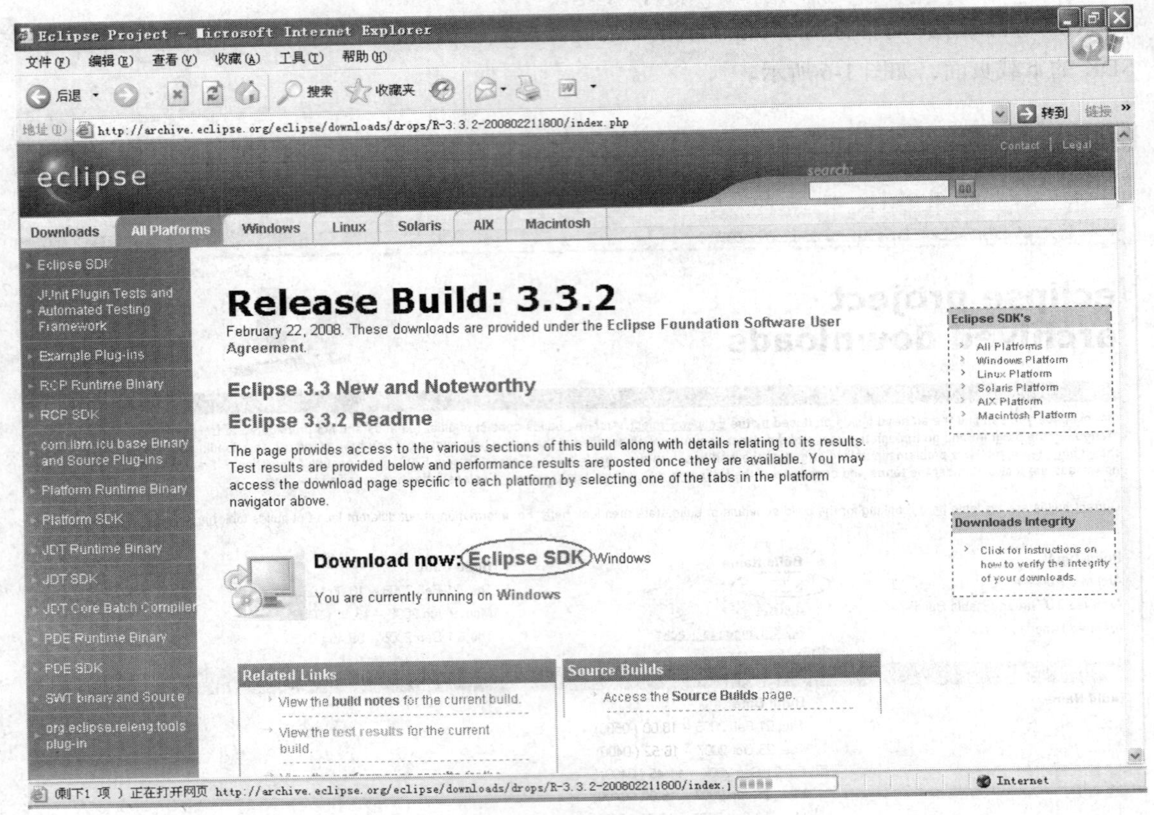

图 1-7 选择下载 Eclipse 3.3.2

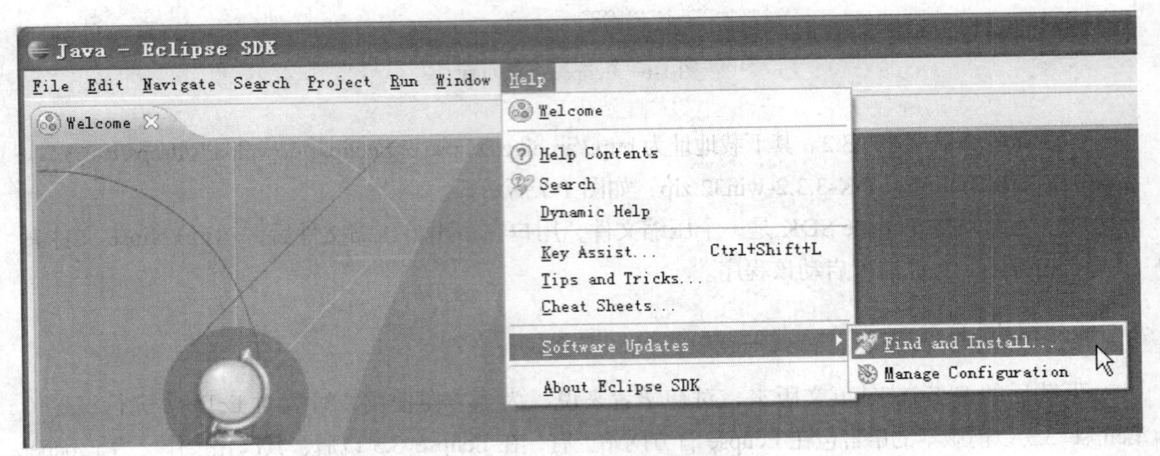

图 1-8 选择“查找并安装”功能

（3）在打开的 Install 对话框中的右侧，单击“New Remote Site”按钮，打开“New Update Site”对话框，在“Name”处输入一个名字（如 language），在“URL”处填写“http://download.eclipse.org/technology/babel/update-site/europa”，单击“OK”按钮确定后，单击“Next”按钮继续，如图 1-10 所示。

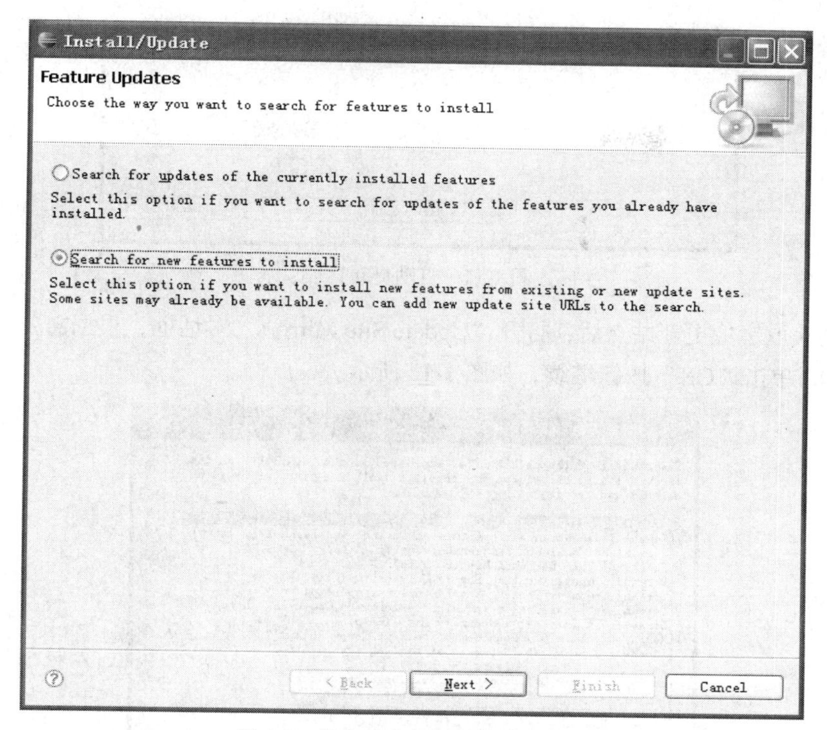

图 1-9　指定“查找新功能并安装”

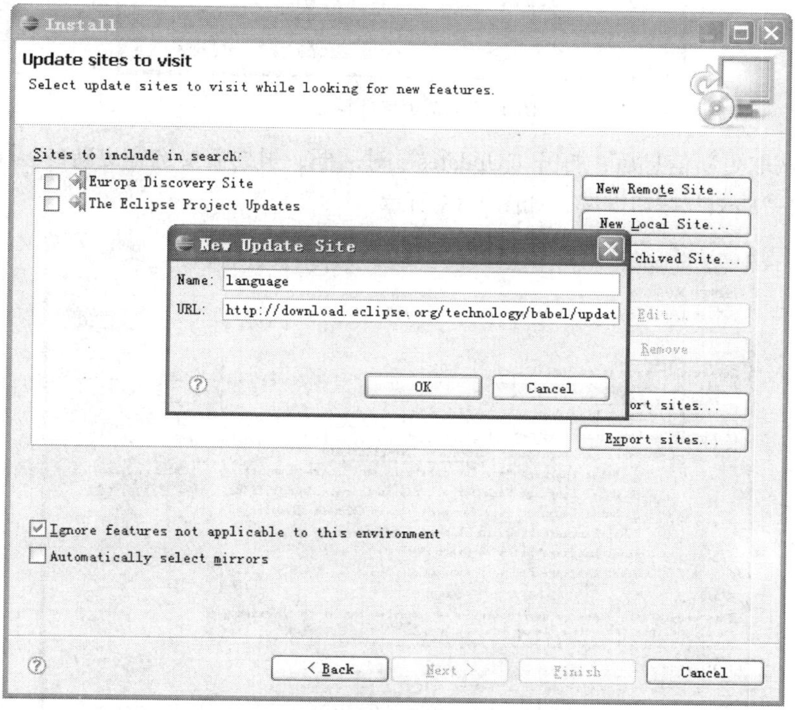

Install
Update sites to visit
Select update sites to visit while looking for new features.
Sites to include in search:
Europa Discovery Site
The Eclipse Project Updates
New Remote Site...
New Local Site...
New Update Site
Name: language
URL: http://download.eclipse.org/technology/babel/updat
OK
Cancel
Edit...
Remove
Export sites...
Ignore features not applicable to this environment
Automatically select mirrors
< Back
Next >
Finish
Cancel

图 1-10　指定更新地址

（4）打开“Update Manager”对话框，自动检测镜像站点和获取新的下载信息，如图 1-11 所示。

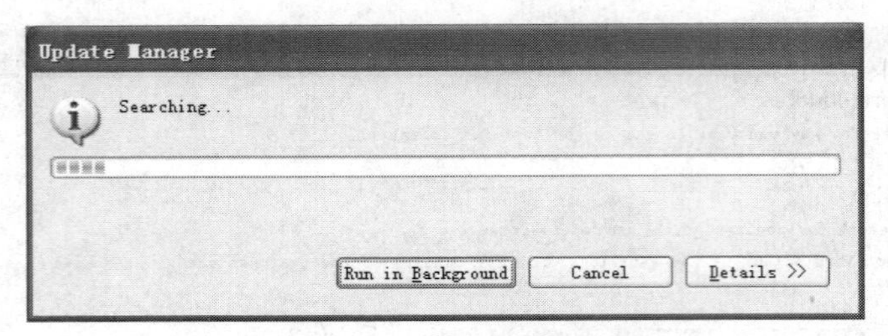

图 1-11　自动更新管理

（5）自动获取镜像更新站点后，打开“Update Site Mirrors”对话框，根据需要选择更新站点（如 shanghai），单击“OK”按钮继续，如图 1-12 所示。

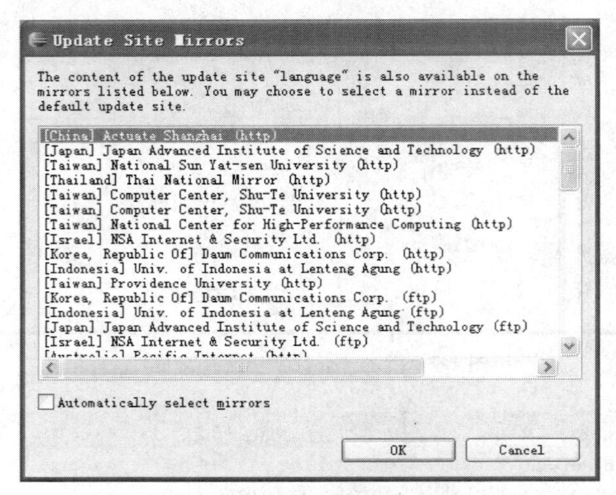

图 1-12　指定更新镜像站点

（6）自动获取更新信息后，打开“Updates”对话框，根据需要选择更新内容（如 simplified chinese），单击“Next”按钮继续，如图 1-13 所示。

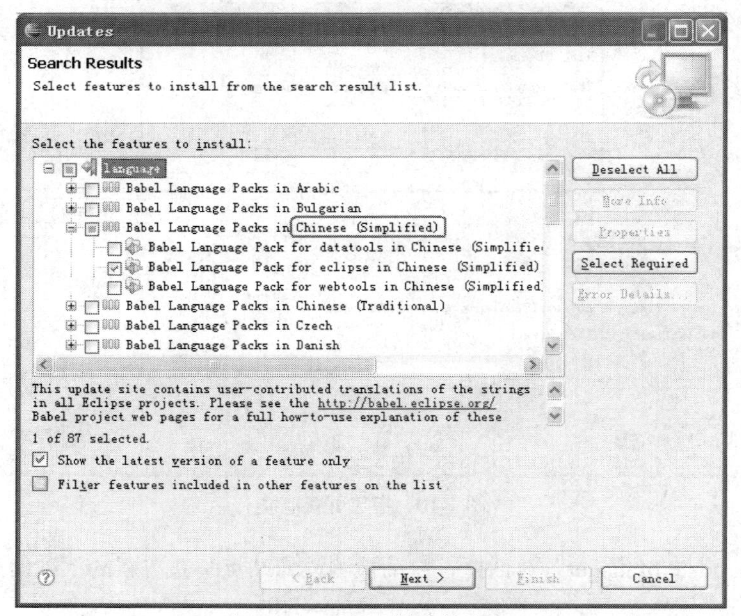

图 1-13　选择安装简体中文

（7）单击“Next”按钮继续，出现Update Manager对话框，等待下载完成，即可完成汉化操作。

- 如选择Eclipse 3.2，其汉化可以通过官方网站提供的多国语言包完成，其中的Nlpack1为亚洲语言包，可以使用以下地址进行下载：http:// ://archive.eclipse.org/eclipse/downloads/drops/L-3.2.1_Language_Packs-200609210945/NLpack1-eclipse-SDK-3.2.1-win32.zip。
- 建议具备条件的Java开发者在英文环境下进行开发。

1.3 第一个Java程序

根据结构组成和运行环境的不同，Java程序可以分为Java应用程序（Application）和Java小程序（Applet）两种。简单地说，Java Application是完整的程序，需要独立的解释器来解释运行；而Java Applet则是嵌入在HTML代码中的Web页面中的非独立程序，由Web浏览器内部包含的Java解释器来解释运行。Java Application和Java Applet各自使用的场合也不相同。本节通过一个简单的例子来说明Java Application的编写、编译和运行。Java Applet程序的编写和运行请参阅第5章。

1.3.1 课堂案例2——命令行方式开发第一个Java应用程序

【案例学习目标】 掌握Java程序的编写、编译和运行过程，能在记事本中编写Java应用程序，能在命令行提示符下编译Java应用程序，能在命令行提示符下运行Java应用程序。

【案例知识要点】 Java应用程序在文本编辑器中的编写、Java应用程序的一般格式、Java应用程序的编译、Java应用程序的运行。

【案例完成步骤】

1. 编辑源程序

Java源程序是以“.java”为后缀名的文本文件，可以用各种Java集成开发环境中的源代码编辑器来编写，也可以用其他文本编辑工具。本例采用Windows操作系统自带的“记事本”程序进行编写。

（1）在计算机中的D盘创建名为javademo的工作目录，用来保存本书所有的案例程序。然后在javademo文件夹中创建chap01文件夹，本章的Java源程序和编译后的字节码都放在这个目录中。启动“记事本”，编写一个简单的程序，代码如图1-14所示。

无标题 - 记事本

文件(F)　编辑(E)　格式(O)　查看(V)　帮助(H)

```
public class FirstByCMD{
    public static void main(String args[]){
        System.out.println("命令行提示符下的第一个程序");
    }
}
```

图1-14　记事本编写Java程序

（2）在工作目录（d:\javademo\chap01）下保存该文件，命名为 FirstByCMD.java。

（3）【程序说明】

- 第 1 行：创建公共类 FirstByCMD，class 是定义类的关键字，该类名（FirstByCMD）应与 Java 源文件名保持一致，严格区分大小写。
- 第 2 行：创建 main 方法，作为 Java 应用程序的入口，任何一个 Java Application 程序有且只有一个 main 方法。
- 第 3 行：通过调用 System.out.println()方法在控制台输出提示信息。

- 在用记事本保存 Java 程序时，默认的文件类型为.txt 文件，我们需要指定文件名为.java 文件；
- 有关类的概念和详细内容请参阅第 4 章。

2. 编译生成字节码文件

高级语言程序从源代码到目标代码的生成过程称为编译。Java 的编译程序是 javac.exe。javac 命令将 Java 程序编译成字节码(扩展名为.class)。在命令行下编译 FirstByCMD.java 的界面如图 1-15 所示，如果编译后，正常返回到命令提示符状态，表示编译成功。

```
选定 C:\WINDOWS\system32\cmd.exe

 D:\javademo\chap01 的目录

2010-02-02  14:29    <DIR>          .
2010-02-02  14:29    <DIR>          ..
2010-02-02  14:29               382 .project
2010-02-02  14:29    <DIR>          src
2010-02-02  14:29    <DIR>          bin
2010-02-02  14:29               232 .classpath
2010-02-19  09:34               138 FirstByCMD.java
               3 个文件            752 字节
               4 个目录  1,418,559,488 可用字节

D:\javademo\chap01>javac FirstByCMD.java

D:\javademo\chap01>
```

图 1-15　编译 FirstByCMD.java

- 在命令行编译 Java 源程序时，需要进入到源文件所在的工作目录。上例中的工作目录为“D:\javademo\chap01”。
- 编译命令的格式为“javac　源文件名.java”，一定要注意严格区分文件名的大小写，而且.java 的后缀不能省略。
- 编译完成后，如果正确返回到命令提示符状态，工作目录下将生成一个与源文件同名的.class 文件（可以使用 DOS 命令 dir 查看）。

3. 运行 Java 程序

Java 应用程序是由独立的解释器程序来运行的。在 JDK 软件包中，用来解释执行 Java 应用

程序字节码的解释器程序称为 java.exe。在命令提示符下执行已编译好的 FirstByCMD.class 的界面如图 1-16 所示。

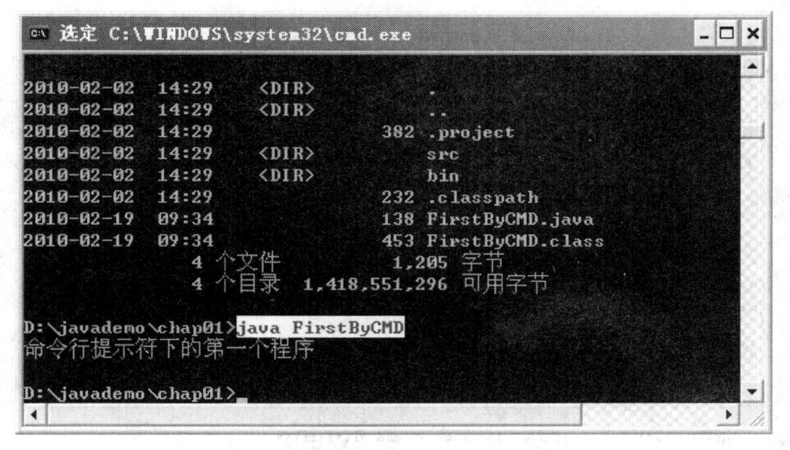

图 1-16 执行 Demo1_1.class

在编译 Java 源文件时必须加上扩展名.java，而在运行字节码文件时.class 扩展名不能加。

1.3.2 课堂案例 3——Eclipse 环境中开发第一个 Java 应用程序

【案例学习目标】 进一步熟悉 Java 程序的基本结构，能在 Eclipse 环境中编写、编译和运行 Java 应用程序。

【案例知识要点】 Eclipse 环境中 Java 应用程序的编写、Eclipse 环境中 Java 应用程序的编译、Eclipse 环境中 Java 应用程序的运行。

【案例完成步骤】

1. 新建 Java 项目

依次选择菜单“File（文件）”→“New（新建）”→“Java Project（Java 项目）”新建一个 Java 项目，命名为 chap01，如图 1-17 所示。

- 新创建的项目所在的空间为默认的工作空间（如 d:\javademo）。
- 项目新建成功后，会创建项目文件夹，并自动在项目文件夹创建 src 等文件夹和相关文件（请查看 d:\javademo\chap01 文件夹）。
- 本书将每一章作为一个项目，如 chap01、chap02 等。

2. 新建类文件

（1）在 Eclipse 环境中的“Package Explorer（包资源管理器）”中右键单击项目 chap01 下的

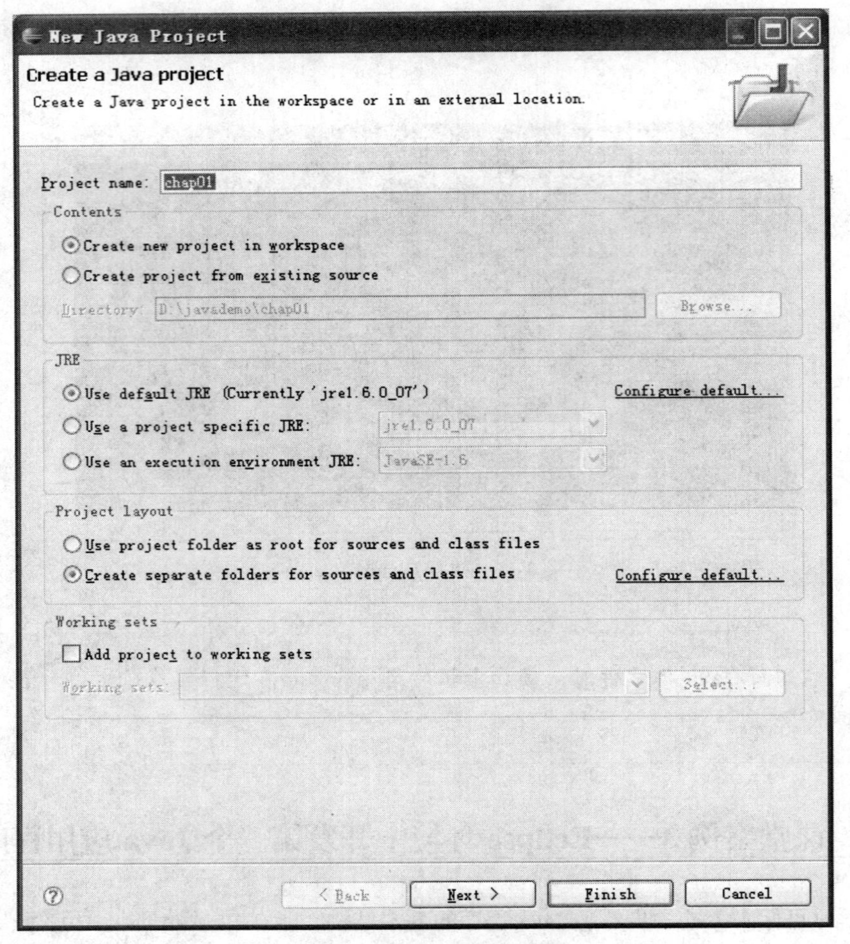

图 1-17　新建 Java 项目

src 节点，依次选择“New（新建）”→“class（类）”在 src 文件夹中新建类。

（2）打开“New Java Class（新建 Java 类）”对话框，如图 1-18 所示。在类名输入框中输入 FirstByEclipse，选中“public static void main（String[] args）”前的复选框，单击“Finish（完成）”按钮完成 Java 类的新建过程。

（3）系统根据用户的选择自动创建新类并生成一些程序代码。在 main 方法中加入“System.out.println（"Eclipse 下的第一个程序"）;”，如图 1-19 所示。

- 可以根据需要在项目中创建包，并将相关 Java 源文件保存在指定的包中。
- 可以根据需要在新建类的对话框中进行其他必要的配置。

3. 编译 Java 程序

编写完成后，保存该程序。在保存的同时，Eclipse 将自动将源程序编译成字节码文件。如果程序有误，Eclipse 将会进行智能提示。

图 1-18　用 Eclipse 创建 Java 程序

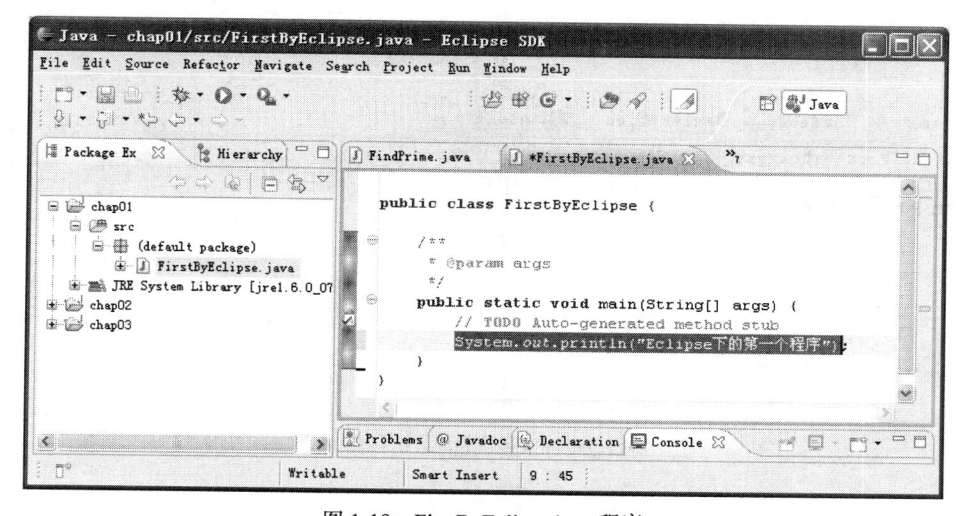

图 1-19　FirstByEclipse.java 程序

4. 运行 Java 程序

（1）在 Eclipse 环境中的“Package Explorer（包资源管理器）”中右键单击创建好的类文件，依次选择“Run As（运行为）”→“Java Application（Java 应用程序）”，系统将运行该程序，如图 1-20 所示。

（2）Eclipse 环境中 Java 程序的运行结果在 Console（控制台）页中显示，FirstByEclipse 程序的运行结果如图 1-21 所示。

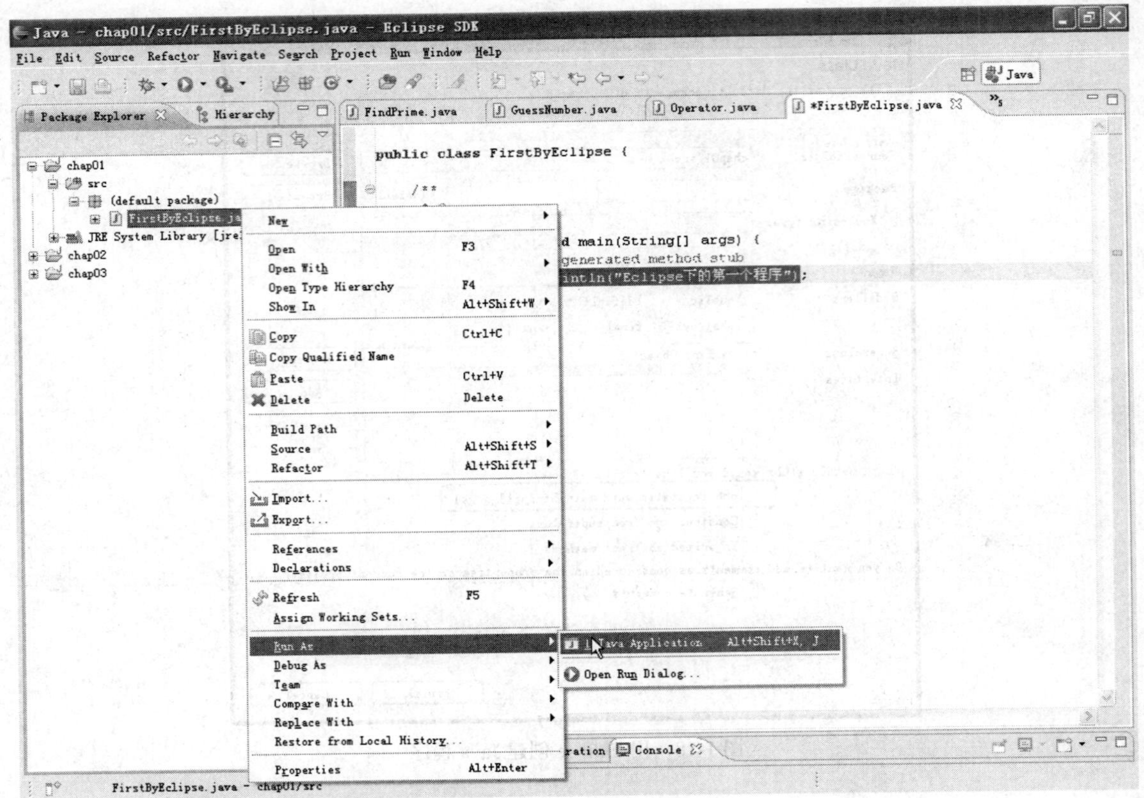

图 1-20　运行 FirstByEclipse 程序

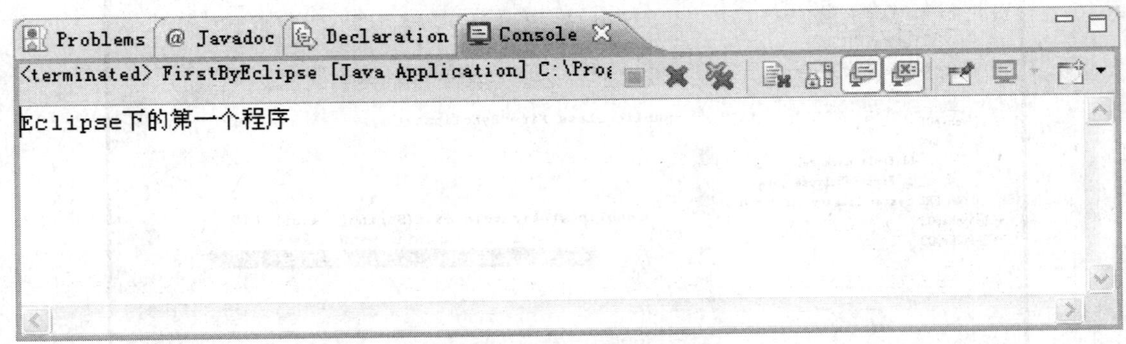

图 1-21　FirstByEclipse 运行结果

1.3.3　Java 工作原理

Java 虚拟机（JVM）是软件模拟的计算机，可以在任何处理器上(无论是在计算机中还是在其他电子设备中)安全、兼容地执行.class 文件中的字节码。Java 虚拟机的“机器码”保存在.class 文件中，有时也可以称之为字节码文件。Java 程序的跨平台主要是指字节码文件可以在任何具有 Java 虚拟机的计算机或者电子设备上运行，Java 虚拟机中的 Java 解释器负责将字节码文件解释成为特定的机器码运行。Java 的基本工作原理如图 1-22 所示。

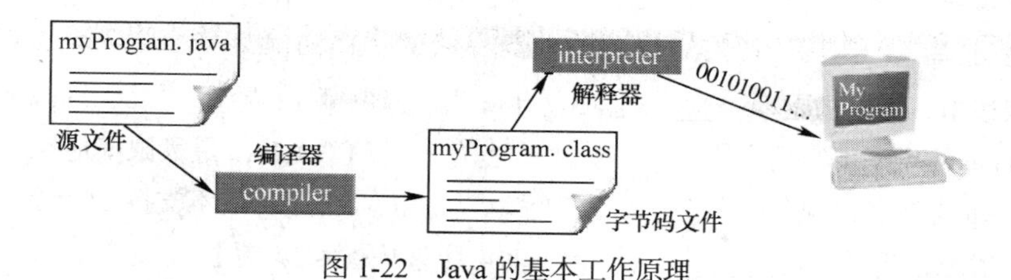

图 1-22　Java 的基本工作原理

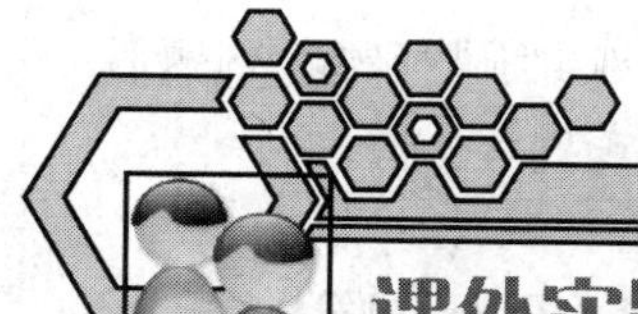

说明

- Java 程序经过编译器编译后，得到字节码文件，字节码文件是与平台无关的二进制码。
- Java 程序运行时由解释器解释成本地机器码，解释一句，执行一句。

课外实践

【任务 1】

通过 Sun 公司的网站下载并安装 JDK 6，并根据开发需要配置 JDK 环境变量。

【任务 2】

参照本章的例子，用记事本程序创建一个名称为 Hello.java 的应用程序，在屏幕上简单地显示一行文本“欢迎使用 Java”，并在命令提示符下编译和运行该程序。

【任务 3】

下载并安装 Eclipse。创建一个名称为 HelloEclipse.java 的应用程序，在屏幕上简单地显示一句话“欢迎使用 Eclipse”，并编译和运行该程序。

思考与练习

【填空题】

1. Java 语言最开始被称为________。

2. ______是为嵌入式和移动设备提供的 Java 平台。【2007 年 4 月填空题第 6 题】*

【选择题】

1. Java 语言与 C++语言相比，最突出的特点是__________。【2007 年 4 月选择题第 11 题】

（A）面向对象　　　　（B）高性能

* 标出时间的为全国计算机等级考试二级 Java 考试真题，时间为考试时间，以下全书同。

（C）跨平台　　（D）有类库

2. 下列叙述中，错误的是_______。【2007 年 4 月选择题第 12 题】

（A）Java 提供了丰富的类库　　（B）Java 最大限度地利用了网络资源

（C）Java 支持多线程　　（D）Java 不支持 TCP/IP

3. 下列叙述中，错误的是_______。【2007 年 4 月选择题第 14 题】

（A）javac.exe 是 Java 的编译器　　（B）javadoc.exe 是 Java 的文档生成器

（C）javaprof.exe 是 Java 解释器的剖析工具　　（D）javap.exe 是 Java 的解释器

4. 在执行 Java 程序时，将应用程序连接到调试器的选项是_______。【2007 年 4 月选择题第 15 题】

（A）-D　　（B）-debug

（C）-vexbosegs　　（D）-mx

5. J2SDK 基本命令中能生成 C 语言头文件的命令是______。【2007 年 4 月选择题第 35 题】

（A）javah　　（B）javap

（C）jar　　（D）java

6. 在 JDK 目录中，Java 程序运行环境的根目录是_______。【2007 年 9 月选择题第 16 题】

（A）bin　　（B）demo

（C）lib　　（D）jre

7. 下列对 Java 特性的叙述中，错误的是_______。【2008 年 4 月选择题第 11 题】

（A）在编写 Java 子类时可以自由地增加新方法和属性

（B）Java 的 Applet 要求编程首先创建 JFrame 窗口

（C）Java 语言用解释器执行字节码

（D）Java 中的类一般都有自己的属性和方法

8. 下列对 Java 源程序结构的叙述中，错误的是_______。【2008 年 4 月选择题第 12 题】

（A）import 语句必须在所有类定义之前

（B）接口定义允许 0 或多个

（C）Java Application 中的 public class 类允许 0 或多个

（D）package 语句允许 0 或 1 个

9. 下列对 Java 语言的叙述中，错误的是_______。【2008 年 9 月选择题第 11 题】

（A）Java 虚拟机解释执行字节码

（B）JDK 的库文件目录是 bin

（C）Java 的类是对具有相同行为对象的一种抽象

（D）Java 中的垃圾回收机制是一个系统级的线程

10. 下列 Java 源程序结构中 3 种语句的次序，正确的是___________。【2008 年 9 月选择题第 12 题】

（A）import，package，public class　　（B）import 必为首，其他不限

（C）public class，package，import　　（D）package，import，public class

11. Java 虚拟机（JVM）运行 Java 代码时，不会进行的操作是_______。【2009 年 3 月选择题第 11 题】

（A）加载代码　　（B）校验代码

（C）编译代码　　（D）执行代码

12. Java 程序的并发机制是_______。【2009 年 3 月选择题第 12 题】

（A）多线程　　（B）多接口

（C）多平台　　（D）多态性

13. 为使 Java 程序独立于平台，Java 虚拟机把字节码与各个操作系统及硬件_____________。【2009 年 9 月选择题第 27 题】

（A）分开　　（B）结合

（C）联系　　（D）融合

14. Class 类的对象由_______自动生成，隐藏在.class 文件中，它在运行时为用户提供信息。【2009 年 9 月选择题第 35 题】

（A）Java 编译器　　（B）Java 解释器

（C）Java new 关键字　　（D）Java 类分解器

【简答题】

1. 对照 C 和 C++等其他编程语言，说明 Java 语言的特点有哪些？
2. 解释术语 JVM，JRE，JDK，Java SE，Java EE 和 Java ME。
3. 简述 Java 程序从编写到运行的基本步骤，并说明 Java 的基本工作原理。

第2章

Java 数据类型与运算符

【学习目标】

本章主要介绍 Java 语言的基本语法知识。主要包括 Java 符号、常量与变量、基本数据类型及转换、运算符和表达式。本章内容是 Java 语言中最基础的部分，是进一步学习 Java 开发技术必须掌握的知识。本章的学习目标如下。

（1）了解 Java 符号的使用规则。

（2）掌握常量与变量的基本概念。

（3）了解 Java 基本数据类型及其转换。

（4）了解 Java 语言中的运算符与表达式。

（5）能在程序中规范地使用常量和变量。

（6）能根据程序的需要合理选择数据类型。

【学习导航】

程序是由数据和处理这些数据的算法组成的，程序中的数据及其运算在任何一种程序设计语言中都非常重要，Java 语言也不例外。本章内容在 Java 桌面开发技术中的位置如图 2-1 所示。

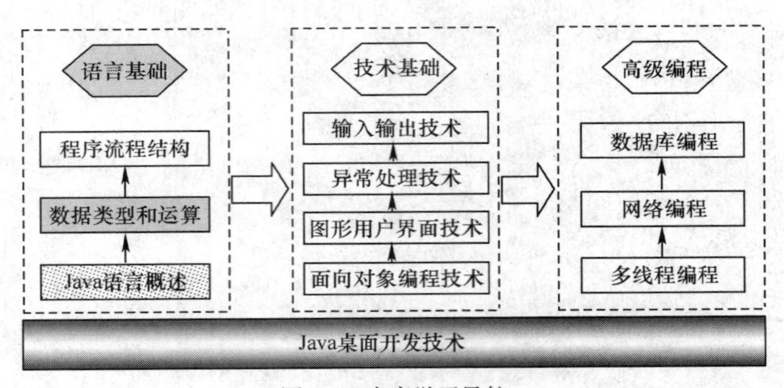

图 2-1　本章学习导航

2.1 Java 符号和注释

在高级程序设计语言中，符号是程序的重要组成部分。Java 语言采用 Unicode 字符集，它由 16 位数表示，整个字符集包含有 65535 个字符（通常采用的 ASCII 码也被包含其中）。这样就不会因为不同的系统而产生符号表示方法的不统一，也为 Java 的跨平台打下基础。Java 的符号可以分为：关键字、标识符、运算符、分隔符。

2.1.1 关键字和标识符

1. 关键字

关键字通常也称为保留字，是特定的程序设计语言本身已经使用并赋予特定意义的一些符号。如 int 就是关键字，它用来定义变量的数据类型。Java 的关键字如表 2-1 所示。

表 2-1　Java 关键字

abstract	default	goto	operator	synchroni
boolean	do	if	outer	this
break	double	implements	package	throw
byte	else	import	private	throws
byvalue	extends	inner	protected	transient
case	false	instanceof	public	true
cast	final	int	rest	try
catch	finally	interface	return	var
char	float	long	short	void
class	for	native	static	volatile
const	future	new	super	while
continue	generic	null	switch	

2. 标识符

在程序设计语言中存在的任何一个成分（如变量、常量、方法和类等）都需要有一个名字以标识它的存在和唯一性，这个名字就是标识符。用户可以为自己程序中的每一个成分取一个唯一的名字（标识符），如 age 就是一个标识符。

Java 语言中的标识符的使用要遵循以下的规定。

（1）Java 的标识符可以由字母、数字、下划线“_”和“$”组成，但必须以字母、下划线“_”或美元符号“$”开头。

（2）Java 中标识符区分大小写，如 age 和 AGE 是不同的。

（3）标识符不能是 Java 保留关键字，但可以包含关键字。

下面的标识符是合法的：

```
Name、user_name、$name、_name、publicName
```

下面的标识符是不合法的：

```
9username (不能以数字开头)、user name(不能有空格)、public(关键字)、var%(含有非法字符%)
```

标识符一般遵循“见名知义”的原则，如用 age 表示年龄，用 name 表示姓名等。如果用数据类型加上能够代表变量含义的字符串表示，则可以增加程序可读性。如用 intCount 或 iCount，前一部分表示该变量为 int 型，后一部分表示该变量为一计数器。

Java 语言标识符命名的一些约定如下。

- 类名和接口名的第一个字母大写，如 String、System、Applet、FirstByCMD 等。
- 方法名第一个字母小写，如 main()、print()、println()等。
- 常量（用关键字 final 修饰的变量）全部用大写，单词之间用下划线隔开，如 TEXT_CHANGED_PROPERTY。
- 变量名或一个类的对象名等首字母小写。
- 标识符的长度不限，但在实际命名时不宜过长。

3. 运算符和分隔符

Java 中的符号还包括运算符和分隔符。

Java 的运算符是指对操作数所做的运算操作。Java 语言包含有多种运算符，如算术运算符、逻辑运算符、位运算符等，详细内容见 2.4 节。

分隔符是指将程序的代码组织成编译器所能理解的形式。Java 的分隔符有“()、{ }、[ ]、; 和空格”。

2.1.2 注释

注释是程序中的说明性文字，是程序的非执行部分。它的作用是为程序添加说明，增强程序的可读性，便于他人在查看程序代码时对程序的理解和修改。Java 语言使用 3 种方式对程序进行注释。

- “//”表示注释一行，一般放在被注释语句上一行或行末。
- “/*”和“*/”配合使用，表示一行或多行注释。
- “/**”和“*/”配合使用，表示文档注释，可以由 Javadoc 将这些内容生成帮助文档。

上面的第 3 种注释方式表示注释内容将被 Java 的自动文档生成器 Javadoc 提取文字部分，即根据在 Java 源代码中的线索创建 HTML 文件。实际上，Javadoc 就是分析在“/**…*/”中的特殊注释，将其规范化并提取成一系列在 HTML 中描述 API 的 Web 页面。Javadoc 作用于*.java 文件，而不是*.class 文件。如：

```
javadoc filename.java
```

执行结果生成一个 filename.html 的文件，程序员可以在 Web 页面上浏览它。在 filename.html 中将会显示出 filename.java 类中所有的公有域以及类的链接。

- 如果注释能在一行写下，可以采用第 1 种方式。
- 如果注释需要多行，则建议使用第 2 或第 3 种方式。
- 如果需要将注释内容生成帮助文档，则需使用第 3 种方式。
- 在 Java 的集成开发环境中，都会提供一种快速的注释方式，如在 Eclipse 中使用 Ctrl+7 可以实现对选定代码进行注释或取消注释。

2.2 常量与变量

2.2.1 常量

Java 语言提供了丰富的数据类型，并且具有强大的数据管理能力，这使得 Java 语言具有极其强大的描述客观世界的能力，这也正是 Java 语言得以广泛应用的原因。

程序中的常量是指在程序的整个运行过程中其值始终保持不变的量。Java 中的常量分为整数型常量、浮点型常量、布尔型常量、字符型常量和字符串常量。

常量的定义格式如下：

```
final 常量类型常量名 1=常量值[，常量名 1=常量值 1…]；
```

Java 常量及举例如表 2-2 所示。

表 2-2　Java 常量及举例

常量类型	表现形式	举　　例	说　　明
整数型	十进制整数	38，−70	
	八进制整数(0 开头)	0245，026	
	十六进制(0x 开头)	0x245，0x1B	
浮点型	小数点形式	.64，0.64，−25.5	不加任何字符或加上 d(D)表示双精度。要表示单精度的需要加上 f(F)
	指数形式	6.4e2，6.4E2	
布尔型	ture 或 false	婚否：ture 表示已婚 false 表示未婚	代表事物的两种不同的状态值
字符型	单个字符	‘d’，’B’，’6’	单引号括起来的 Unicode 字符集中的任何字符
	转义字符	‘\b’表示退格 ‘\n’表示换行 ‘\r’表示回车 ‘\t’表示 TAB	常用来表示 ASCII 字符集中的前 32 个控制字符
	八进制转义字符	‘\201’，‘\307’	只能表示 ASCII 字符集
	Unicode 转义字符	‘\u4b6e’	表示 Unicode 字符集
字符串	双引号括起来	“”，“liuzc”，“hnrpc”	大于 1 行的字符串，通过“+”进行连接

- final 是定义常量的关键字。
- Java 中的常量值区分为不同的类型，类型可以是 Java 中任何合法的数据类型。
- 使用符号常量代替字面常量可以使程序更加清晰，含义清楚；若程序中的常量值需修改，则使用符号常量可以做到“一改全改”。

2.2.2 变量

1. 变量的定义

变量是指在程序的整个运行过程中其值可以发生改变的量。在 Java 中，每个变量都具有变量名和变量值两重含义，变量名是用户自己定义的标识符，变量值是这个变量在程序运行过程中某一时刻的取值。Java 中的变量遵守“先定义，后使用”的原则。变量从以下两方面来定义：一是确定该变量的标识符（即变量名），以便系统为其指定存储地址和识别它，这便是“按名访问”原则；二是为该变量指定数据类型，以便系统为其分配足够的存储单元。所以，定义变量包括给出变量的名称和指明变量的数据类型，必要时还可以指定变量的初始值。变量的定义格式如下：

Java 变量定义的格式如下：

```
类型名 变量名 1[，变量名 2][，…]；
```

如：

```
int  i, j, k;
```

或：

```
类型名 变量名 1=[初值][，变量名 2=[初值]][，…]；
```

其中方括号的部分是可选的。

如：

```
int i=1, j=2, k=3;
```

- Java 中的变量必须先定义后使用。
- 定义变量时指定变量的名称以便操作系统可以“按名存取”进行存储。
- 定义变量时指定变量的数据类型，以便操作系统为其分配合适的存储单元。

2. 变量的作用域

变量的作用域指明可访问该变量的代码范围，也就是说，程序在什么地方可使用这个变量。声明一个变量所在的语句块也就隐含指明了变量的作用域。

Java 程序定义类时用一对大括号把类体括起来，类中包含变量和方法；在类中定义方法时方法体也用一对大括号括起来。后面将要讲到的 if 语句、while 语句和 for 语句等复合语句一般也用一对大括号括起来。这些用一对大括号括起来的代码段就是一个语句块。

Java 程序可以在任何语句块中定义变量，在语句块中定义变量的同时也就指明了变量的作用范围，即变量在它所定义的语句块中起作用。

变量按作用域分类可分为如下几种。

（1）局部变量：在方法或方法的代码块中声明，作用域从该变量的定义位置起到它所在的代码块结束。

（2）方法参数（形式参数）：传递给方法的参数，作用域是这个方法。

（3）异常处理参数：传递给异常处理代码，作用域是异常处理部分。

（4）类（成员）变量：在类定义中声明，作用域是整个类。

- Java 中常用的变量和基本数据类型一致，可分为整数型、浮点型、布尔型和字符型 4 种，具体存储需求和取值范围参见 2.2 节。
- 在一个确定的域中，变量名应是唯一的。通常，一个域用大括号{}来划定。
- 方法体中的变量必须初始化（赋值）后才能使用，而类中的成员变量可自动进行初始化。

2.2.3　课堂案例 1——根据指定的半径求圆的面积

【案例详细描述】　程序运行后提示用户输入圆的半径，程序根据圆面积计算公式，计算圆的面积后显示圆的面积。

【案例学习目标】　理解变量和常量的含义，了解变量的作用域，在编写 Java 程序时能合理地给变量命名并定义变量的范围。

【案例知识要点】　变量的定义、常量的定义、变量的作用域、顺序结构流程图的绘制。

【案例完成步骤】

1. 绘制程序流程图

程序流程图的绘制可以使用 Word、Visio 或者其他工具来完成（流程图的基本符号及其含义请读者参阅相关资料）。本案例的参考流程图如图 2-2 所示。

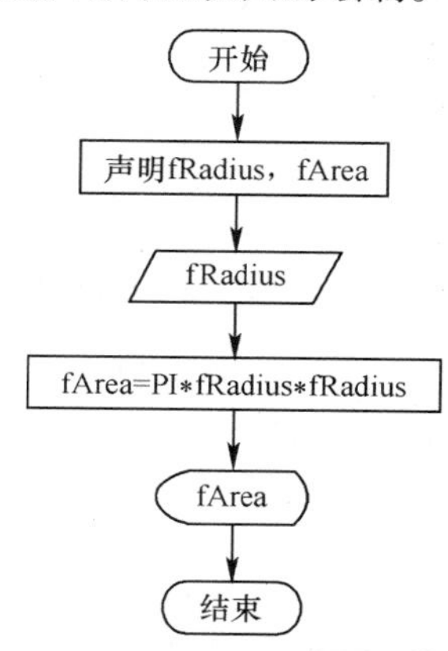

图 2-2　CalcArea 参考流程图

2. 编写程序

（1）在 Eclipse 环境中创建名称为 chap02 的项目。

（2）在 chap02 项目中新建名称为 CalcArea 的类。

（3）编写完成的 CalcArea.java 的程序代码如下：

```
1   import java.util.Scanner;
2   public class CalcArea {
3       static final float PI=3.14f;
4       public static void main(String[] args) {
5           float fRadius;
6           float fArea=0;
7           System.out.println("请输入半径:");
8           Scanner sc=new Scanner(System.in);
9           fRadius=sc.nextFloat();
10          fArea=PI*fRadius*fRadius;
11          System.out.println("半径为"+fRadius+"的圆面积为"+fArea);
12      }
13  }
```

【程序说明】

- 第 1 行：使用 import 关键字导入该程序需要用到的 Scanner 类。
- 第 2 行：创建计算圆面积的公共类 CalcArea。
- 第 3 行：定义 float 类型的常量 PI。
- 第 4 行：创建该程序的入口方法 main。
- 第 5 行～第 6 行：声明 float 类型的变量 fRadius （圆半径）和 fArea（圆面积）。
- 第 7 行：使用 System.out.println 方法提示用户输入圆面积。
- 第 8 行：创建 Scanner 类的对象 sc。
- 第 9 行：使用 sc 对象的 nextFloat 方法接收用户从键盘的输入，并保存到 fRadius 变量中。
- 第 10 行：使用圆面积计算公式根据输入的圆半径计算圆面积。
- 第 11 行：在控制台显示圆面积。

3. 编译并运行程序

保存并修正程序错误后，程序运行后输入半径为 5，显示圆面积为 78.5，运行结果如图 2-3 所示。

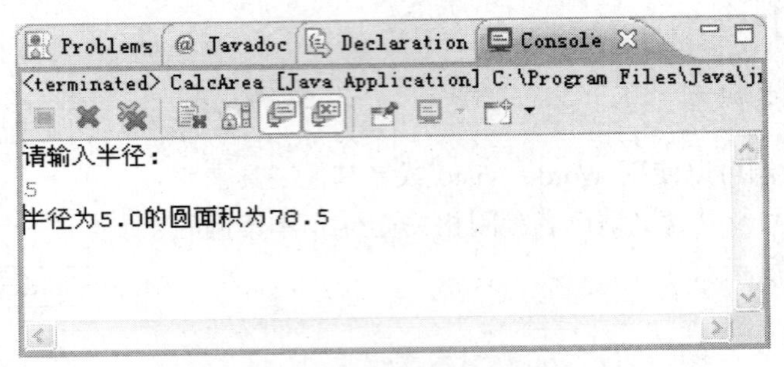

图 2-3 CalcArea 运行结果

2.3 基本数据类型及转换

2.3.1 基本数据类型

Java 的数据类型包括基本数据类型和复合数据类型两大类。基本数据类型也称作内置类型，是 Java 语言本身提供的数据类型，是引用其他类型（包括 Java 核心库和用户自定义类型）的基础。Java 的 4 种基本数据类型为：整数类型、浮点类型、字符类型和布尔类型。Java 的基本数据类型及其取值范围如表 2-3 所示。

1. 整数类型

整数类型变量用来表示整数的数值数据。Java 中的整数类型，按其取值范围，可分为字节型、短整型、整型、长整型 4 种。整数型变量的定义方法是在变量名前面加上类型关键字 byte、short、int、long 中的某一个。如：

```
int m, n, i=1;   //定义标识符分别为 m, n, i 的变量为整型变量，并且 i 的初值为 1
```

表 2-3 数据类型及其取值范围

名称		关键字	占用字节数	取值范围
整数类型	字节型	byte	1	$-2^7 \sim 2^7-1$（-128～127）
	短整型	short	2	$-2^{15} \sim 2^{15}-1$（-32768～32767）
	整型	int	4	$-2^{31} \sim 2^{31}-1$
	长整型	long	8	$-2^{63} \sim 2^{63}-1$
浮点类型	浮点型	float	4	$-3.4\times10^{38} \sim 3.4\times10^{38}$
	双精度型	double	8	$-1.7\times10^{308} \sim 1.7\times10^{308}$
字符类型		char	2	0～65535 或 u0000～UFFFF
布尔类型		boolean	1	true 或 false

2. 浮点类型

浮点数据类型用来表示小数的数值数据。Java 中的浮点类型按其取值范围不同，可区分为 float（单精度型）和 double（双精度型）两种类型，如表 2-3 所示。在精度要求不高时，采用单精度是非常方便的，如计算价格；但对于复杂的科学计算（如求圆周率 PI）采用单精度显然不合适。

浮点类型变量的定义方法与整型变量的定义方法类似，在变量名前面加上类型关键字 float、double 中的某一个。如：

```
double c;                       //定义标识符 c 为双精度型变量
float d1=2.6f, d2=4.1f;         //定义标识符分别为 d1、d2 的变量为浮点型变量，并且 d1，d2 的初值分别
为 2.6、4.1
```

- 在 Java 语言中，无类型后缀的实型常量默认为双精度类型，也可加后缀 D 或 d。指定单精度浮点型的常量，必须在常量后面加上后缀 F 或 f。例如，2.8d、123.4 等表示 double 类型常量，0.123f、8.8f 等表示 float 类型常量。
- 实型常量也可表示为指数形式。例如，双精度数 2.1E8 表示 2.1×10^8，5.3e−9D 表示 5.3×10^{-8}，单精度数 9.1e−2f 表示 9.1×10^{-2}；其中 e 或 E 后面部分表示指数，指数只能是整数。

3. 字符类型

Java 中的字符型数据采用的是 Unicode 字符集，每个字符用 16 位表示，即 2 个字节空间。Java 提供的字符类型如表 2-3 所示。字符类型变量的定义方法是在变量名前加上类型关键字“char”。如：

```
char c1, c2='B';//定义标识符分别为 c1、c2 的变量为字符型变量，并且 c2 的初值为字符 B
```

4. 布尔类型

布尔型（boolean）是表示逻辑值的基本数据类型。boolean 型常量有“真”和“假”两个状态，常用来表征矛盾的双方或判断事件真伪的形式符号，无大小、正负之分。如在数字系统中，

开关的接通与断开，电压的高和低，信号的有和无，晶体管的导通与截止等两种稳定的物理状态，均可用这两种不同的逻辑值来表征。在 Java 中采用 true 和 false 两个关键字来表示“真”和“假”。布尔类型变量的定义方法是在变量名前加上类型关键字 boolean。如：

```
boolean b1=true, b2;//定义变量b1、b2为布尔型变量，b1赋初值true，b2由系统取默认值false
```

2.3.2 数据类型转换

Java 是强类型语言，因此，在进行赋值操作时要对数据类型进行检查。用常量、变量或表达式给另一个变量赋值时，两者的数据类型要一致。如果数据类型不一致，则要进行类型转换。数据类型转换分为“自动类型转换”和“强制类型转换”两种。当将占位数少的类型赋值给占位数多的类型时，Java 自动使用隐式类型转换；当将占位数多的类型赋值给占位数少的类型时，需要由用户使用显式的强制类型转换。

1. 自动类型转换

（1）表达式中的自动类型转换。

整型、浮点型、字符型数据可以混合运算。在执行运算时，不同类的数据先转化为同一类型，然后进行运算。转换从低级到高级的顺序如图 2-4 所示。

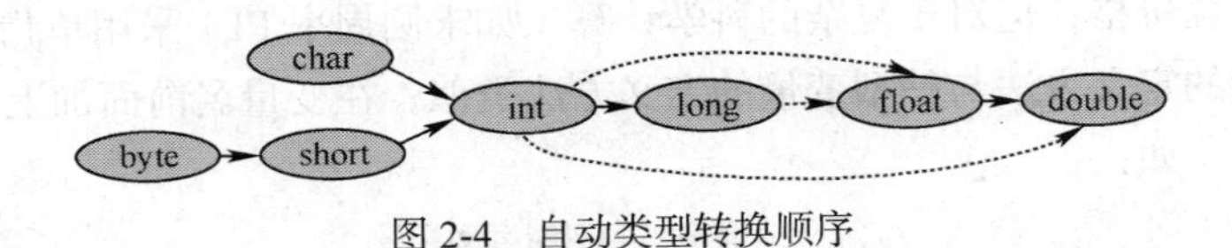

图 2-4　自动类型转换顺序

如：

```
byte b = 50;
char c = 'a';              //字符'a'的ASCII码为97，转换成int型后其值为97
short s = 10;
int i = 500;
float f = 5.67f;
double d = 1234;
```

则 result = (f*b)+(i/c)−(d*s)的数据类型为 double 类型。

上述表达式中数据类型的转换过程如图 2-5 所示。

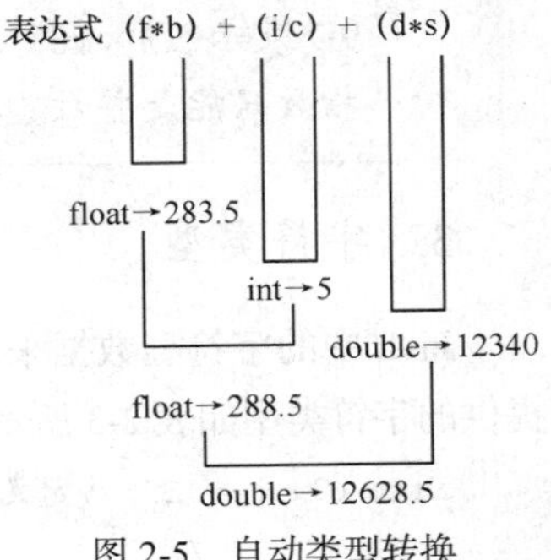

图 2-5　自动类型转换

（2）赋值语句中的自动类型转换。

在进行赋值运算时，当赋值运算符右边的算式表达式结果类型与左边变量的类型不同时，只要不会丢失任何数据，系统将作自动类型转换。自动类型转换的顺序如图 2-4 所示。

如：

```
byte b = 3;
int  x = b;  //b自动转换成int型
```

如上所述，只要按从左到右的顺序，系统便会自动进行类型转换。如果想要按照相反的方向进行类型转换，如 double 型转换为 float 型或 long 型，则必须进行强制类型转换。

2. 强制类型转换

高级数据要转换成低级数据需用强制类型转换，其一般格式为：

(数据类型) 数据或　　(数据类型) (表达式)

如：

```
int i;
byte b=(byte)i;
```

上述语句 int 型变量 i 强制转换为 byte 型。

- 相同类型的变量、常量运算，结果还是原类型。
- 不同类型的变量、常量运算，结果的类型为参与运算的类型中精度最高者。
- 强制类型转换可能会导致溢出或精度下降，最好不要使用。

2.3.3　课堂案例 2——使用数据类型

【案例学习目标】　了解 Java 中的基本数据类型，熟悉数据类型转换规则，能为变量或常量选择合适的类型。

【案例知识要点】　Java 基本数据类型、数据类型的自动转换、数据类型的强制转换。

【案例完成步骤】

1. 编写程序

（1）在 Eclipse 环境中打开名称为 chap02 的项目。

（2）在 chap02 项目中新建名称为 SimpleCal 的类。

（3）编写完成的 SimpleCal.java 的程序代码如下：

```
1   public class SimpleCal {
2       public static void main(String[] args) {
3           int  iNum1= 3;
4           float fNum2 = 2;
5           double dResult = 0;
6           dResult = 1.5 + iNum1/fNum2;
7           System.out.println("result1=" + dResult);
8           dResult = 1.5 + (double) iNum1/fNum2;
9           System.out.println("result2=" + dResult);
10          dResult = 1.5 +  iNum1/(int)fNum2;
11          System.out.println("result3=" + dResult);
12      }
13  }
```

【程序说明】

- 第 2 行：创建该程序的入口 main 方法。
- 第 3 行～第 5 行：分别声明 int 类型、float 类型、double 类型的变量并赋初值。

- 第 6 行：int 类型与 float 类型进行运算，运算结果将自动转换为 float 类型；最后 float 类型的值赋值给 double 类型变量 dResult 将自动转换为 double 类型。
- 第 8 行：使用(double)将 iNum1/fNum2 的运算结果强制转换为 double 类型。
- 第 10 行：使用(int)将 fNum2 强制转换为 int 类型，运算结果再强制转换为 double 类型后赋值给 dResult。
- 第 7 行、第 9 行、第 11 行：分别输出运算结果。

2. 编译并运行程序

保存并修正程序错误后，程序运行结果如图 2-6 所示。

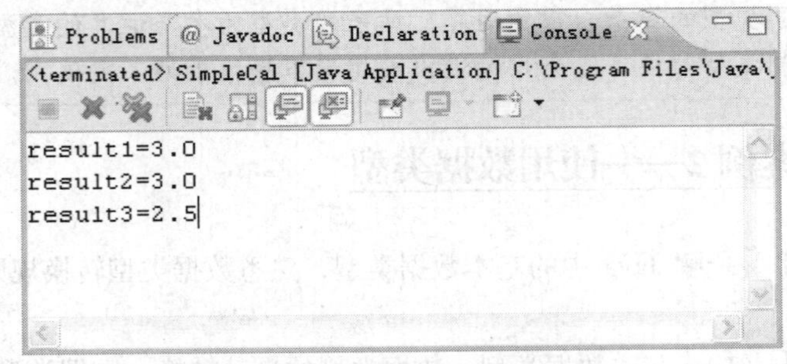

图 2-6　SimpleCal 运行结果

2.4 运算符

2.4.1 运算符与表达式

Java 中的运算符包括算术运算符、关系运算符、逻辑运算符、赋值运算符和位运算符等。表达式是由变量、常量和各种运算符组成的有意义的式子，是程序的基本组成部分。表达式的值是表达式中各变量、常量经过指定运算得到的结果。

Java 中的算术运算符用来定义整型和浮点型数据的算术运算，分为双目运算和单目运算符两种。双目运算符就是连接两个操作数的运算符，这两个操作数分别写在运算符的左右两边；而单目运算符则只使用一个操作数，可以位于运算符的任意一侧，但是有不同的含义。

关系运算符是比较两个表达式大小关系的运算方式，所有关系运算的结果都是布尔型的数据，即“真”或者“假”。如果一个关系运算表达式，如 x>y，其运算结果是“真”，则表明该表达式所设定的大小关系成立，即 x 大于 y；否则，若运算结果为“假”，则说明该表达式所设定的大小关系不成立，即 x 不大于 y。

逻辑运算与关系运算的关系十分密切，关系运算是运算结果为布尔型量的运算，而逻辑运算是操作数和运算结果都是布尔型量的运算。

赋值运算符的作用是将赋值运算符右边的数据表达式的值赋给运算符左边的变量。赋值运算符是“=”，值得注意的是赋值号左边必须是变量。例如：

```
double s=6.5+4.5;//将表达式 6.5+4.5 的和赋给变量 s
```

复合赋值运算符是在赋值运算符“=”前加上其他运算符。

位运算是对整数的二进制位进行的操作，位运算的操作数和结果都是整型量。Java 语言中各运算符的具体含义及举例如表 2-4 所示。

表 2–4 Java 常用运算符

类 型	运 算 符	含 义	举例(int x=7，y=5)
算术运算符	+	加	x+y=12
	–	减	x–y=2
	*	乘	x*y=35
	/	除	x/y=1
	%	取余	x%y=2
	++（单目）	自加 1	int z=(++x)*y→x=8，z=40 int z=(x++)*y→x=7，z=35
	--（单目）	自减 1	int z=(--x)*y→x=6，z=30 int z=(x--)*y→x=7，z=35
关系运算符	>	大于	x>y+2→false
	>=	大于等于	x>=y→true
	<	小于	x<y→false
	<=	小于等于	x<=y+2→true
	==	等于	x==y→false x==y+2→true
	!=	不等于	x!=y→ture
逻辑运算符	&	与（x，y 都为 true，结果为 true）	(x>5) & (y<4)→false
	|	或（x，y 都为 false，结果为 false，否则为 true）	(x>5)| (y<4)→true
	!	非（否定运算）	! (x > y) →false
	^	异或（x，y 都为 true 或 false 时，结果为 false，否则为 true）	(x>5)^ (y<4) →true
	&&	条件与	(x>5) && (y<4)→false
	||	条件或	(x >5)|| (y<4)→true
复合赋值运算符	–=	x–=y 等效于 x=x–y	x–=y→x=2
	+=	x+=y 等效于 x=x+y	x+=y→x=12
	*=	x*=y 等效于 x=x*y	x*=y→x=35
	/=	x/=y 等效于 x=x/y	x/=y→x=1
位运算符 x=11010110 y=01011001 n=2	～	位反（按位取反操作）	～x=00101001
	&	位与（按位进行与操作）	x&y=01010000
	|	位或（按位进行或操作）)	x|y=11011111
	^	位异或（按位进行异或操作）	x^y=10001111
	<<	左移（按位左移 n 位，右边补 0）	x<<n=01011000
	>>	右移（按位右移 n 位，左边按符号位补 0 或 1）	x>>n=11110101
	>>>	不带符号的右移(按位右移 n 位，左边补 0)	x>>>n=00110101

续表

类　型	运 算 符	含　义	举例(int x=7，y=5)
三目条件运算符	a?b:c	a 为真，则整个运算符为表达式 b 的值，否则为表达式 c 的值	int k=x<5?y:x x<5 为 false，k=x 即 k=7
括号	()	改变运算符优先级	
方括号	[ ]	数组运算符	
对象运算	Instanceof	测定对象是否属于某一指定类或子类	Boolean b=MyObject instanceof MyClass;

在使用“++”和“--”运算符时，要注意它们与操作数的位置关系对表达式运算符结果的影响。x++和++x 的作用都是使 x 中的数值加 1，所以使用哪个对于 x 本身并无多大影响。但是++号的位置的不同决定了自加 1 运算执行时间的不同，对于 x++或++x 所在的复杂表达式的值有很大的影响，一般地，++x 先把 x 的数值加 1，然后使用这个增加过的 x 的数值参与运算；而 x++则相反，先使用原来的 x 数值参与运算，然后再把 x 的数值加上 1，如：

```
int x=2;
int y=(++x)*3;
```

该语句运行后得到 x=3，y=9，因为在第二个表达式中与 3 相乘的是自加之后的新的 x 值。如果将表达式改为：

```
int x=2;
int y=(x++)*3;
```

该语句运行后得到 x=3，y=6，因为表达式使用 x 原始的数值 2，与 3 相乘把所得的 6 赋给 y，然后再给 x 加上 1，得到 3。

- 绝对值、平方、平方根和三角函数等复杂运算由 java.lang.Math 类中的方法实现。
- 判断两数相等的等于运算符由两个等号“= =”连缀而成，如果误写作一个等号“=”就会与赋值运算符相混淆，造成程序的逻辑错误。
- “&&”和“||”与“&”和“|”不同的是，如果从左边的表达式中得到的操作数能确定运算结果，就不再对右边的表达式进行运算，以提高运算速度。
- 参与比较大小的两个操作数或表达式的值可以是整型，也可以是浮点型，但需要注意的是不能在浮点数之间作“等于”的比较。这是因为浮点数表达上有难以避免的微小误差，精确的相等无法达到，所以这种比较毫无意义。

2.4.2　运算符的优先级

在计算表达式的值时，需要考虑各个运算符的优先级。Java 中运算符的优先级如表 2-5 所示。

在表达式中优先级较高的先运算，优先级较低的后运算；如果运算对象两侧的运算符优先级相同，则按运算符的结合性所规定的结合方向处理。

Java 语言中各运算符的结合性分为两种，即左结合性（自左至右）和右结合性（自右至左）。例如，算术运算符的结合性是自左至右，即先左后右。如有表达式 x-y+z 则 y 应先与“-”号结合，执行 x-y 运算，然后再执行+z 的运算。这种自左至右的结合方向就称为“左结合性”。而自

表 2-5　　Java 运算符优先级

<table>
<tr><th>优先次序</th><th>运算符</th><th>结合性</th></tr>
<tr><td rowspan="17">从高级到低级</td><td>.[]()</td><td>左到右</td></tr>
<tr><td>++ -- ! ～ instanceof
+ - (type)</td><td>右到左</td></tr>
<tr><td>New(type)</td><td rowspan="13">左到右</td></tr>
<tr><td>* / %</td></tr>
<tr><td>+ -</td></tr>
<tr><td>>> >>> <<</td></tr>
<tr><td>< > <= >=</td></tr>
<tr><td>&</td></tr>
<tr><td>^</td></tr>
<tr><td>|</td></tr>
<tr><td>&&</td></tr>
<tr><td>||</td></tr>
<tr><td>? :</td></tr>
<tr><td>= += -= *= /= %= ^=</td><td rowspan="2">右到左</td></tr>
<tr><td>&= |= <<= >>= >>>=</td></tr>
</table>

右至左的结合方向称为“右结合性”。最典型的右结合性运算符是赋值运算符。如 x=y=z，由于“=”的右结合性，应先执行 y=z 再执行 x=(y=z)运算。Java 语言运算符中有不少为右结合性，应注意区别，以避免理解错误。

表达式的运算过程如下。

- 从整体来看，表达式从左向右求值。
- 在从左向右的过程中，两个运算符先进行优先级比较，优先级高的先算，低的后算。
- 若相邻两个运算符相同，便按照结合性来进行。

2.4.3　课堂案例 3——使用运算符和表达式

【案例学习目标】　熟悉 Java 各类运算符，理解各类运算符的优先顺序，熟悉各类表达式的计算，能根据程序的实际需要合理选择运算符并使用表达式。

【案例知识要点】　算术运算符、关系运算符、逻辑运算符、表达式运算优先级。

【案例完成步骤】

1. 编写程序

（1）在 Eclipse 环境中打开名称为 chap02 的项目。

（2）在 chap02 项目中新建名称为 Operator 的类。

（3）编写完成的 Operator.java 的程序代码如下：

```
1   public class Operator {
2       public static void main(String[] args) {
3           int iNum1=7,iNum2=5,iNum3=10;
4           System.out.println("---条件:iNum1=7 iNum2=5 iNum3=10");
5           System.out.println("x 除以 y 的结果为:"+iNum1/iNum2);
6           System.out.println("x 除以 y 的余数为:"+iNum1%iNum2);
7           System.out.println("x>=y 的结果为: "+(iNum1>iNum2));
8           System.out.println("x==y 的结果为: "+(iNum1==iNum2));
9           boolean bFirst,bSecond;
10          bFirst=iNum1>iNum2;
11          bSecond=iNum1<iNum3;
12          System.out.println("\n---条件:a=x>y:"+bFirst+"
    b=x<z:"+bSecond);
13          System.out.println("a 与(&)b 的结果为:"+(bFirst&bSecond));
14          System.out.println("a 或 b(|)的结果为:"+(bFirst|bSecond));
15          System.out.println("a 与 b 异或的结果为:"+(bFirst^bSecond));
16          System.out.println("a 与(&&)b 的结果
    为:"+(bFirst&&bSecond));
17          System.out.println("a 或 b(||)的结果
    为:"+(bFirst||bSecond));
18          System.out.println("a 取反后或 b 的结果
    为:"+(!bFirst|bSecond));
19          System.out.println("a 或 b 的结果取反
    为:"+(!(bFirst|bSecond)));
20          int iTemp=12;
21          System.out.println("\n---条件:x=7 iTemp=10");
22          iTemp+=iNum1;
23          System.out.println("iTemp+=x 结果为:"+iTemp);
24          iTemp-=iNum1;
25          System.out.println("iTemp-=x 结果为:"+iTemp);
26          iTemp*=iNum1;
27          System.out.println("iTemp*=x 结果为:"+iTemp);
28          iTemp/=iNum1;
29          System.out.println("iTemp/=x 结果为:"+iTemp);
30          int iResult=(iNum1>4)?iNum2:iNum3;
31          System.out.println("d=(x>4)?y:z 的结果为:"+iResult);
32      }
33  }
```

【程序说明】

- 第 3 行：整型变量声明及初始化。
- 第 5 行～第 6 行：算术运算操作及结果输出。
- 第 7 行～第 8 行：关系运算操作及结果输出。
- 第 9 行～第 11 行：逻辑变量声明及赋值操作。
- 第 12 行～第 19 行：逻辑运算操作及结果输出。
- 第 22 行、第 24 行、第 26 行、第 28 行：复合赋值运算操作及结果输出。
- 第 30 行～第 31 行：三目运算操作及结果输出。

2. 编译并运行程序

保存并修正程序错误后，程序运行结果如图 2-7 所示。

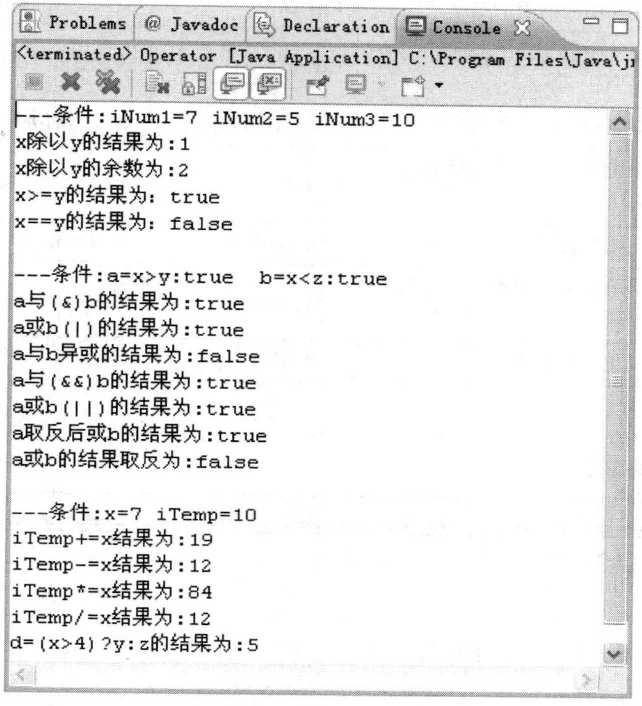

图 2-7　Operator 运行结果

2.5 Eclipse 常用快捷键

在 Eclipse 环境中编写、调试 Java 程序时，为了提高程序开发效率，可以使用快捷键完成常用的编辑、调试和代码注释等操作。Eclipse 中的常用快捷键如表 2-6 所示。

表 2-6　Eclipse 常用快捷键

键盘组合	功　能	键盘组合	功　能
Ctrl+7	对选定的内容进行注释	Ctrl+I	对选定的内容调整缩进
Ctrl+1	快速修复	Ctrl+D	删除当前行
Ctrl+Alt+↓	复制当前行到下一行(复制增加)	Ctrl+Alt+↑	复制当前行到上一行(复制增加)
Alt+↓	当前行和下面一行交互位置	Alt+↑	当前行和上面一行交互位置
Alt+←	前一个编辑的页面	Alt+→	下一个编辑的页面
Alt+Enter	显示当前选择资源(工程或文件)的属性	Shift+Enter	在当前行的下一行插入空行
Shift+Ctrl+Enter	在当前行插入空行	Ctrl+Q	定位到最后编辑的地方
Ctrl+L	定位在某行	Ctrl+M	最大化当前的 Edit 或 View

续表

键盘组合	功　　能	键盘组合	功　　能
Ctrl+/	注释当前行，再按则取消注释	Ctrl+O	快速显示 OutLine
Ctrl+T	快速显示当前类的继承结构	Ctrl+W	关闭当前 Editer
Ctrl+K	参照选中的 Word 快速定位到下一个	Ctrl+E	快速显示当前 Editer 的下拉列表
Ctrl+/(小键盘)	折叠当前类中的所有代码	Ctrl+×(小键盘)	展开当前类中的所有代码
Ctrl+Shift+E	显示管理当前打开的所有的 View 的管理器	Ctrl+J	正向增量查找
Ctrl+Shift+J	反向增量查找	Ctrl+Shift+F4	关闭所有打开的 Editer
Ctrl+Shift+X	把当前选中的文本全部变为小写	Ctrl+Shift+Y	把当前选中的文本全部变为小写
Ctrl+Shift+F	格式化当前代码	Ctrl+Shift+P	定位到对于的匹配符（如{}）

课外实践

【任务 1】　请将下面程序补充完整。【2007 年 4 月填空题第 8 题】

```
public class OperatorsAndExpressions {
    String conditionalExpression(int score){
        String result;
        //如果 score 超过 60 分，则结果是 passed,否则是 doesn't pass
        result=(score>=60)?"passed":"doesn't pass";
        System.out.println(result);
        return result;
    }
    public static void main(String args[]){
        OperatorsAndExpressions OperAndExp=new OperatorsAndExpressi
ons();
        //条件表达式
        OperAndExp. conditionalExpression(65);
    }
}
```

其执行结果是________。

【任务 2】　请将下面程序补充完整。【2008 年 4 月填空题第 11 题】

```
public class PowerCale {
  public static void main(String[] args) {
        double x=5.0;
        System.out.println(x+" to the power 4 is "+power(x,4));
        System.out.println("7.5 to the power 5 is "+power(7.5,5));
        System.out.println("7.5 to the power 0 is "+power(7.5,0));
        System.out.println("10 to the power -2 is "+power
    (10,-2));
```

```
    }
    static double _______ (double x,int n){
        if(n>1)
                return x*power(x,n-1);
        else if(n<0)
                return 1.0/power(x,-n);
        else
                return n==0?1.0:x;
    }
}
```

思考与练习

【填空题】

1. 在 Java 中，转义字符\n 表示________。【2007 年 4 月填空题第 7 题】

2. 在 Java 中，所有数据类型的长度都固定，因此没有保留字_______。【2007 年 9 月填空题第 6 题】

3. 布尔逻辑运算符包括：!、&&、和_______。【2007 年 9 月填空题第 7 题】

4. 按照 Java 中的命名约定，方法名的起始字母一般都是小写，但是______方法例外。【2008 年 4 月填空题第 6 题】

5. Java 中的三元运算符是_________。【2008 年 4 月填空题第 8 题】

6. Java 语言中的浮点数默认类型是________。【2008 年 9 月填空题第 6 题】

7. 对二进制数进行算数右移的运算符是_______。【2008 年 9 月填空题第 10 题】

8. 能打印出一个双引号的语句是 System.out.println{ "_____" }；【2009 年 3 月填空题第 7 题】

9. 在 Java 中，字符是以 16 位的_______码表示。【2009 年 9 月填空题第 10 题】

10. 代码 System.out.println(066)的输出结果是_____。【2009 年 9 月填空题第 12 题】

11. 表达式（10*49.3）的类型是______型。【2009 年 9 月填空题第 14 题】

【选择题】

1. 请阅读下面程序。【2007 年 4 月选择题第 16 题】

```
import java.io.*;
public class TypeTransition{
  public static void main(String args[]){
        char a = 'a';
        int i = 100;
        long y = 456L;
        int aa = a + i;
        long yy = y-aa;
        System.out.print("aa = "+aa);
        System.out.print("yy = "+yy);
  }
}
```

程序运行结果是______。

(A) aa = 197 yy = 259 (B) aa = 177 yy = 259

(C) aa = 543 yy = 288 (D) aa = 197 yy = 333

2. 下列关于 System 类的叙述中，错误的是______。【2007 年 9 月选择题第 11 题】

(A) System 类是一个 final 类 (B) System 类不能实例化

(C) System 类中没有定义属性 (D) System 类主要提供了系统环境参数的访问

3. 下列布尔变量定义中，正确并且规范的是______。【2007 年 9 月选择题第 12 题】

(A) BOOLEAN canceled=false; (B) boolean canceled=false;

(C) boolean CANCELED=false; (D) boolean canceled=FALSE;

4. 下列运算符中属于关系运算符的是______。【2007 年 9 月选择题第 18 题】

(A) == (B) .= (C) += (D) -=

5. 下列运算符中不能进行位运算的是______。【2007 年 9 月选择题第 21 题】

(A) >> (B) >>> (C) << (D) <<<

6. 阅读下面程序。【2007 年 9 月选择题第 22 题】

```
public class Test2{
   public static void main(String args[]){
         int a=10, b=4, c=20, d=6;
         System.out.println(a++*b+c*--d);
   }
}
```

程序运行的结果是______。

(A) 144 (B) 160 (C) 140 (D) 164

7. 阅读下面程序。【2007 年 9 月选择题第 27 题】

```
public class Test4{
  public static void main(String args[]){
        int i=10, j=3;
        float m=213.5f, n=4.0f;
        System.out.println(i%j);
        System.out.println(m%n);
  }
}
```

程序运行的结果是______。

(A) 1.0 和 1.5 (B) 1 和 1.5 (C) 1.0 和 2.5 (D) 1 和 2.5

8. 下列变量定义中，正确的是______。【2008 年 4 月选择题第 13 题】

(A) long l=123L (B) long l=3.14156f

(C) int i="k" (D) double d=1.55989E2f

9. 下列语句中正确的是______。【2008 年 4 月选择题第 18 题】

(A) System.out.println(1+'1'); (B) int i=2+"2";

(C) String s="on"+"one"; (D) byte b=257;

10. 下列关键字中可以表示常量的是______。【2008 年 4 月选择题第 19 题】

(A) final (B) default (C) private (D) transient

11. 下列带下划线的标识符符合 Java 命名约定的是_______。【2008 年 4 月选择题第 30 题】

（A）package　com.Bi.hr　　（B）public　class　xyz

（C）int　I　　（D）void　setCustomerName()

12. 给一个 short 类型变量赋值的范围是_______。【2008 年 9 月选择题第 14 题】

（A）-128～+127　　（B）-2147483648～+2147483647

（C）-32768～+32767　　（D）-1000～+1000

13. 下列语句中错误的是_______。【2008 年 9 月选择题第 25 题】

（A）String　s[]={"how","are"};　　（B）byte　b=255;

（C）String　s="one"+"two";　　（D）int　i=2+2000;

14. 下列运算符中，优先级最高的是_______。【2009 年 3 月选择题第 18 题】

（A）++　　（B）+　　（C）*　　（D）>

15. 下列运算结果为 1 的是_______。【2009 年 9 月选择题第 15 题】

（A）8>>1　　（B）4>>>2　　（C）8<<1　　（D）4<<<2

16. Java 中的基本数据类型 int 在不同的操作系统平台的字长是_______。【2009 年 9 月选择题第 28 题】

（A）不同的　　（B）32 位　　（C）64 位　　（D）16 位

第3章 Java程序流程结构

【学习目标】

本章主要介绍Java语言的流程控制结构。主要包括简单if语句、嵌套if语句、switch语句、for语句、while语句、do-while语句、循环语句嵌套和跳转语句。通过本章的学习，读者应能熟练掌握Java的流程控制语句的用法，并能够运用到实际程序开发中。本章的学习目标如下。

（1）掌握简单if语句和嵌套if语句在条件结构中的用法。

（2）熟悉switch语句在多分支结构中的用法。

（3）掌握for语句在固定次数循环中的用法。

（4）掌握while语句在循环结构结构中的用法。

（5）掌握do-while语句在循环结构中的用法。

（6）了解break语句、continue语句等跳转语句。

（7）能编写简单条件和复杂条件结构的程序。

（8）能编写具有简单循环和多重循环结构的程序。

【学习导航】

算法在任何一个程序设计语言中都非常重要，而算法是通过各种流程控制语句来实现的。本章内容在Java桌面开发技术中的位置如图3-1所示。

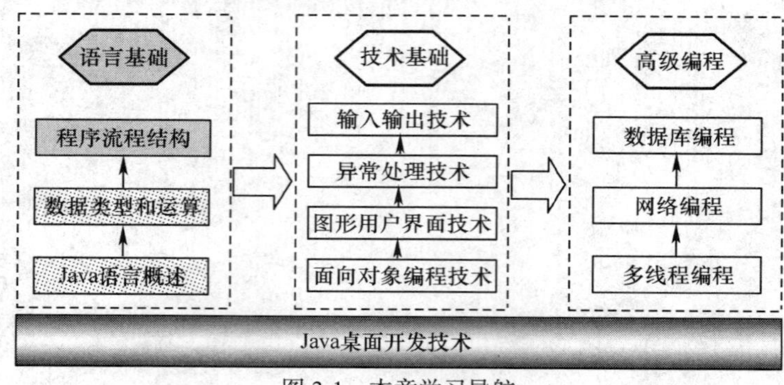

图3-1　本章学习导航

3.1 分支结构

3.1.1　简单 if 语句

在现实生活中，事务处理的过程不是简单地从开始到结束的顺序过程，中间可能会根据具体情况的不同进行不同的操作，这就是分支（也称为条件）。程序语言中的分支结构就是为了适应现实生活中的各种各样的判断而提出的，分支结构使程序可根据某些表达式的值有选择地执行特定的语句。Java 主要提供了 if 语句和 switch 语句两种类型的分支选择。

if 语句，也称为条件语句，是根据给定条件进行判定，以决定执行某个分支程序段。Java 中的 if 语句有两种形式。

1. 第一种形式：if

这种形式是最简单的形式，其一般格式为：

```
if  (条件表达式)
{
  执行语句块 1;
}
```

其含义是：如果条件表达式的值为真，则执行其后的语句，否则不执行该语句。其执行过程如图 3-2 所示。

2. 第二种形式：if-else

其一般格式为：

```
if(条件表达式)
    { 语句块 1;}
else
    { 语句块 2;}
```

其含义是：如果条件表达式的值为真，则执行语句 1，否则执行语句 2。其执行过程如图 3-3 所示。

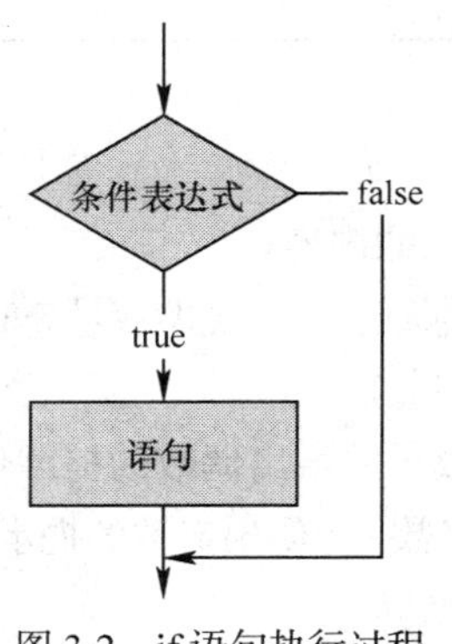

图 3-2　if 语句执行过程

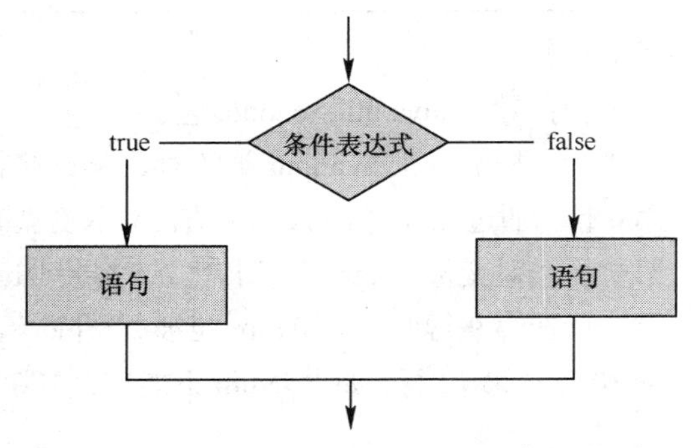

图 3-3　if-else 语句执行过程

3.1.2 课堂案例 1——判断指定数的奇偶性

【案例详细描述】 用户从键盘输入一个整数，程序判断该数是奇数还是偶数，并给出相应的提示信息。

【案例学习目标】 熟悉 if 语句和 if-else 语句的用法，会应用 if 语句编写进行条件判断的程序。

【案例知识要点】 if 语句的用法、if-else 语句的用法、简单条件结构流程图的绘制。

【案例完成步骤】

1. 绘制程序流程图

本案例的参考流程图如图 3-4 所示。

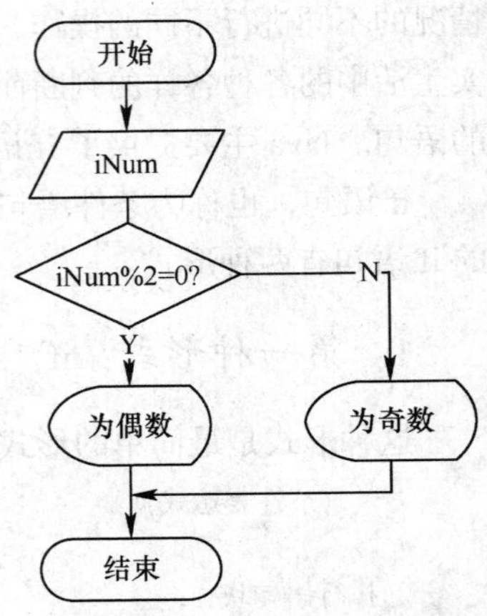

图 3-4 EvenOrOdd 参考流程图

2. 编写程序

（1）在 Eclipse 环境中创建名称为 chap03 的项目。

（2）在 chap03 项目中新建名称为 EvenOrOdd 的类。

（3）编写完成的 EvenOrOdd.java 的程序代码如下：

```
1    import java.util.Scanner;
2    public class EvenOrOdd {
3        public static void main(String[] args) {
4            Scanner sc = new Scanner(System.in);
5            System.out.println("请输入数字：");
6            int iNum = sc.nextInt();//获取键盘输入
7            if(iNum%2==0) {
8                System.out.println("数字 "+ iNum + " 为偶数");
9            }
10           else{
11               System.out.println("数字 "+ iNum + " 为奇数");
12           }
13       }
14   }
```

【程序说明】

- 第 1 行：导入 java.util.Scanner 包。
- 第 4 行：构造一个 Scanner 类的对象 sc，接收用户从键盘输入的内容。
- 第 6 行：通过 sc 对象的 nextInt 方法获取键盘输入的整数并将其赋值给 int 类型变量 iNum。
- 第 7 行：对变量 iNum 的值求模 2（判断 iNum 是否能被 2 整除）。
- 第 7 行～第 9 行：如果 iNum 能被 2 整除，表示 iNum 为偶数，并给出偶数的提示信息。
- 第 10 行～第 12 行：如果 iNum 不能被 2 整除，表示 iNum 为奇数，并给出奇数的提示信息。

3. 编译并运行程序

保存并修正程序错误后，程序运行后输入 19，运行结果如图 3-5 所示。

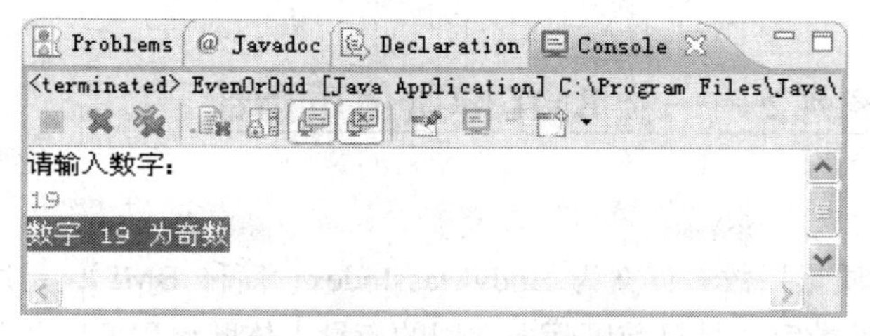

图 3-5　EvenOrOdd 运行结果

3.1.3　嵌套 if 语句

在解决现实生活中的复杂问题时，并不是通过一个简单的条件语句就能解决的，而是需要由若干个条件来决定复杂的操作。例如，比较 a 与 b 两个数的大小，就有 a 大于 b、a 等于 b 和 a 小于 b 3 种情况，对于这种问题的处理，则可以用嵌套的 if 语句来解决。

if 语句嵌套的形式如下：

```
if  (条件表达式 1)
    { 语句块 1; }
else  if(条件表达式 2)
    { 语句块 2; }
else  if(条件表达式 3)
    { 语句块 3; }
…
else  if(条件表达式 m)
    {语句块 m; }
else
    {语句 m+1; }
```

其含义是：依次判断表达式的值，当某个分支的条件表达式的值为真时，则执行该分支对应的语句，然后跳到整个 if 语句之外继续执行程序。如果所有的表达式均为假，则执行语句 m+1。然后继续执行后续程序。if 嵌套语句的执行过程如图 3-6 所示。

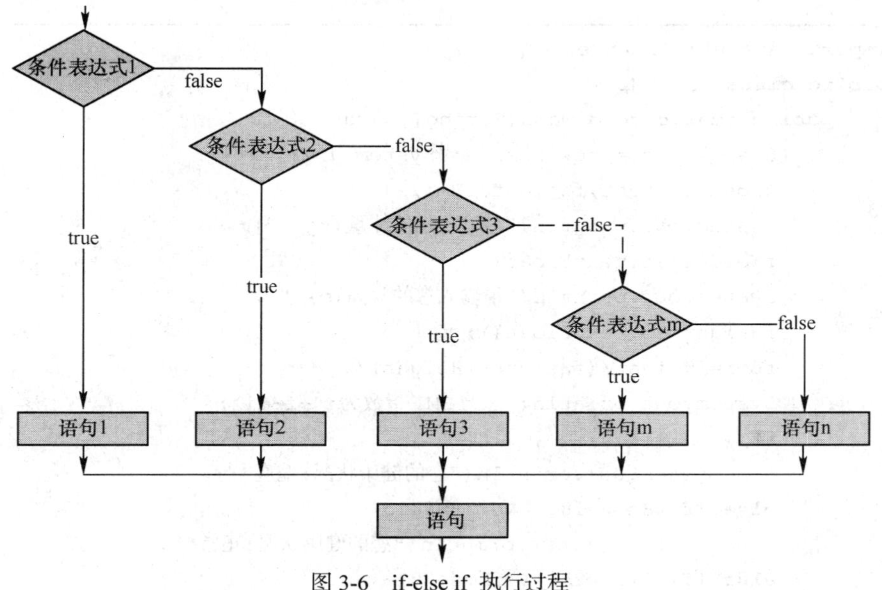

图 3-6　if-else if 执行过程

3.1.4 课堂案例 2——求 BMI 健康体重指数

【案例详细描述】

BMI 指数（身体质量指数，英文为 BodyMassIndex，简称 BMI），是用体重（公斤）除以身高（米）的平方得出的数字，是目前国际上常用的衡量人体胖瘦程度以及是否健康的一个标准。它的计算公式为：BMI 指数=体重（KG）÷身高（M）的平方

BMI 指数与健康状况对照如表 3-1 所示。

表 3-1　　BMI 指数与健康状况对照表

BMI 指数	<18.5	18.5～25	25～30	30～35	35～40	>40
健康状况	偏瘦	正常	超重	轻度肥胖	中度肥胖	重度肥胖

【案例学习目标】　熟悉 if 语句和 if-else 语句的用法，会应用嵌套 if 语句进行比较复杂的条件判断的程序的编写。

【案例知识要点】　if 语句的用法、if-else 语句的用法、嵌套 if 语句的用法、复杂条件结构流程图的绘制。

【案例完成步骤】

1. 绘制程序流程图

本案例的参考流程图如图 3-7 所示。

2. 编写程序

（1）在 Eclipse 环境中打开名称为 chap03 的项目。

（2）在 chap03 项目中新建名称为 CalcBMI 的类。

（3）编写完成的 CalcBMI.java 的程序代码如下：

```
1   import java.util.Scanner;
2   public class CalcBMI {
3       public static void main(String[] args) {
4           Scanner sc = new Scanner(System.in);
5           float fHeight,fWeight,fBmi;
6           System.out.println("请输入您的体重(kg):");
7           fWeight=sc.nextFloat();
8           System.out.println("请输入您的身高(m):");
9           fHeight=sc.nextFloat();
10          fBmi=fWeight/(fHeight*fHeight);
11          System.out.println("您的 BMI 指数为:"+fBmi);
12          if (fBmi<18.5)
13              System.out.println("您的健康状况:偏瘦");
14          else if(fBmi>=18.5 && fBmi<25)
15                  System.out.println("您的健康状况:正常");
16          else if(fBmi>=25 && fBmi<30)
```

17	`System.out.println("您的健康状况:超重");`
18	`else if(fBmi>=30 && fBmi<35)`
19	`System.out.println("您的健康状况:轻度肥胖");`
20	`else if(fBmi>=35 && fBmi<40)`
21	`System.out.println("您的健康状况:中度肥胖");`
22	`else`
23	`System.out.println("您的健康状况:重度肥胖");`
24	`}`
25	`}`

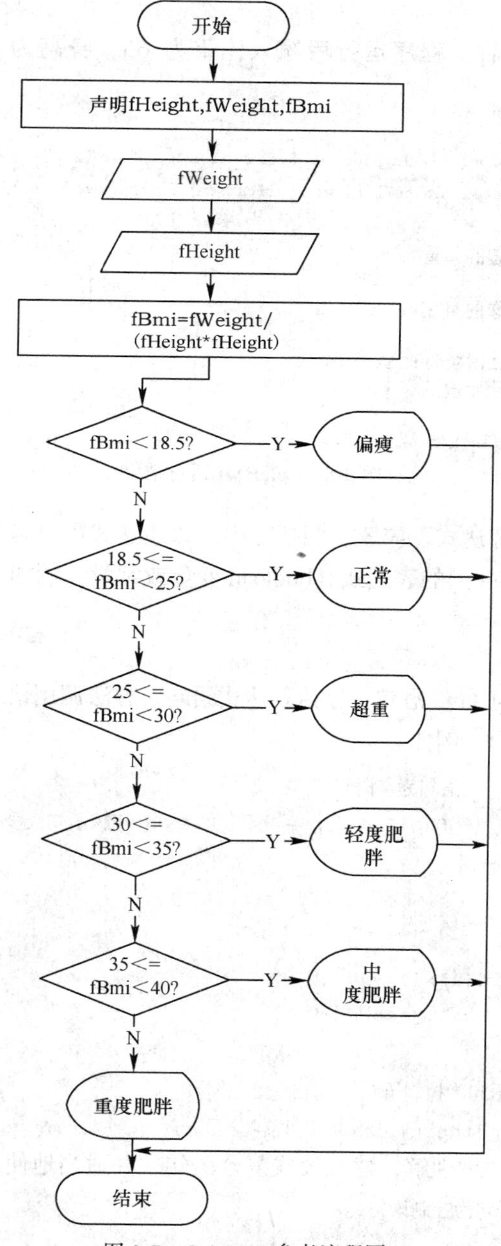

图 3-7　CalcBMI 参考流程图

【程序说明】

- 第 1 行：导入 java.util.Scanner 包。
- 第 4 行：构造一个 Scanner 类的对象 sc，接收用户从键盘输入的内容。
- 第 5 行：声明保存身高、体重和 BMI 指数的 3 个 float 变量。
- 第 6 行～第 9 行：通过 `sc` 对象的 `nextFloat` 方法获取键盘输入的身高、体重。
- 第 10 行：根据输入的身高、体重计算 BMI 值。
- 第 12 行～第 23 行：判断计算得到的 BMI 值的所在范围，显示用户的健康状况。

3. 编译并运行程序

保存并修正程序错误后，程序运行后输入体重为 65，身高为 1.60，运行结果如图 3-8 所示。

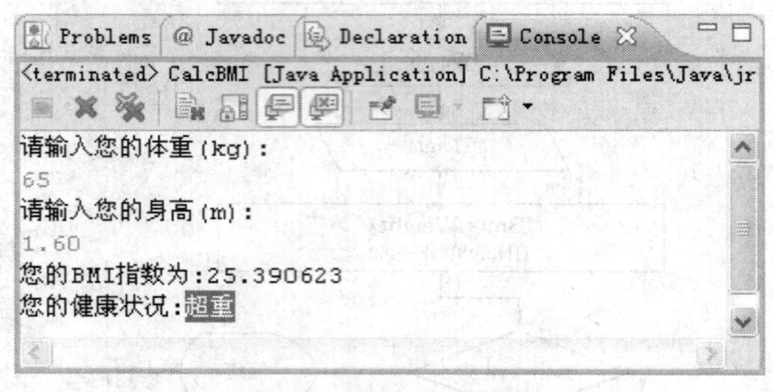

图 3-8　CalcBMI 运行结果

紧跟 if 关键词的条件表达式，应置于圆括号中。该表达式可以是逻辑表达式、关系表达式、或者其他任何结果为 boolean 型的表达式、boolean 变量或常量。例如：

```
if(a==true) 语句;
if(a>b && a<c)语句;
```

这里的语句可以是任何 Java 语句，包括表达式语句、方法调用语句、控制语句、复合语句和空语句等，但不能没有语句。例如：

```
if(true || false );  //语句为空语句
if(true || false )  //没有语句。它和前一条语句的差别在于该语句缺少了“; ”号
if(!false) //语句为复合语句
{
   int  a = 5;
   System.out.println(a);
} //这里应注意，复合语句“}”之后不加分号。


if(1+1+3 > 5/2)  //语句为控制语句
if（5>6）System.out.println（“5>6?不可能吧！”）;
```

为了使程序更加清晰、易理解，建议改成复合语句，并适当地使用缩进。如：

```
if(1+1+3 > 5/2) //语句为控制语句
{
```

```
    if (5>6)
    {
        System.out.println("5>6?不可能吧！");
    }
}
```

- 在 if 结构中使用复合语句和缩进可以增强程序的可读性。
- 当被嵌套的 if 语句为 if-else 形式或 if-else if 形式时，将会出现多个 if 和多个 else 重叠的情况，Java 语言规定，else 总是与它前面最近的 if 配对。

3.1.5　switch 语句

对于多选择分支的情况，可以用 if 语句的 if-else 形式或 if 语句嵌套处理，但大多数情况下显得比较麻烦。为此，Java 提供了另一种多分支选择的方法——switch 语句。

switch 语句的一般形式如下：

```
switch(表达式)
{
    case 值1：语句组1；break;
    case 值2：语句组2；break;
    …
    case 值n：语句组n；break;
    default：语句组;
}
```

其含义是：计算表达式的值，并与其后的常量表达式值逐个比较，当表达式的值与某个常量表达式的值相等时，即执行其后的语句，然后不再进行判断，继续执行后面所有 case 后的语句。如果表达式的值与所有 case 后的常量表达式均不相同，则执行 default 后的语句。

3.1.6　课堂案例3——百分制成绩到五级制的转换

【案例详细描述】　从键盘输入百分制的成绩，将其转换为 A、B、C、D、E 5 个等级输出。转换的规则为：90～100 分为 A，80～89 为 B，70～79 为 C，60～69 为 D，60 分以下为 E。

【案例学习目标】　熟悉 switch 语句的用法，会应用 switch 语句进行条件判断的程序的编写。

【案例知识要点】　switch 语句的用法、switch 语句与 if-else 语句的比较、多分支结构流程图的绘制。

【案例完成步骤】

1. 绘制程序流程图

本案例的参考流程图如图 3-9 所示。

2. 编写程序

（1）在 Eclipse 环境中打开名称为 chap03 的项目。

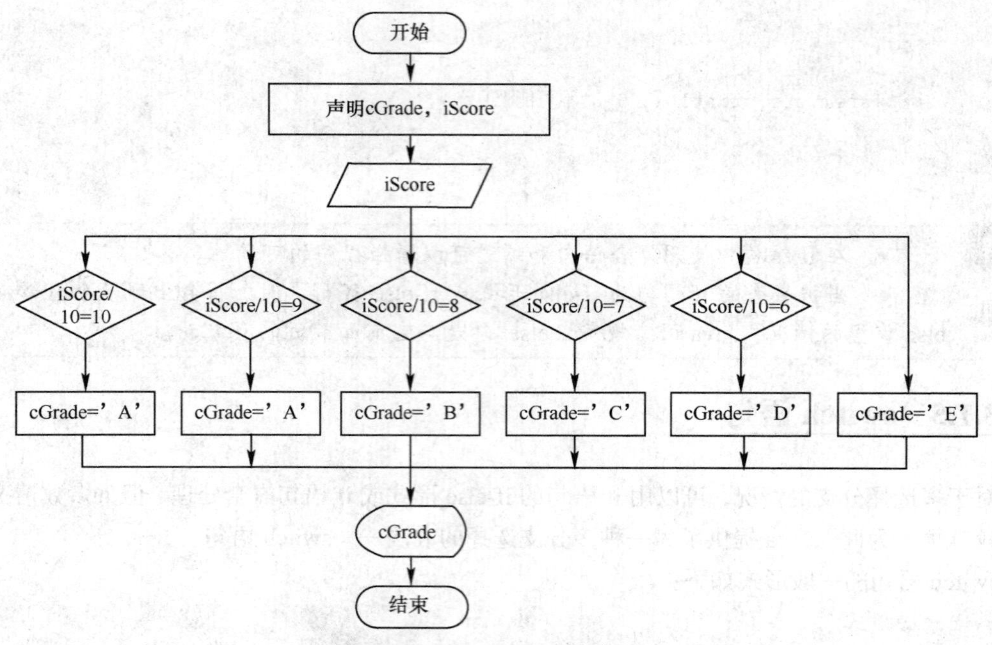

图 3-9　ScoreToGrade 参考流程图

（2）在 chap03 项目中新建名称为 ScoreToGrade 的类。

（3）编写完成的 ScoreToGrade.java 的程序代码如下：

```
1   import java.util.Scanner;
2   public class ScoreToGrade {
3       public static void main(String[] args) {
4           char cGrade;
5           int iScore;
6           Scanner sc=new Scanner(System.in);
7           System.out.println("请输入成绩:");
8           iScore=sc.nextInt();
9           switch(iScore/10){
10              case 10:cGrade='A';break;
11              case 9:cGrade='A';break;
12              case 8:cGrade='B';break;
13              case 7:cGrade='C';break;
14              case 6:cGrade='D';break;
15              default: cGrade='E';
16          }
17          System.out.println("您的成绩为:"+iScore+"\t"+"等级为:"+cGrade);
18
19      }
20  }
```

【程序说明】

- 第 4 行～第 5 行：声明成绩和成绩等级变量。

- 第 6 行：构造一个 Scanner 类的对象 sc，接收从键盘输入的成绩。
- 第 8 行：获取键盘输入的值并将其赋给 int 类型变量 iScore。
- 第 9 行～第 16 行：iScore/10 值与 case 后面的值进行比较，如果相等就执行相应的 case 语句后面提供的 Java 语句（相当于 if 条件语句中的 if iScore/10=?）。

3. 编译并运行程序

保存并修正程序错误，程序运行后输入成绩为 78，运行结果如图 3-10 所示。

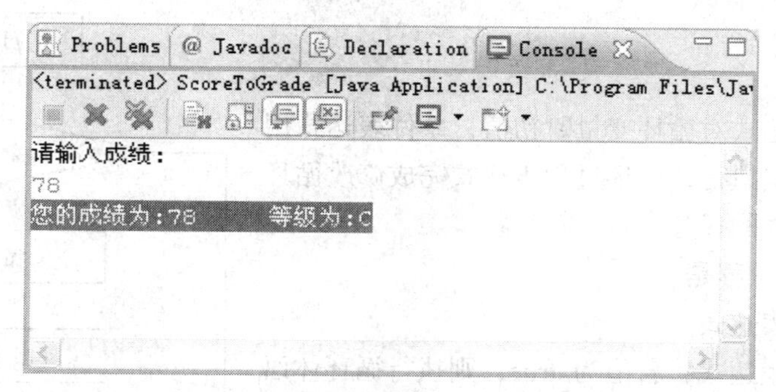

图 3-10　ScoreToGrade 运行结果

在使用 switch 语句时，请注意以下几点。

- switch 之后括号内的表达式只能是整型（byte，short，char 和 int）或字符型表达式，不能是长整型或其他任何类型。
- 在 case 后的各常量表达式的值不能相同，否则会出现错误。
- 在 case 后，允许有多个语句，可以不用{}括起来。当然也可作为复合语句用{}括起来。
- 各 case 和 default 语句的先后顺序可以变动，而不会影响程序执行结果，但把 default 语句放在最后是一种良好的编程习惯。
- break 语句用来在执行完一个 case 分支后，使程序跳出 switch 语句，即终止 switch 语句的执行。因为 case 子句只是起到一个标号的作用，用来查找匹配的入口并从此处开始执行，对后面的 case 子句不再进行匹配，而是直接执行其后的语句序列，因此应该在每个 case 分支后，用 break 来终止后面的 case 分支语句的执行。在一些特殊情况下，多个不同的 case 值要执行一组相同的操作，这时可以不用 break 语句。
- default 子句可以省略不用。

- 请尝试修改 ScoreToGrade 程序，以实现接受浮点型成绩数据。
- 请尝试修改 ScoreToGrade 程序，使用 if-else 语句代替 switch 结构来完成判断。

3.2 循环结构

在体育竞赛的跑步项目中，一般设计为在 400 米的跑道完成：400 米跑时，跑一圈；800 米跑时，跑两圈；10000 米跑时，跑 25 圈；这种不断的重复就是循环。程序语言中的循环结构的作用

是在特定条件下反复执行一段程序代码。Java 语言提供的实现循环结构的语句有：for 语句、while 语句和 do-while 语句。这些循环语句各有其特点，用户可根据不同的需要选择使用。

3.2.1 for 语句

for 语句是最灵活也是最常用的循环结构。for 语句的一般格式如下：

```
for(初值表达式；条件表达式；循环过程表达式)
{
循环语句区块；
}
```

其中：初值表达式对循环变量赋初值；条件表达式用来判断循环是否继续执行；循环过程表达式完成修改循环变量，改变循环条件的任务。

for 语句的执行过程是

（1）求解初值表达式。

（2）求解条件表达式，若值为 true，则执行循环体语句区块，然后再执行第（3）步；若值为 false，则跳出循环体语句。

（3）求解循环过程表达式，然后转去执行第（2）步。

for 语句执行流程如图 3-11 所示。

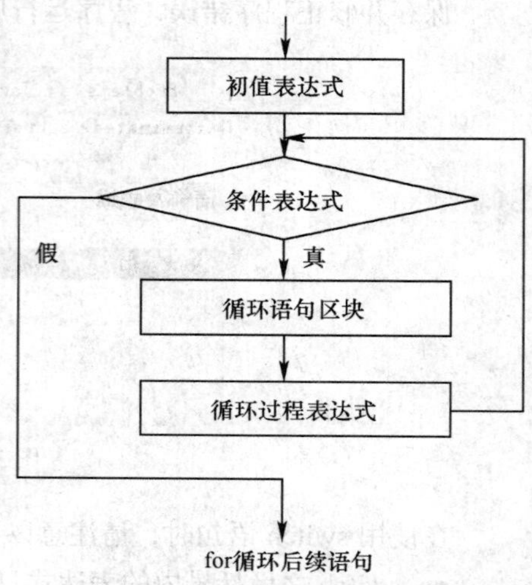

图 3-11　for 语句的执行流程图

3.2.2 课堂案例 4——计算 1 到 100 的累加和

【案例学习目标】　熟悉 for 语句的用法，会应用 for 语句进行循环程序的编写。

【案例知识要点】　for 语句的用法、for 循环的流程结构、for 循环结构流程图的绘制。

【案例完成步骤】

1. 绘制程序流程图

本案例的参考流程图如图 3-12 所示。

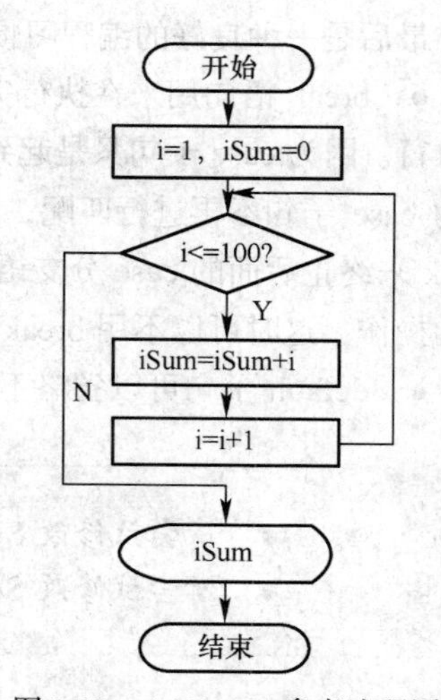

图 3-12　Add1_100 参考流程图

2. 编写程序

（1）在 Eclipse 环境中打开名称为 chap03 的项目。

（2）在 chap03 项目中新建名称为 Add1_100 的类。

（3）编写完成的 Add1_100.java 的程序代码如下：

```
1  public class Add1_100 {
2      public static void main(String[] args) {
3          int i,iSum=0;
```

4	`for(i=1;i<=100;i++){`
5	`iSum+=i;`
6	`}`
7	`System.out.println("1 到 100 的累加和为:"+iSum);`
8	`}`
9	`}`

【程序说明】

- 第 3 行：定义循环控制变量 i 和累加和变量 iSum。
- 第 4 行～第 7 行：for 循环实现累加。i 的值从 1～100 开始变化，让 sum 变量加上 i 的值，得到计算结果 1 + 2 + 3 + … + 100。
- 第 7 行：输出累加和 iSum。

3. 编译并运行程序

保存并修正程序错误后，程序运行结果如图 3-13 所示。

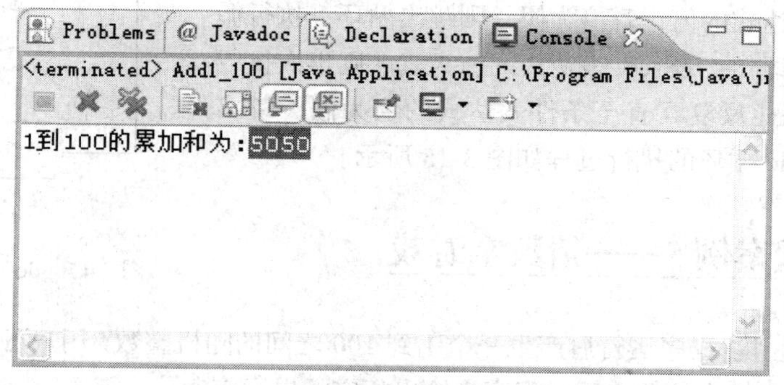

图 3-13　Add1_100 运行结果

- for 语句括号中任何一个表达式均可省略，而只用分号隔开，此时可以在程序的其他地方对循环变量进行初始化并修改循环变量的值。
- for 循环中的循环体可以只含有空语句（只有分号“;”）。
- 设定初值表达式和修改表达式都可以使用逗号“,”得到多重表达式。如：

```
for(i=0, iSum=0;i<n;iSum+i=i, i++)
System.out.println(i+"\t"+iSum);
```

3.2.3　while 语句

while 语句的一般格式如下：

```
while (条件表达式)
{
循环语句区块;
}
```

while 语句的执行次序是：先判断条件表达式的值，若值为假，则跳过循环语句区块，执行循环语句区块后面的语句：若条件表达式的值为真，则执行循环语句区块，然后再回去判断条件表达式的值，如此反复，直至条件表达式的值为假，跳出 while 循环体。在 while 语句的循环体中应该有改变条件的语句，防止死循环。while 循环的执行过程如图 3-14 所示。

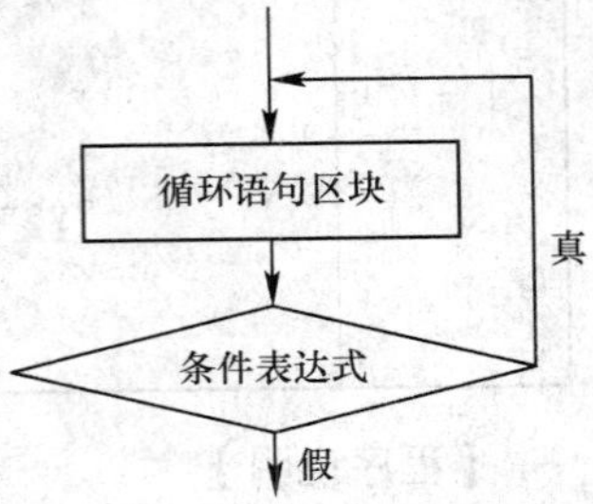

图 3-14　while 循环结构流程图

3.2.4　do-while 语句

do-while 语句的一般格式如下：

```
do
{
循环语句区块;
}while(条件表达式);
```

do-while 语句的执行次序是：先执行一次循环体语句区块，然后再判断条件表达式的值，若值为假，则跳出循环，执行循环语句区块后面的语句：若条件表达式的值为真，则再次执行循环语句区块。如此反复，直至条件表达式的值为假，跳出 do-while 循环体。do 循环的执行过程如图 3-15 所示。

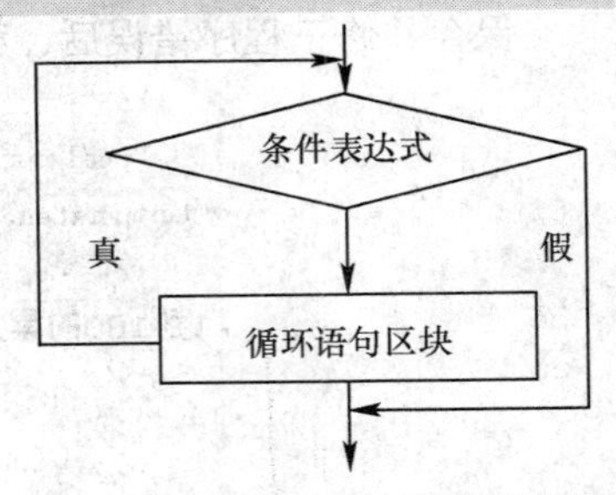

图 3-15　do-while 循环结构流程图

3.2.5　课堂案例 5——猜数字游戏

【案例详细描述】　程序运行后产生一个 1 到 100 之间的随机整数，用户可以反复猜测所生成的数的大小，在用户每次猜数之后，程序会给出相应的提示信息。

【案例学习目标】　熟悉 while 语句的用法，会应用 while 语句进行循环程序的编写。

【案例知识要点】　while 语句的用法、while 循环的流程结构、while 循环结构流程图的绘制。

【案例完成步骤】

1. 绘制程序流程图

本案例的参考流程图如图 3-16 所示。

2. 编写程序

（1）在 Eclipse 环境中打开名称为 chap03 的项目。

（2）在 chap03 项目中新建名称为 GuessNumber 的类。

（3）编写完成的 GuessNumber.java 的程序代码如下：

```
1  import javax.swing.JOptionPane;
2  public class GuessNumber {
3      public static void main(String[] args) {
4          int iSource,iGuess=0;
5          System.out.println("请在 1-100 之间猜数");
```

```
6            iSource=(int)(Math.random()*100);
7            String strGuess=JOptionPane.showInputDialog("我猜一猜:");
8            iGuess=Integer.parseInt(strGuess);
9            while (iSource!=iGuess){
10               if (iGuess>iSource){
11                   strGuess=JOptionPane.showInputDialog("大了,请重新猜:");
12                   iGuess=Integer.parseInt(strGuess);
13               }
14               else if (iGuess<iSource){
15                   strGuess=JOptionPane.showInputDialog("小了,请重新猜:");
16                   iGuess=Integer.parseInt(strGuess);
17               }
18           }
19           System.out.println("恭喜你,猜对了!");
20       }
21   }
```

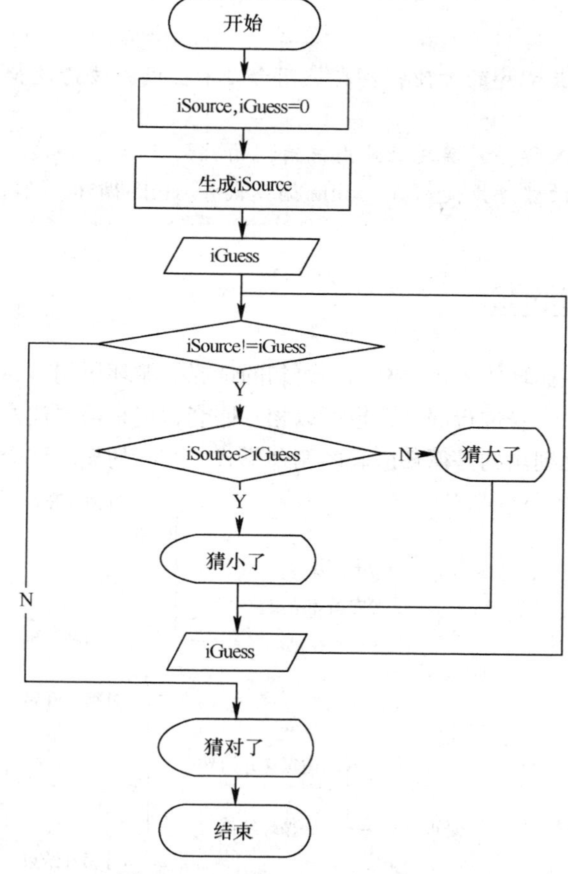

图 3-16 GuessNumber 参考流程图

【程序说明】

- 第 1 行：导入 javax.swing.JOptionPane 类，以使用对话框接收用户输入。
- 第 4 行：定义产生的被猜的原数和用户猜的数的变量。
- 第 6 行：使用 Math.random 方法生成一个随机数，放大 100 倍后强制转换为整型。

- 第 7 行：通过对话框获取用户猜测的数据（以字符形式保存）。
- 第 8 行：将用户在对话框中输入的数据转换为整型，以方便进行比较。
- 第 9 行～第 18 行：如果用户没猜对，使用 while 循环进行相应信息提示并重新接收用户猜测的数据。
- 第 10 行～第 13 行：用户猜大了的处理。
- 第 14 行～第 17 行：用户猜小了的处理。
- 第 19 行：如果用户猜对了，显示提示信息。

3. 编译并运行程序

保存并修正程序错误后，运行程序，显示对话框供用户输入猜测数，如图 3-17 所示。用户根据“大了”或“小了”的提示信息，反复输入猜测数。直到在控制台显示“恭喜你，猜对了！”，循环终止，程序也结束运行。

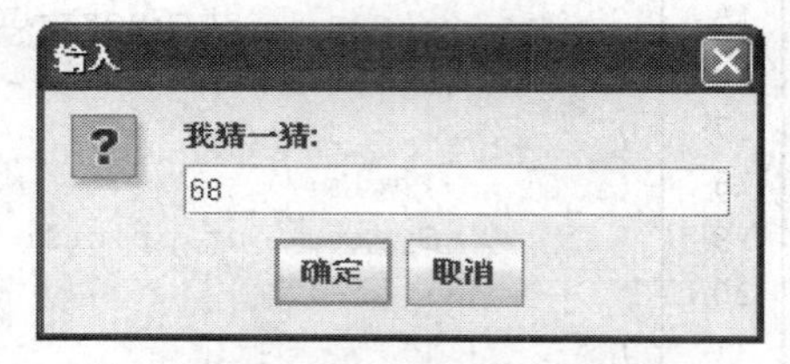

图 3-17　GuessNumber 用户输入界面

- 为了调试程序的方便，要在控制台显示生成的被猜数和用户猜的数，应该怎样修改程序？
- 尝试修改程序，实现记录用户猜测的次数。
- 尝试修改程序，使用 do-while 循环代替 while 循环。

3.2.6　循环语句嵌套

循环语句嵌套是指在循环体中包含有循环语句的情况。循环语句有 while 语句、do-while 语句和 for 语句，它们可以自身进行嵌套，也可以相互嵌套，但是需要注意的是嵌套的完整性，不允许出现相互交叉。下面列出的是循环嵌套的两种形式，实际的循环嵌套形式不止这两种。

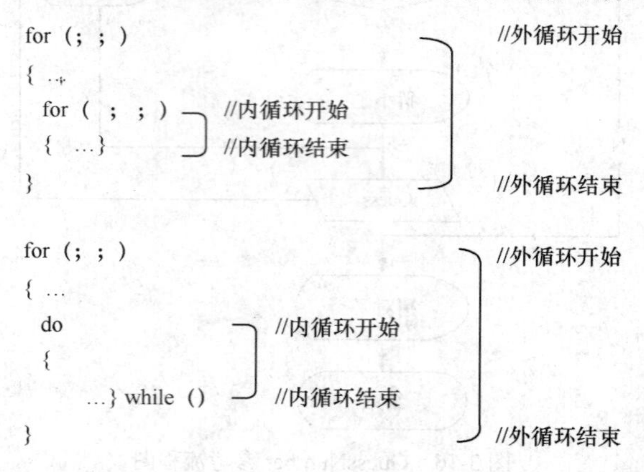

3.2.7　课堂案例 6——查找 100 以内的素数

【案例学习目标】　熟悉嵌套循环语句的用法，会应用嵌套循环进行循环程序的编写。

【案例知识要点】　嵌套循环的用法、嵌套循环的流程结构、嵌套循环结构流程图的绘制。

【案例完成步骤】

1. 绘制程序流程图

本案例的参考流程图如图 3-18 所示。

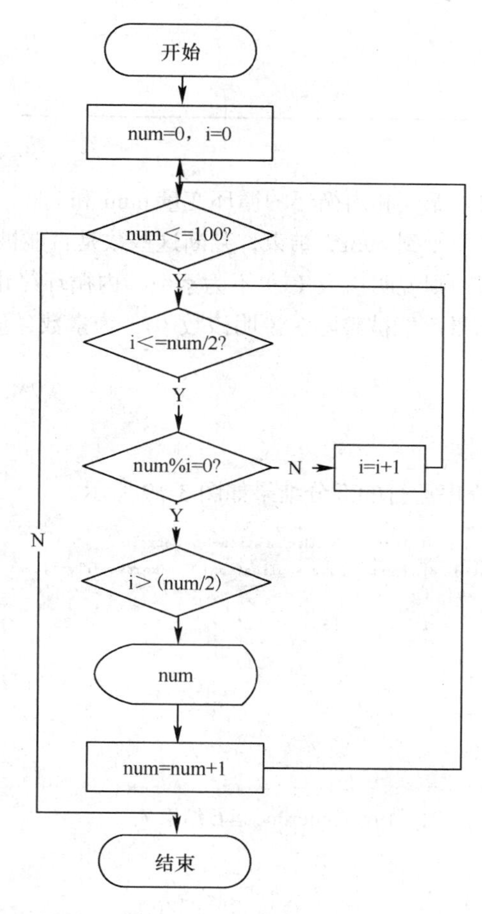

图 3-18　FindPrime 参考流程图

2. 编写程序

（1）在 Eclipse 环境中打开名称为 chap03 的项目。

（2）在 chap03 项目中新建名称为 FindPrime 的类。

（3）编写完成的 FindPrime.java 的程序代码如下：

```
1  public class FindPrime {
2      public static void main(String[] args) {
3          int num=0;
4          int i=0;
5          for(num=1;num<=100;num++){
6              for(i=2;i<=num/2;i++){
7                  if((num%i)==0){
8                      break;
```

```
9                    }
10               }
11               if(i>(num/2)){
12                   System.out.print(num);
13                   System.out.print("\t");
14               }
15           }
16       }
17   }
```

【程序说明】

- 第 3 行～第 4 行：声明外循环和内循环的循环变量 num 和 i。
- 第 6 行：内循环，从 2 开始到 num/2 结束，判断这些数是否能被 num 整除。
- 第 7 行：如果能被整除，则说明该数（i）不为素数，内循环终止。
- 第 11 行～第 14 行：如果不能被整除，说明该数（i）为素数，显示当前数后跳至下一个制表位，外循环继续。

3. 编译并运行程序

保存并修正程序错误后，程序运行的部分结果如图 3-19 所示。

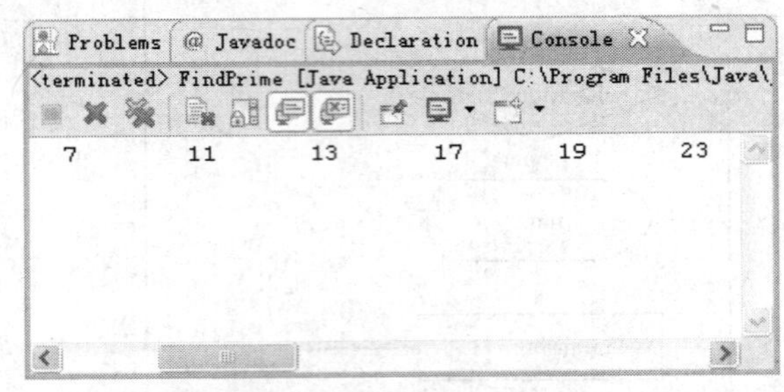

图 3-19　FindPrime 运行结果

3.3 跳转语句

跳转语句用来直接控制程序的执行流程，可用于改变 switch、for、while、do-while 的正常行为。Java 语句提供了 3 种跳转语句：break 语句、continue 语句和 label 语句。这些语句在编写程序时常被用到，特别是循环体内部分支比较复杂的情形，可用于简化分支语句的条件，减少条件分支语句 if 的嵌套深度及分支数，使程序更易阅读和理解。

3.3.1 break 语句

break 语句主要有 3 种作用：一是在 switch 语句中，用于终止 case 语句序列，跳出 switch 语句；这在 3.1.5 小节中已经介绍。二是用在循环结构中，用于终止循环语句序列，跳出循环结构，详见“课堂案例 6”。三是与标签语句配合使用从内层循环或内层程序块中退出。

break 语句通常适用于在循环体中通过 if 判定退出循环条件，如果条件满足，程序还没有执行完循环时使用 break 语句强行退出循环体，则执行循环体后面的语句。

如果是双重循环，而 break 语句处在内循环，那么在执行 break 语句后只能退出内循环，如果想要退出外循环，要使用带标记的 break 语句。

3.3.2 continue 语句

continue 语句与 break 语句不同，continue 语句并不终止当前的循环，而是不再执行 continue 后面的 Java 语句，结束本次的循环，继续执行下一次的循环语句。

3.4 Eclipse 中调试 Java 程序

Eclipse 最有用的特性之一就是它集成的调试器，它可以交互式执行代码，通过设置断点，逐行执行代码，可以实现检查变量和表达式的值等强大的调试功能，是一款可检查和修复 Java 程序代码问题的不可替代的工具。

3.4.1 设置断点

为了方便调试程序，需要在代码中设置一个断点，以便让调试器暂停执行允许调试，否则，程序会从头执行到尾，就没有机会调试了。为了设置一个断点，在编辑器左边灰色边缘双击，这里将“iCount=iCount+1;”语句设置为断点，此时在该行代码的左边缘将会显示一个蓝色的小点，表示一个活动的断点，如图 3-20 所示。

```
GuessNumber.java  CalcBMI.java  EvenOrOdd.java  ScoreToGrade.java  »23
import javax.swing.JOptionPane;
public class GuessNumber {
    public static void main(String[] args) {
        int iCount=1;
        //System.out.println(iSource);
        int iSource,iGuess=0;
        System.out.println("请在1-100之间猜数");
        iSource=(int)(Math.random()*100);
        String strGuess=JOptionPane.showInputDialog("我猜一猜:");
        iGuess=Integer.parseInt(strGuess);
        //System.out.println(iGuess);
        while (iSource!=iGuess){
            iCount=iCount+1;
            if (iGuess>iSource){
                strGuess=JOptionPane.showInputDialog("大了,请重新猜:");
                iGuess=Integer.parseInt(strGuess);
            }
            else if (iGuess<iSource){
                strGuess=JOptionPane.showInputDialog("小了,请重新猜:");
                iGuess=Integer.parseInt(strGuess);
            }
        }
        System.out.println("恭喜你,猜对了!");
        System.out.println("恭喜你,猜对了!"+"你共猜了"+iCount+"次!");
    }
```

图 3-20 设置断点

为了能够在调试状态下运行程序，需右键单击需要调试的程序，依次选择“Debug As”→“Java Application”，程序运行到断点后将进入调试状态。

3.4.2 单步调试

进入调试状态后，调试视图的标题栏提供了控制 Java 程序执行的工具栏，前面几个按钮（Resume、Suspend、Terminate、Step Into 和 Step Over 等），允许暂停、继续、终止和单步调试程序等，这些按钮可以一行一步地执行程序代码（正在执行的程序行的左边有一个箭头进行标识），鼠标移动到每个按钮上时都会显示按钮提示信息，如图 3-21 所示。

调试视图的右边是一个标签视窗包含视图，在这里可以检查和修改变量和断点，选择变量标签页，这个视图显示了当前范围的变量及其值（如 iCount、iSource 和 iGuess 等），如图 3-21 所示。

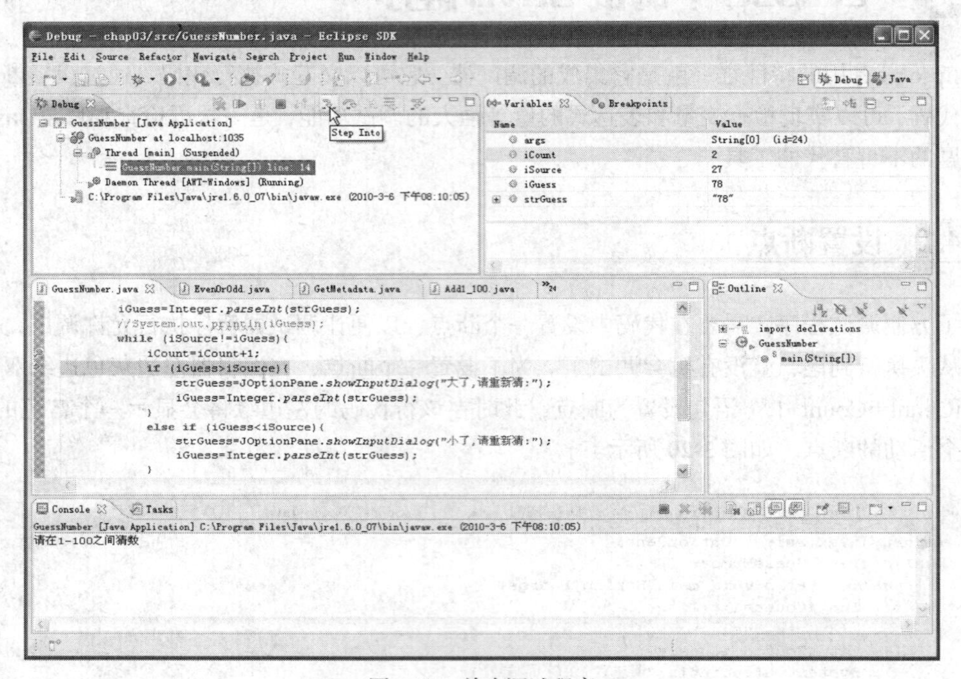

图 3-21 单步调试程序

课外实践

【任务 1】

从键盘输入 n 个整数，求这 n 个数中的最大值。

【任务 2】

编写一个显示“九九乘法口决表”的 Java 程序，并要求在程序中对语句进行适当的说明。

【任务 3】

从键盘输入年份和月份，要求显示指定月份的天数。

［提示］不同的月份有不同的天数，4、6、9、11 月份固定为 30 天，1、3、5、7、8、

10、12 月份固定为 31 天，2 月份可以是 28 天（平年）或 29 天（闰年）。

【任务 4】　编写计算个人所得税的程序。

应纳税=(本月收入总额-个人所得税起征额)×税率-速算扣除数

个人所得税率如表 3-2 所示。

表 3-2　　个人所得税率表

级　数	全月应纳税所得额	税率（%）	速算扣除数
1	不超过 500 元的	5	0
2	超过 500 元至 2 000 元的部分	10	25
3	超过 2 000 元至 5 000 元的部分	15	125
4	超过 5 000 元至 20 000 元的部分	20	375
5	超过 20 000 元至 40 000 元的部分	25	1375
6	超过 40 000 元至 60 000 元的部分	30	3375
7	超过 60 000 元至 80 000 元的部分	35	6375
8	超过 80 000 元至 100 000 元的部分	40	10375
9	超过 100 000 元的部分	45	15375

假设某人月收入 25000 元，其应纳个税额有两种计算方法。

算法一："超率累进税率"计算法。

应纳个税=

(500-0)×5%+(2000-500)×10%+(5000-2000)×15%+(20000-5000)×20%+(23400-20000)×25%=4475

算法二：速算扣除数计算法。

应纳个人所得税税额=应纳税所得额×适用税率-速算扣除数

应纳个税=（25000-1600）×25%-1375=4475

【填空题】

1. 阅读下列程序段。【2007 年 4 月填空题第 9 题】

```
int  i=3,j;
outer:while (i>0) {
      j=3;
     inner:whilej>0) {
           if (j<2)  break  outer;
           System.out.println (j+"and"+i);
           j--;
     }
     i--;
}
```

被输出到屏幕的第一行结果是________。

2. switch 语句中，在每个 case 子句后进行跳转的语句是：______。【2007 年 9 月

填空题第 8 题】

【选择题】

1. 请阅读下面程序。【2007 年 4 月选择题第 18 题】

```
public class ForLoopStatement {
  public static void main(String[] args) {
        int i,j;
        for(i=1;i<5;i++){    \TAB          //i 循环
              for(j=1;j<=i;j++)    \TAB  //j 循环
                    System.out.print(i+"×"+j+"="+i*j+"    ");
              System.out.println();
        }
  }
}
```

程序完成后，i 循环和 j 循环执行的次数分别是______。

（A）4，10　　（B）8，9　　（C）9，8　　（D）10，10

2. 下列语句中执行跳转功能的语句是______。【2007 年 9 月选择题第 19 题】

（A）for 语句　　（B）while 语句　　（C）continue 语句　　（D）switch 语句

3. switch 语句中表达式（expression)的值不允许用的类型是________。【2008 年 4 月选择题第 15 题】

（A）byte　　（B）int　　（C）boolean　　（D）char

4. 下列可用作 switch（expression）语句参数的是______。【2008 年 9 月选择题第 26 题】

（A）String　s　　（B）Integer　i　　（C）boolean　b　　（D）int　i

5. 下列运算中属于跳转语句的是______。【2009 年 3 月选择题第 19 题】

（A）try　　（B）catch　　（C）finally　　（D）break

6. 阅读下列利用递归来求 n!的程序。【2009 年 3 月选择题第 20 题】

```
class FactorialTest{
static long Factorial (int n) { //定义 Factorial ()方法
if (n==1)
ieturn 1;
else
return n* Factorial(________);
}
public static void main (String a[]) { // main ()方法
int n=8;
System.out.println{n+"! = "+Factorial (n)};
}
}
```

为保证程序正确运行，在下划线处应该填入的参数是______。

（A）n-1　　（B）n-2　　（C）n　　（D）n+1

7. 下列语句中，可以作为无限循环语句的是______。【2009 年 9 月选择题第 16 题】

（A）for(;;) {}　　（B）for(int i=0; i<10000;i++) {}

（C）while(false) {}　　（D）do {} while(false)

8. 下列表达式中，类型可以作为 int 型的是______。【2009 年 9 月选择题第 17 题】

（A）"abc" +" efg"　　（B）"abc" +' efg'

（C）'a' +' b'　　（D）3+" 4"

第4章 Java面向对象编程技术

【学习目标】

本章主要介绍面向对象程序设计（OOP）的基本概念和主要特性，并重点介绍了在Java语言中声明类、使用类、实现继承和使用接口等方法。通过本章的学习，读者应能建立基本的面向对象思想，并进一步理解Java语言的本质和Java程序的基本结构。本章的学习目标如下。

（1）掌握面向对象程序设计的基本概念。

（2）掌握Java语言中声明类的方法。

（3）掌握由类创建对象并使用对象的方法。

（4）掌握Java语言中继承的实现方法。

（5）了解Java语言应用接口实现多态的方法。

（6）了解Java 常用类库。

（7）能将简单的客观事物抽象成Java类。

（8）能应用Java面向对象特点解决实际问题。

【学习导航】

本章内容是全书的重点和难点，目的是帮助读者初步形成面向对象的基本思想。通过本章的学习，读者应能够理解OOP的主要概念和特性，熟练掌握类的定义，对象的创建及对象之间的交互，子类和抽象类的定义及多态的实现与使用。本章内容在Java桌面开发技术中的位置如图4-1所示。

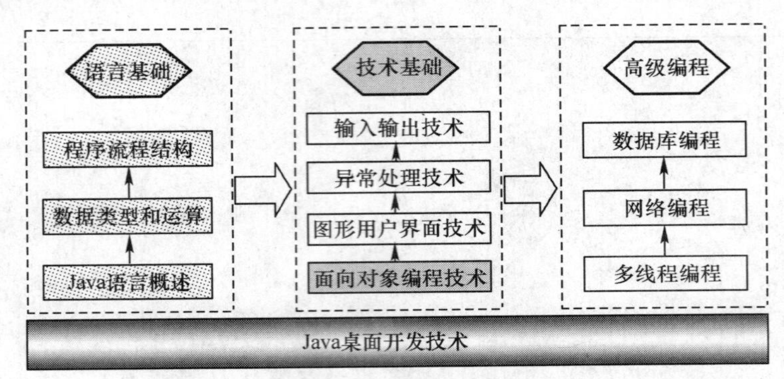

图 4-1　本章学习导航

4.1 面向对象概述

4.1.1　面向对象的基本概念

客观世界是由各种各样的事物（即对象）组成的，每个事物都有自己的静态特性和动态行为，不同事物间的相互联系和相互作用构成了各种不同的系统，进而构成整个客观世界。而人们为了更好地认识客观世界，把具有相似静态特性和动态行为的事物（即对象）综合为一个种类（即类）。这里的类是具有相似静态特性和动态行为的事物的抽象，客观世界就是由不同类的事物以及它们之间相互联系和相互作用所构成的一个整体。

对于什么是"面向对象方法"，至今还没有统一的概念。我们把它定义为：按人们认识客观世界的思维方式，采用基于对象的概念建立客观世界的事物及其之间联系的模型，由此分析、设计和实现软件的办法。下面将详细解释面向对象思想中的核心概念：对象、类、消息和接口。

1. 对象

对象（Object）就是客观存在的任何事物。一本书、一个人、一家图书馆、一家极其复杂的自动化工厂、一架航天飞机都可看做是对象。每个对象都有自己的静态特征和动态行为，图 4-2 所示为一台金正 DVD 350 对象，它的规格是 400 × 250 × 100（长 × 宽 × 高），它的颜色是银灰色，它的价格是 1 500 元。同时，在这部 DVD 的面板上提供了"播放"、"暂停"、"快进"和"后退"等按钮，方便用户进行 DVD 的播放。按照面向对象思想，我们把 DVD 的"长度"、"宽度"、"颜色"等对象的静态特征称为属性，把"播放"、"暂停"、"快进"等对象的动态行为称为方法。动态行为是类本身的动作或对于属性的改变的操作。

图 4-2　金正 DVD350 对象

2. 类

类（Class）是对象的模板。即类是对一组有相同静态特性和相同动态行为的对象的抽象，一个类所包含的属性和方法描述一组对象的共同属性和行为。类是在对象之上的抽象，对象则是类的具体化，是类的实例。例如，柏拉图对人作了如下定义：人是没有毛，能直立行走的动物。在柏拉图的定义中"人"是一个类，具有"没有毛、直立"等静态特性和"行走"等动态行为，以区别于其他非人类的事物；而具体的张三、李四、王五等一个个"没有毛且能直立行走"的人，是"人"这个类的一个个具体的"对象"。

3. 接口

如果我们把客观世界看成由不同的系统（或类）组成，这些系统（或类）之间需要通过一个公共的部件进行交流，我们把这个公共的部件称为接口（Interface）。如 DVD 面板上提供的"播放"、"暂停"、"快进"和"后退"等按钮就是接口，就是"人"和"DVD"交流的界面（即接口）。DVD 内部电路被外壳封装，用户只需要通过面板上的相关按钮来操作 DVD，而不需要了解内部电路和内部设备间的具体运作方式。另外，我们在使用计算机时，如果要复位计算机，通常的做法是按主机箱上的"RESET"按钮，而不需要打开机箱，短接实现复位的主板上的跳线。这里的"RESET"按钮也就是一个接口。

4. 消息

独立存在的对象没有任何意义，对象之间必须发生联系。消息就是对象之间进行通信的一种规格说明，对象之间进行交互作用和通信的工具。在面向对象程序设计中，只有通过对象间的交互作用，程序员才可以获得高级的功能以及更为复杂的行为。例如，如果你的 DVD 独自摆放的话，它就是一堆废铁，它没有任何的活动，也不能实现任何的功能。而只有当有其他的对象（如人）来和它交互（点按相关的按钮）的时候才是有用的，才可能实现播放 DVD 达到娱乐的功能。

4.1.2　面向对象的基本特性

一般认为，面向对象的基本特性包括封装性、继承性和多态性。

1. 封装性

封装是一种信息隐蔽技术，它体现于类的说明中，是对象的重要特性。封装使数据和操作该数据的方法（函数）封装为一个整体，以实现独立性很强的模块，使得用户只能见到对象的外部特性（对象能接受哪些消息，具有哪些处理能力），而对象的内部特性（保存内部状态的私有数据和实现处理能力的算法）对用户是隐蔽的。封装的目的在于把对象的设计者和对象的使用者分开，使用者不需要知道行为实现的细节，只需用设计者提供的消息来访问该对象。封装有助于提高类和系统的安全性。

在 Java 语言中，类是封装的最基本单位。封装防止了程序相互依赖性而带来的变动影响。在前面所提到的 DVD 中，通过外壳将内部电路等细节进行隐藏，用户使用 DVD 时不需要关心它是如何通过内部电路的运作来实现播放、暂停、快进等功能的。

2. 继承性

继承是类不同抽象级别之间的关系，是子类自动共享父类数据和方法的机制。对于我们前面所提到的“放影设备”，可以分为磁带放像机、VCD、DVD 等，这 3 类设备用户具有共同的特征（播放视频）和操作（播放、暂停、快进、后退等），因此我们可将这些共同的特征和操作抽象出来，定义“放影设备”类，再根据这些设备的性能和编码解码方式等演绎出“磁带放像机”类、“VCD”类和“DVD”类 3 个子类，如图 4-3 所示。

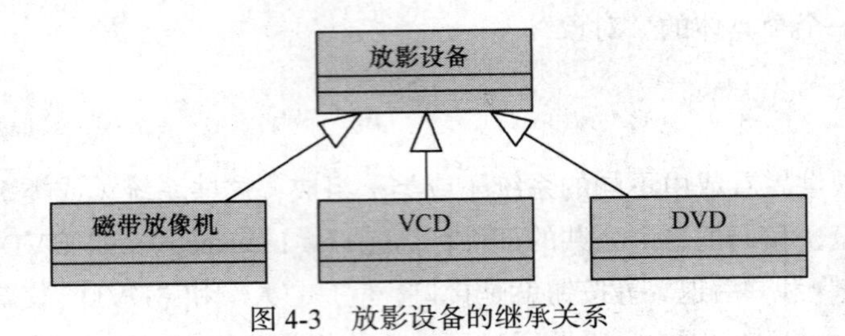

图 4-3　放影设备的继承关系

3. 多态性

对象根据所接收的消息产生行为，同一消息为不同的对象接收时可产生完全不同的行动，这种现象称为多态性。例如，如果你是公司的老总，你说“我明天要到上海出差”，你的秘书听到这个消息，她会马上帮你准备好出差用的文件资料和预订机票；而如果是你的爱人听到这消息，她会马上帮你准备出差的衣物、生活用品等。发出同样的“消息”，不同的“对象”接收后产生不同的行为。如动物都会吃，而羊和狼吃的方式和内容却不一样；动物都会叫，猫的叫声是“喵喵”，而狗的叫声是“汪汪”，如图 4-4 所示。

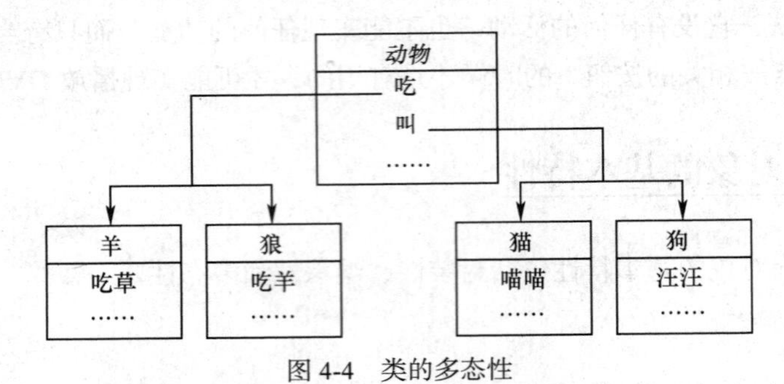

图 4-4　类的多态性

多态允许对任意指定的对象自动地使用正确的方法，并通过在程序运行过程中将对象与恰当的方法进行动态绑定来实现。

4.2 Java 中的类

Java 是一种纯粹的面向对象程序设计语言，所有的 Java 程序都是基于类的。类可以理解为 Java 中的一种重要的复合数据类型，是组成 Java 程序的基本要素。创新一个新类，就是创建一个新的数据类型；实例化一个类，就是创建类的一个对象。

4.2.1　类的定义

在前面的例子中，我们提到了许多类。这些类在 Java 语言中怎样进行描述呢？Java 中的类的定义包括类声明和类体两部分内容。其一般格式如下：

```
类声明
{
  类体
}
```

1. 类声明

类声明的格式如下：

```
[public][abstract][final] class 类名 [extends 父类名] [implements 接口名表]
```

2. 类体

类体紧跟在类声明之后，用一对花括号“{ }”括起来。类体定义类的成员变量和方法。类体的通用格式如下：

```
[public][abstract][final] class 类名 [extends 父类名] [implements 接口名表]
{
  成员域定义部分;
  方法定义部分;
}
```

4.2.2　课堂案例 1——编写描述学生的 Java 类

【案例学习目标】　理解面向对象的基本概念，掌握 Java 语言中类的基本格式，能够简单实现对客观事物到 Java 类的抽象。

【案例知识要点】　类的含义、类的定义、Java 类的声明方法、Java 类体的定义方法。

【案例完成步骤】

1. 学生对象分析

通过对学生的特性和对学生相关信息处理的情况，可以分析得到学生类相关的属性和方法。如表 4-1 所示。

表 4-1　　学生类相关的属性和方法

项　　目	名　　称	含　　义
属性	sName	表示学生姓名，String 类型
	bGender	表示学生性别，boolean 类型，false 代表"女"
	iAge	表示学生年龄，int 类型
	dHeight	表示学生身高，double 类型

续表

项　目	名　称	含　义
属性	dWeight	表示学生体重，double 类型
	iCounter	表示学生总人数，int 类型
方法	setInfo	用于设置学生相关信息的方法
	getInfo	用于获得学生相关信息的方法
	getCounter	用于获得学生总人数的方法

2. 类的定义

（1）在 Eclipse 环境中创建名称为 chap04 的项目。

（2）在 chap04 项目中新建名称为 Student 的类。

（3）编写完成的 Student.java 的程序代码如下：

```
1   public class Student {
2       public static int iCounter=0;
3       String sName;
4       boolean bGender=false; //false 代表"女"
5       int iAge;
6       double dHeight;   //单位为厘米
7       double dWeight;   //单位为公斤
8       public static void getCounter() {
9           System.out.println("学生总数:"+ ++iCounter);
10      }
11      public void getInfo(){
12          System.out.print("姓名:"+sName+"\t");
13          System.out.print("性别:"+bGender+"\t");
14          System.out.print("年龄:"+iAge+"岁\t");
15          System.out.print("身高:"+dHeight+"厘米\t");
16          System.out.println("体重:"+dWeight+"公斤");
17      }
18      public void setInfo(String n,boolean g,int a,double h,double w){
19          sName=n;
20          bGender=g;
21          iAge=a;
22          dHeight=h;
23          dWeight=w;
24      }
25  }
```

【程序说明】

- 第 2 行：定义一个 static（静态的）类成员变量 iCounter，用来保存学生总人数。
- 第 3 行~第 7 行：定义学生类的 5 个属性。
- 第 8 行~第 10 行：定义获得学生总人数的静态方法 getCounter。

- 第 11 行～第 17 行：定义获得学生信息的方法 getInfo。
- 第 18 行～第 24 行：定义设置学生信息的方法 setInfo。

类声明中的关键字及其含义如表 4-2 所示。

表 4-2　　类声明中的关键字及其含义

编　号	关 键 字	含　义	说　明
1	public	被声明为 public 的类称为公共类，它可以被其他包中的类存取，否则只能在定义它的包中使用	在一个 Java 源文件中，最多只能有一个 public 类，不允许同时包含多个 public 类或接口
2	abstract	将类声明为抽象类，抽象类中只有方法的声明，没有方法实现	包含抽象方法的类称为抽象类，抽象方法在抽象类中不作具体实现，具体实现由子类完成
3	final	将类声明为最终类，最终类不能被其他类所继承，没有子类	一个类不能同时既是抽象类又是最终类；即 abstract 关键字和 final 关键字，不能在类声明中同时使用
4	class	说明当前定义的是类，而不是接口或其他抽象数据类型	接口使用 interface 关键字
5	extends	后接父类名，表示所定义的类继承于指定的父类	由于 Java 是单继承，所以在关键字 extends 之后，只能指定一个父类。如果未指定该项，Java 默认其直接继承于 java.lang.Object 类
6	implements	后接接口名表，表示所定义类将实现接口名表中指定的所有接口，接口名之间用“，”分隔	Java 虽是单继承的，但可同时实现多个接口，所以在关键字 implements 后可根据需要指定任意多个接口

- 在类声明的各部分中，关键字 class 和类名是必需的，其他部分可根据需要选用。
- public、abstract、final 关键字顺序可以互换，但 class, extends 和 implements 顺序不能互换。

4.2.3　成员变量定义

1. 成员变量的分类

类的对象也称为类的实例，当创建一个对象时，它将包含类中定义的所有成员变量和成员方法。成员变量描述了类的静态特性。类的静态特性包括两部分：类的特性和对象的特性信息。对应的 Java 也将成员变量分为两种：类变量和实例变量。

类变量：描述类的静态特性，被该类所有的对象所共享，即使没有创建类的对象，这些变量也存在。当类变量的值发生改变时，类的所有对象都将使用改变后的值。“课堂案例 1”中用来记录学生总人数的 intCounter 就是一个类变量。

实例变量：与具体对象相关，创建一个对象的同时也创建类的实例变量，因此每一个对象均有自己的实例变量副本和赋值。这些实例变量，记录了对象的状态和特征值，使每个对象具有各

自的特点，以区分不同的对象。“课堂案例 1”中用来描述学生姓名、性别和年龄的 sName、bGender 和 iAge 就是实例变量。

2. 成员变量的声明

类的成员变量定义的一般格式如下：

```
[存取修饰符] [final] [transient] [static] [volatile] 类型  变量名  [ = 值 或表达式][,
变量名 [= 值或表达式]…];
```

成员变量声明语句中各组成部分含义解释如下。

（1）存取修饰符：存取修饰符用于控制变量的访问权限，控制变量在不同类（或包）中的访问权限，类的成员变量的存取修饰符及其访问权限如表 4-3 所示。

表 4–3　　存取修饰符访问权限

存取修饰符	类	包中所有类	包外子类	所有类
private	√	×	×	×
friendly（默认）	√	√	×	×
protected	√	√	√	×
public	√	√	√	√

- “√”表示可以访问，“×”表示不可访问。
- 这里的包是指相关类的组合。
- 为了体现类的封装性，类的成员变量修饰符通常定义为 private。

（2）final 关键字：表示将变量声明为最终变量。声明为 final 的变量，不可对其重新赋值，必须在声明时包含一个初始化语句来对其赋值。因此 final 常用于声明常量，在定义常量时，标识符所有字母一般均用大写。

（3）transient 关键字：可用 transient 关键字将实例变量声明为持久对象的特殊部分（参阅第 7 章的对象序列化）。

（4）static 关键字：成员变量前使用 static 修饰符，说明定义的是类变量。反之，说明定义的是实例变量。

（5）volatile 关键字：说明变量是并发控制中的异步变量。在每次使用 volatile 类型的变量时都要将它从存储器中重新装载并在使用后存回存储器中。

（6）类型：这里的类型可以是任意 Java 数据类型。

（7）变量名：变量名使用合法的 Java 标识符，在一个类中变量名不可重名。

3. 初始化成员变量

在变量定义时，可同时给其赋初值，将其初始化，如“课堂案例 1”中的：

```
public static int iCounter=0;
boolean bGender=false; //false代表"女"
```

也可以编写方法来实现对类的成员进行赋值。同时，Java 语言中提供了类的构造方法，用来创建对象时执行初始化的工作。构造方法的详细内容请参阅 4.2.5 小节。

4.2.4　成员方法定义

1. 什么是方法

方法是一个包含一条或多条语句的代码块，用来完成一个相对独立的功能。方法有自己的名称以及可以重复使用的变量。程序员根据“自顶向下，逐步求精”的原则，将一个大型和复杂的程序分解成多个易于管理的模块（这里为方法）；同时，根据面向对象设计的原则，对类的动态行为加以描述（表现为方法）。方法一旦定义好，程序员可以根据需要在程序多个不同的地方，通过使用方法名称来调用执行它以完成特定的功能。方法执行时，它可能会返回一个值，也可能不返回值。不返回值的方法只在调用语句中完成相关的操作；而返回值的方法通常在表达式中被调用，返回的值常用于表达式求值。

2. 方法的分类

与类成员变量一样，方法也分为类方法（也称为静态方法）和实例方法两种。类方法描述类的动态行为（或操作），即使该类没有对象时，也可以执行类方法。实例方法描述对象的动态行为（或操作），只可以在特定的对象中执行，如果没有对象存在时，就无法执行任何实例方法。

- 由于类方法在没有对象存在时也可执行，因此类方法不能引用实例变量；
- main（）方法作为 Java 应用程序的入口点，必须始终声明为类方法，因为在应用程序开始之前，任何对象均不存在。

3. 方法的声明

类的成员方法定义的一般格式如下：

```
[存取修饰符] [final] [static][abstract][native][synchronized] [方法返回类型] 方法名（ [形式参数表]） [throws 异常表]
{
   可执行代码;
}
```

成员方法声明语句中各组成部分含义解释如下。

（1）存取修饰符：与成员变量一样，用于控制方法的访问权限，成员方法修饰符通常为 public。

（2）final 关键字：关键字 final 用在方法的定义中，以禁止子类用同名、同参数方法覆盖它。

（3）static 关键字：当方法声明中使用 static 关键字时，所声明的方法是类方法。类方法也被称为静态方法，相应的实例方法也称为非静态方法。

（4）abstract 关键字：关键字 abstract 将方法声明为抽象方法，只有方法的声明，声明由“;”结束。抽象方法没有方法体，方法体由子类实现。

（5）native 关键字：将方法声明为本地方法，说明方法由平台相关的语言实现（如 C 语言），而不是用 Java 语言实现。本地方法说明它不是 Java 本身的方法，没有方法体。与 abstract 方法一样，声明由“;”结束。

（6）synchronized 关键字：将方法声明为同步方法，这一属性与多线程有关（参阅第 9 章）。

（7）方法返回类型：除类的构造方法外，在方法定义时必须指明返回类型。返回类型可以是任意基本数据类型或抽象数据类型；如果方法不返回值，则应显式地声明返回类型为 void。

（8）形式参数表：方法的形式参数表置于方法名后括号中，各形式参数用“,”分隔，形式参数指定了方法被调用时需要传递的信息，当方法被调用时提供给形参的值称为实参。实参与形参一一对应，在方法体中通过形参来引用实参的值。如果方法没有形式参数则让括号为空。

（9）throws 异常表：指明方法可能抛出的异常（参阅第 6 章）。

4. 方法体

方法所完成的操作包含在方法体中，方法体包含了所有合法的 Java 指令。它可以拥有自己的局部变量，可以引用类（或其父类）的成员变量和方法。”课堂案例 1” 中定义的获取学生信息的方法如下：

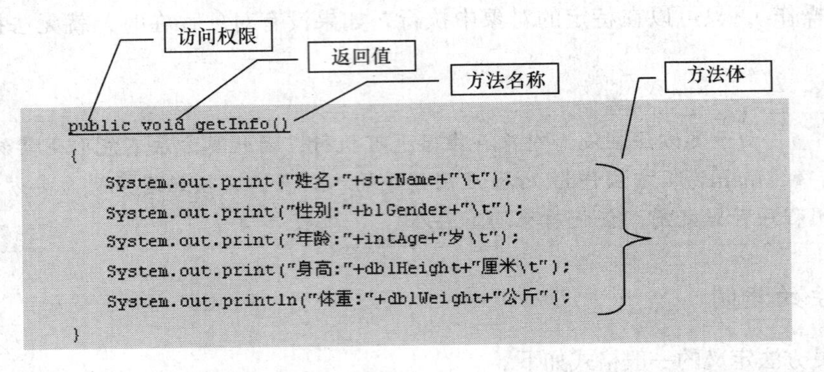

- 方法内部定义的变量称为局部变量，局部变量的生存期只限于定义它的语句块中。
- 类的实例方法可以访问类的所有成员包括实例变量、实例方法、类变量、类方法。
- 类方法只能访问类变量，不能访问任何实例变量或实例方法（如在 main 方法中不能访问实例变量 sName，但可以访问类变量 iCounter）。

4.2.5 构造方法

1. 构造方法的功能

构造方法的主要用途有两个：一是通知 Java 虚拟机创建类的对象，二是对创建的对象进行初始化。可以在“课堂案例 1”中，添加一个构造方法：

```
public Student() {
    iAge=36;
    dHeight=170;
    dWeight=65;
}
```

再添加一个 main 方法如下：

```
public static void main(String args[]){
    Student liuzc=new Student();
    Sliuzc.getInfo();
    Student.getCounter();
}
```

程序运行结果如图 4-5 所示。

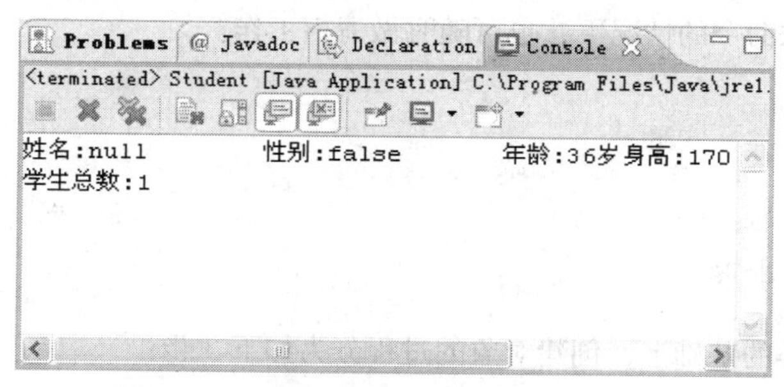

图 4-5　类的多态性

我们可以看到，在使用 new Student() 语句时，自动调用了构造方法，完成了创建对象和初始化对象的工作。

- 构造方法的名称要求与类名同名。
- 不允许给构造方法指定返回类型，也不能给构造方法指定返回值。
- 构造方法在使用 new 语句进行对象实例化时自动调用。

2. 默认构造方法

如果在程序中没有显式的定义类的构造方法，Java 编译器将自动提供一个构造方法，称为默认构造方法。这个构造方法没有参数，在方法体中也没有任何语句，例如：

```
public Student()
{
}
```

Java 编译器只有在程序中没有显式定义构造方法的情况下，才自动提供默认构造方法；如果在类中显式地定义了构造方法，又还想使用这个默认构造方法，则必须在程序中显式地定义它（将该方法书写在程序中）。

- 在以后学习 Java API 时，不仅要知道哪个类提供了哪些成员方法，还需要知道通过什么途径（构造方法）可以创建对象。
- 创建对象时，将会为对象分配内存，而对象所占有的资源的释放是由垃圾回收机制自动完成的，不需要程序员主动干预。

4.2.6 垃圾回收

在 Java 程序中，我们往往会创建并使用许多对象。这些对象不再被程序使用后，便成为了系统中的垃圾，进入了消亡期，等待系统将其清扫。这些垃圾的清扫工作，由 Java 虚拟机中的垃圾收集器（Garbage Collection，GC）自行安排完成，程序可不作干预。垃圾收集器的清扫工作需要占据大量的资源，包括内存的整理，对象的移动等工作。

垃圾收集器的清扫工作是有计划、有安排的，并不是一有垃圾就清扫；如果在程序中显式地调用 System.gc()方法，系统会立刻进行清扫。正如城市清洁工，一般固定早上 4 点到 6 点打扫街道卫生；但在上级特殊命令的情况下，也可随时做清扫工作。

4.3 对象

1. 创建对象的步骤

在已经定义好的类的基础上，创建对象的过程分为如下 3 步：

（1）创建对象引用变量；

（2）创建类的实例对象；

（3）将对象的引用赋值给对象引用变量。

在“课堂案例 1”中，通过语句“Student liuzc=new Student();”完成上述所有操作，该语句也可以修改为：

```
Student liuzc ;//创建对象引用变量
liuzc=new Student ();      //创建对象，并将对象引用赋值给对象引用变量
```

其中第 1 条语句声明创建了一个存放 Student 类型的对象引用变量 liuzc，而不创建对象；在第 2 条语句中，用 new 运算符在堆中创建 Student 对象，并把该对象的引用赋值给了变量 liuzc。

2. new 运算符

通过 new 运算符创建对象时，Java 虚拟机将在堆中开辟一个内存空间，用于存放对象的实例变量，并根据指定的构造方法和类的定义初始化这些实例变量。new 运算符的一般格式为：

```
对象引用变量 = new 对象构造方法;
```

3. 调用对象的成员

对象的成员（实例变量与实例方法）的调用采用“.”运算符，引用的一般格式为：

```
对象引用变量.类的成员
```

如：

```
liuzc.getInfo();              //对象调用实例方法
liuzc.getCounter();           //对象调用类方法
Student.getCounter();         //类调用类方法
```

4.4 继承

4.4.1 类的继承

在 Java 中，从一个现有类的基础上定义新的类的过程称为派生。新定义的类称为派生类，也称为直接子类。基础类称为父类或超类。这种一个类派生出另一个类的关系即为继承关系，一个派生类将继承其父类的所有特性和操作。例如，对于学生来说，有大学生、中学生、小学生等，它们具有学生的一般特点，如在学校学习科学文化知识。但也有不同，对大学生来说，它们都有一个专业，而中学生和小学生没有。学生类的继承关系如图 4-6 所示。

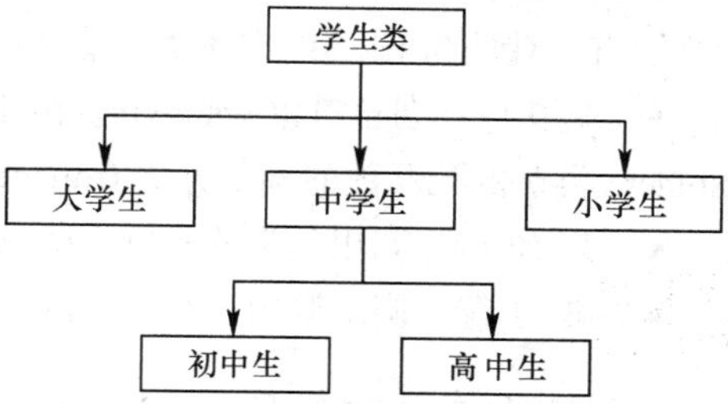

图 4-6　学生类的继承关系

如果要创建一个继承父类的子类，只需在类的声明中通过 extends 关键字指定要继承的类名就可以。子类定义的一般格式如下：

```
[public][abstract][final] class 类名 extends 父类名
{
  类体
}
```

4.4.2 课堂案例 2——编写描述大学生的 Java 类

【案例学习目标】　理解继承的基本思想，理解父类和子类的关系，能在父类的基础上创建子类。

【案例知识要点】　父类和子类的概念、子类的实现、extends 关键字。

【案例完成步骤】

1．编写程序

（1）在 Eclipse 环境中打开名称为 chap04 的项目。

（2）在 chap04 项目中新建名称为 College 的类。

（3）编写完成的 College.java 的程序代码如下：

```
1   public class College extends Student{
2       private String sMajor;
3       public void getMajor(){
4           System.out.println("专业:"+sMajor);//调用子类的实例变量
5           System.out.println("身高:"+dHeight);//引用父类的实例变量
6       }
7       public static void main(String[] args){
8           College wangym;
9           wangym=new College();
10          wangym.getInfo();//调用父类的实例方法
```

```
11            wangym.getMajor();//调用子类的实例方法
12        }
13    }
```

【程序说明】

- 第 1 行：使用 extends 关键字实现由父类 Student 类继承得到子类 College。
- 第 2 行：声明子类的属性 sMajor（专业），private 修饰符说明该属性为子类私有的属性。
- 第 5 行：在子类的方法中引用父类的实例变量 dHeight。dHeight 在 Student 类中没有加访问修饰符，默认为 friendly，子类具有访问权限，因此在 College 中可以直接访问。
- 第 9 行：创建对象 wangym。由于没有定义 College 类的构造方法，该语句自动调用父类（Student 类）的无参数的构造方法 College()，完成对象的创建。
- 第 10 行：调用父类的实例方法 getInfo()，并通过该方法对父类中的所有属性进行访问。
- 第 11 行：调用调用子类自己的实例方法 getMajor()对专业和身高属性进行访问。

2. 编译并运行程序

保存并修正程序错误后，程序运行结果如图 4-7 所示。

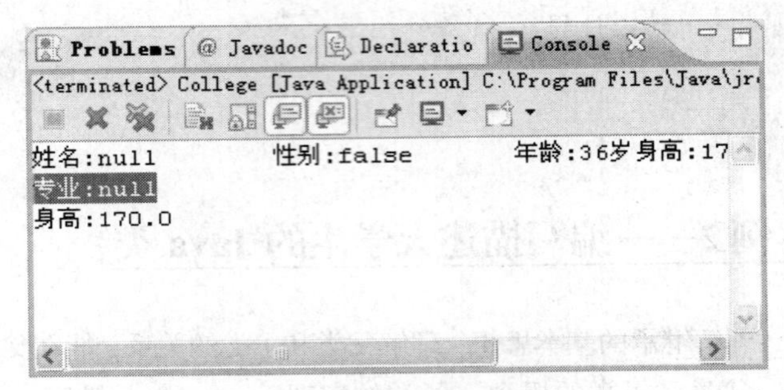

图 4-7　College 运行结果

- 子类可继承父类的所有特性，但其可见性由父类成员变量和方法的存取修饰符决定，详见表 4-2。
- 类的存取修饰符也会影响类的继承。对于不是定义为 public 的类，由于只能在包中被访问，因此这种类型也只能被包中的子类继承，包外的子类不可继承它。
- 如果一对象是类 A 的实例，并且类 A 是类 B 的子类，则这个对象也是类 B 的实例。

4.4.3　this 和 super

1. this

this 代表当前对象本身。通过 this 变量不仅可以引用当前对象的实例变量，也可引用当前对象的实例方法；但由于类变量与类方法不属于具体的类对象，因此不能通过 this 变量引用类变量和类方法，在类方法中也不能使用 this 变量。

在实例方法中，引用实例变量时也可不显式地指明 this 变量，但如果方法中形式参数名与实例变量重名时，为了将局部变量和实例变量进行区分，在引用实例变量时必须显式地使用 this 变量。实际上，在引用实例变量时，使用 this 变量是一种很好的习惯，它能使程序更加清晰，且不容易出错。

2. super

super 代表当前类的父类。通过 super 可以调用父类的构造方法和父类的成员（成员变量和成员方法）。

（1）调用父类构造函数。

由于子类对象中包含了父类的对象，因此初始化子类时，最好调用父类的构造函数初始化父类对象。直接父类构造函数的调用可用 super 关键字，其一般格式为：

```
super([实参列表]);
```

其中［实参列表］对应于直接父类构造函数的定义。

- 在调用父类构造函数时，必须将父类构造函数调用语句——“super（[实参列表]);”放在构造函数的第一行。
- 在类的层次结构中构造函数的调用是按照继承的顺序，即从父类到子类来进行。

（2）引用父类成员。

使用 super 关键字，还可以引用父类的可见成员。在子类成员变量与方法出现重名时，可通过 super 关键字引用父类的成员变量和方法。

4.4.4　方法重载与方法重写

方法重载指类的同名方法在向其传递不同的参数时可以有不同的动作，实现不同的功能。在对象间相互作用时，即使接收消息的对象采用相同的接收办法，但如果消息内容的详细程度不同，接收消息对象内部的动态行为也可能不同。例如，餐厅经理指派员工买东西，当经理没指明买什么时，采购员可能默认买菜；如果经理指明要买大米，采购员就会去买 1 袋大米；如果经理告诉了要买 100 斤大米，采购员可能到最近的超市买 100 斤大米；如果经理指明要到步步高超市去买，采购员可能到步步高超市买 100 斤大米；如果经理指明要下午去买，采购员可能在下午到步步高超市买 100 斤大米。同样是买的动作，但给定的条件不一样，产生的行为也会不一样，这就是方法重载的含义，如图 4-8 所示。

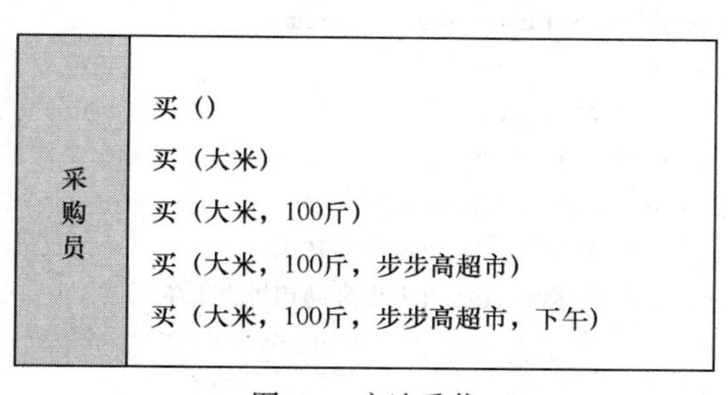

图 4-8　方法重载

而有时候，子类从父类中继承方法时，需要修改父类中定义的方法（即只修改方法体，方法的参数类型、个数、顺序以及返回值保持相同），这就是方法的重写。

4.4.5 课堂案例 3——方法重载与方法重写

【案例学习目标】 理解方法重载的含义和应用场合，理解方法重写的含义和应用场合，掌握实现方法重载的方法，掌握实现方法重写的方法，能在实际应用中合理选择方法重载或方法重写。

【案例知识要点】 方法重载的含义、方法重写的含义、方法重载的方法、方法重写的方法。

【案例完成步骤】

1. 编写方法重载的程序

（1）在 Eclipse 环境中打开名称为 chap04 的项目。

（2）在 chap04 项目中新建名称为 OverLoadDemo 的类。

（3）编写完成的 OverLoadDemo.java 的程序代码如下：

```
1   public class OverLoadDemo {
2       void purchase(){
3           System.out.println("买菜");
4       }
5       void purchase(String what){
6           System.out.println("买"+what);
7       }
8       void purchase(String what,int number){
9           System.out.println("买"+number+"斤"+what);
10      }
11      void purchase(String what,String where){
12          System.out.println("到"+where+"买"+what);
13      }
14      void purchase(String what,int number,String where){
15          System.out.println("到"+where+"买"+number+"斤"+what);
16      }
17      void purchase(String what,int number,String where,String when){
18          System.out.println(when+"到"+where+"买"+number+"斤"+what);
19      }
20      public static void main(String args[]){
21          OverLoadDemo old=new OverLoadDemo();
22          old.purchase();
23          old.purchase("大米");
24          old.purchase("大米",100);
25          old.purchase("大米","步步高超市");
26          old.purchase("大米",100,"步步高超市");
27          old.purchase("大米",100,"步步高超市","下午");
28      }
29  }
```

【程序说明】

- 第 2 行：不带参数的 purchase 方法。
- 第 5 行：带 1 个参数的 purchase 方法。
- 第 8 行：带 2 个参数（String what，int number）的 purchase 方法。
- 第 11 行：带 2 个参数（String what，String where）的 purchase 方法。
- 第 14 行：带 3 个参数的 purchase 方法。
- 第 17 行：带 4 个参数的 purchase 方法。
- 第 22 行～第 27 行：调用不同参数的 purchase 方法，得到不同的购买行为。

程序运行结果如图 4-9 所示。

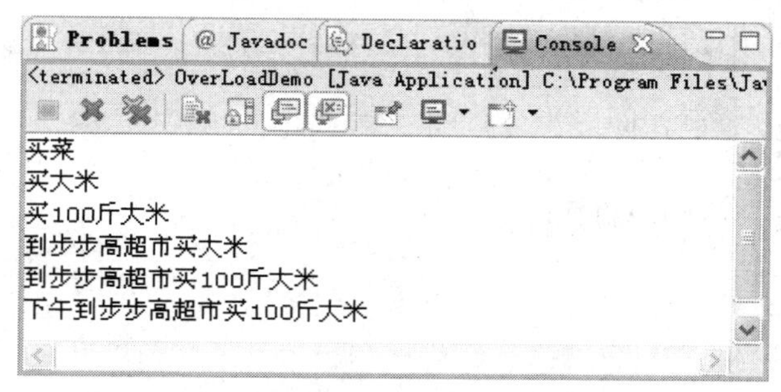

图 4-9　OverLoadDemo 运行结果

2. 编写方法重写的程序

（1）在 Eclipse 环境中打开名称为 chap04 的项目。

（2）在 chap04 项目中新建名称为 OverrideDemo 的类。

（3）编写完成的 OverrideDemo.java 的程序代码如下：

```
1   class Stu{
2       String sName;
3       void display(String name){
4           System.out.println("我是一名学生,我的名字是:"+name);
5       }
6   }
7   class CollegeStu extends Stu{
8       String sMajor;
9       void display(String name){
10          System.out.println("------------------------");
11          System.out.println("我是一名大学生,我的名字是:"+name);
12          sMajor="计算机";
13          System.out.println("我学习的专业是:"+sMajor);
14      }
15  }
16  class MiddleStu extends Stu{
17      String sSubject;
18      void display(String name){
```

```
19            System.out.println("--------------------------");
20            System.out.println("我是一名中学生,我的名字是:"+name);
21            sSubject="理科";
22            System.out.println("我学习的科目是:"+sSubject);
23        }
24    }
25    public class OverrideDemo{
26        public static void main(String args[]){
27            Stu stu=new Stu();
28            CollegeStu cstu=new CollegeStu();
29            MiddleStu mstu=new MiddleStu();
30            Stu s;
31            s=stu;
32            s.display("刘津");
33            s=cstu;
34            s.display("王咏梅");
35            s=mstu;
36            s.display("刘志成");
37        }
38    }
```

【程序说明】

- 第 1 行~第 6 行：定义学生类，并定义了一个不带参数的 display 方法。
- 第 7 行~第 15 行：由学生类继承得到大学生类，重写 display 方法。
- 第 16 行~第 24 行：由学生类继承得到中学生类，重写 display 方法。
- 第 27 行：创建 Stu（学生）对象 stu。
- 第 28 行：创建 CollegeStu（大学生）对象 cstu。
- 第 29 行：创建 MiddleStu（中学生）对象 mstu。
- 第 30 行：声明一个 Student 类型的引用对象 s。
- 第 31 行，第 33 行，第 35 行：分别将 stu、cstu 和 mstu 对象赋值给引用对象 s。
- 第 32 行，第 34 行，第 36 行：引用对象 s 调用 display 方法，具体显示的内容由调用时 s 的类型决定。

程序运行结果如图 4-10 所示。

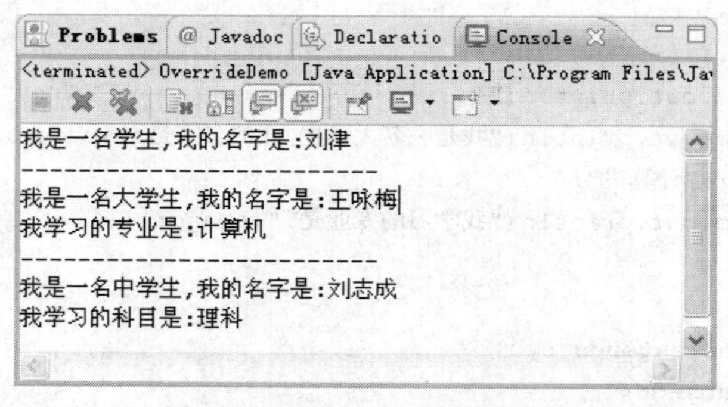

图 4-10　OverrideDemo 运行结果

3. 方法重载 VS 方法重写

- 方法重载时同名的方法可以是参数类型不同、参数个数不同、参数顺序不同或返回值不同。
- 方法重写时子类对父类中的方法保持名字不变，参数类型、个数和顺序不变，只改变方法体，以使子类和父类通过相同的方法完成不同的操作。
- 方法重写体现了动态多态性，即在程序运行时而不是在程序编译时决定执行哪一个方法，如 OverrideDemo 程序中的 s.display 方法的调用。
- 父类中的实例方法是可访问时（取决于访问修饰符）才可以被重写。
- 类方法（静态方法）可以被继承，但不能被重写。
- 方法重载和方法重写都是 OOP 多态性的表现。

4.4.6 抽象类与抽象方法

在面向对象分析设计时，可将一些实体作高度抽象定义成抽象类。抽象类没有任何对象，只可作为一个模板用于创建子类，以及为面向对象提供更灵活的多态机制。

例如，在描述交通工具时，每个交通工具都具有共同的特点（如大小）和操作（如驱动）等，但这些操作的形式均不一样。在面向对象分析、设计时，可将这些共同点抽取出来定义成抽象的“交通工具”类，“交通工具”也会有驱动操作，但由于没有具体的对象，驱动操作方法没有办法实现。因此，在“交通工具”类中对这些方法一般只作声明，由于没有具体的实现细节，这些方法被称为抽象方法（如 drive 方法）。汽车、轮船继承于“交通工具”类，并将其中的驱动操作具体实现（如汽车是驱动车轮滚动，轮船转动螺旋桨等）。这些类也被称为具体类。抽象类和具体类的例子如图 4-11 所示。

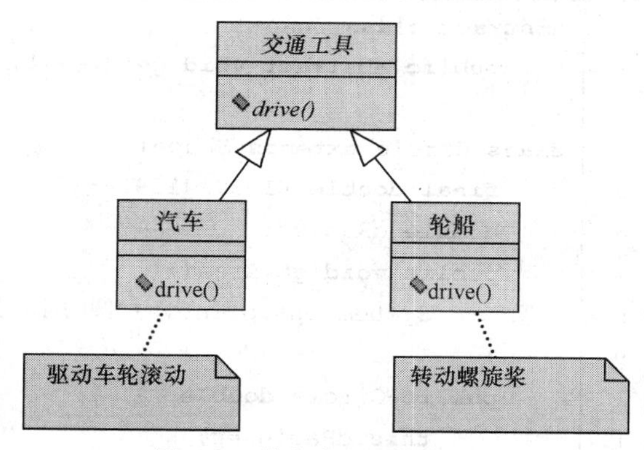

图 4-11 抽象类和具体类示例

抽象类定义的一般格式如下：

```
[public] abstract class 类名 [extends 父类名] [implements 接口名表]
{
    方法体;
}
```

抽象类的声明，必须在 class 关键字之前添加 abstract 关键字。抽象类与其他类一样，可继承于其他类，也可实现接口。但定义抽象类的主要目的就是为了创建子类，因此 abstract 类不可以是 final 类。抽象类中可以不包含抽象方法，但包含抽象方法的类必须是抽象类。抽象方法声明的一般格式如下：

```
[存取修饰符] abstract [方法返回类型] 方法名( [形式参数表]) [throws 异常表];
```

抽象方法在声明时必须在方法返回类型前添加 abstract 关键字；方法的定义只需一个声明，

无需方法体，声明以“;”结束。private 方法对于其他类不可见，static、final 方法不允许子类方法覆盖，native 方法是本地方法，无需由 Java 实现，synchronized 关键字用于限制方法体同步，因此抽象方法的声明不可使用 private、final、static、native、synchronized 关键字。子类方法实现抽象方法的实质是对父类中抽象方法的重写，因此在实现抽象方法时应按重写方法的要求实现。实现方法需与抽象方法具有相同的名称、存取修饰符及返回类型。

4.4.7 课堂案例 4——定义形状

【案例学习目标】 了解抽象类的定义方法，掌握由抽象类得到具体类的方法，能根据实际应用编写抽象类和具体类。

【案例知识要点】 抽象类的定义、抽象类和具体类的关系、abstract 关键字。

【案例完成步骤】

1. 编写程序

（1）在 Eclipse 环境中打开名称为 chap04 的项目。

（2）在 chap04 项目中新建名称为 AbstractDemo 的类。

（3）编写完成的 AbstractDemo.java 的程序代码如下：

```
1   abstract class Shape{
2       public abstract void getArea();
3   }
4   class Circle extends Shape{
5       final double PI=3.1415926;
6       double dRadius;
7       public void getArea(){
8           System.out.println("圆的面积为:"+PI*dRadius*dRadius);
9       }
10      public Circle(double r)  {
11          this.dRadius=r;
12      }
13  }
14  class Rectangle extends Shape{
15      double dLength;
16      double dWidth;
17      public void getArea(){
18          System.out.println("矩形的面积为:"+dLength*dWidth);
19      }
20      public Rectangle(double l,double w){
21          this.dLength=l;
22          this.dWidth=w;
23      }
24  }
25  public class AbstractDemo{
```

```
26        public static void main(String args[]){
27            Circle cc=new Circle(5.6);
28            cc.getArea();
29            Rectangle rt=new Rectangle(8,6);
30            rt.getArea();
31        }
32    }
```

【程序说明】

- 第 1 行～第 3 行：定义描述形状的抽象类（Shape）。
- 第 2 行：定义计算形状面积的抽象方法 getArea()。
- 第 4 行～第 13 行：继承抽象类 Shape 得到具体的圆类（Circle）。
- 第 7 行～第 9 行：在 Circle 类中重写 Shape 类中的 getArea()方法，实现计算圆的面积。
- 第 10 行～第 12 行：Circle 类的构造方法，用于构造指定半径的圆。
- 第 14 行～第 24 行：继承抽象类 Shape 得到具体的矩形类（Rectangle）。
- 第 17 行～第 19 行：在 Rectangle 类中重写 Shape 类的 getArea()方法，实现计算矩形的面积。
- 第 20 行～第 23 行：Rectangle 类的构造方法，用于构造指定长度和宽度的矩形。
- 第 25 行～第 32 行：主类，创建圆和矩形对象，并计算其面积。
- 第 28 行，第 30 行：分别调用 getArea()方法计算圆和矩形的面积。

2. 编译并运行程序

保存并修正程序错误后，程序运行结果如图 4-12 所示。

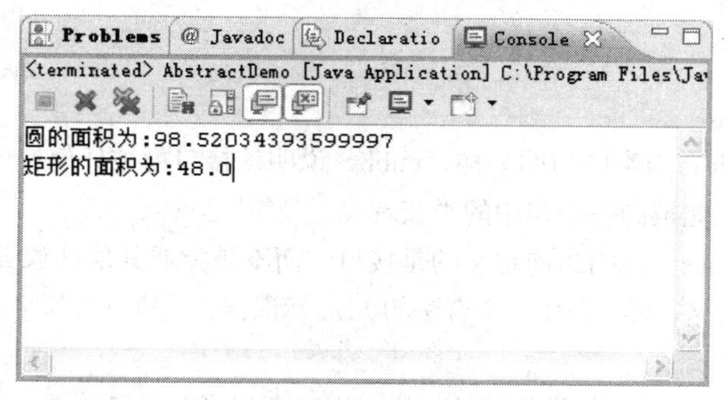

图 4-12　AbstractDemo 运行结果

- 抽象类中不一定包含抽象方法，但包含抽象方法的类一定是抽象类。
- 使用抽象类就是为了继承，抽象类中一般只有成员方法。
- 继承抽象类的子类必须要重写抽象类中的抽象方法。

4.4.8 final 修饰符

Java 中的继承、方法重载和方法重写功能强大，有利于面向对象思想的表现。但是，有时也

不希望被继承或实现方法重载等。例如，在嵌入式编程中，我们可能会把硬件设备的初始化操作封装成类，在这种情况下，我们不希望用户重写初始化方法。否则，有可能会造成设备的损坏或工作不正常。因此，出于保密或其他设计上的原因，希望类或类中成员变量、成员方法不被修改或重写，可以通过 Java 提供的 final 修饰符来实现。

- 在类定义时，可使用 final 修饰符使类不被继承。
- 在定义成员变量时，可通过 final 修饰符定义常量。
- 在定义方法时，可使用 final 修饰符避免方法被子类重写。

4.5 接口

4.5.1 接口定义

在面向对象程序设计过程中，我们需要定义一个类必须做什么而不是如何做，前面所学习的抽象类可以达到这一目标。另外，在 Java 语言中还提供了接口（interface）用于区分类的接口和实现方式。在 Java 语言中，接口被描述为一组方法声明和常量的集合。接口只定义一组方法协议（或称标准），但没有作任何具体实现。接口的定义与类的定义相似，其一般格式为：

```
[public] interface 接口名 [extends 父辈接口列表]
{
        常量定义
        方法声明
}
```

1. 接口声明

（1）关键字 public：与类的声明一样，public 说明该接口可被任何包中的类实现。如果没有 public 修饰符，则它只能被同一个包中的类实现。

（2）关键字 interface：说明当前定义的是接口，而不是类或其他抽象类型。

（3）接口名：与类名一样，采用一个合法的 Java 标识符，一般以大写字面“I”开头或以“able”结尾。

（4）extends 父接口列表：与类的继承一样，用于声明当前接口继承于哪些接口。与类不同的是，类只能实现单继承，只能继承于某一个父类；而接口可同时继承于多个父辈接口，接口之间用“,”分隔。

2. 接口体

在接口体中可包含一组方法和常量声明。在接口中定义的任何成员变量都被认为是常量，系统将自动默认为 public、static、final 类型。因此，在接口体中定义成员变量时应采用大写字母。

接口方法的声明，一般格式为：

```
[public]  [abstract]  [方法返回类型] 方法名（ [形式参数表] ） [throws 异常表];
```

与抽象方法的声明类似，在接口中的方法声明只允许用 public 和 abstract 修饰符，且可省略，

系统将自动默认其为 public、abstract 类型。这些接口方法也可进行重载声明（即方法名相同，但参数不一致）。接口不是类，它无需构造函数，也无法声明构造函数。

下面我们通过现实生活中的一个例子来进一步说明接口的应用。在现代生活中，普通家庭都有电视（TV）、DVD 播放器、高保真音响（HI-FI）、录像机（VCR）等电子设备。这些设备都有各自的遥控器，所有的遥控器功能都差不多，主要功能包括：开关、声音放大、声音减小、静音等。设备越多相应的遥控器也越多，这给高质生活带来许多不便之处。为此，电子设备生产商可以联合起来，共同定义遥控器标准，使各厂商生产的电子设备可以共用一个遥控器。

在这里，遥控器标准可看做一个接口，它定义了一组标准功能操作；每一个厂商均可根据这个遥控器标准实现电子设备的遥控功能。而每一个具体的遥控器，可看做是一个遥控器接口变量；每一个具体的 TV、HI－FI 等电子设备，可看做是遥控器标准实现类对象。当遥控器指向某一具体电子设备作声音放大遥控操作时，相应的电子设备的声音将放大。

4.5.2 实现接口

实现接口的定义格式如下：

```
[public][abstract][final] class 类名 [extends 父类名] implements 接口名表
{
    //接口体内容 1
//接口方法实现
    //接口体内容 2
}
```

与普通类的定义不同，接口实现必须包含“implements 接口名表”部分。这里使用接口名表，表示一个接口实现类可同时实现多个接口，接口名之间使用“,”分隔。

接口只定义了一个系统或包的接口界面，该接口界面需由具体的类给予实现。在实现类中，一般必须重写接口中声明的所有方法。重写方法的名称、返回值、修饰符必须与接口中声明的方法一致。

4.5.3 课堂案例 5——实现电视机遥控器

【案例学习目标】 进一步理解继承和多继承的含义，掌握接口声明的方法，掌握接口体定义的方法，会根据实际应用编写接口。

【案例知识要点】 接口声明、接口体定义、使用接口、interface 关键字。

【案例完成步骤】

1. 编写接口程序

（1）在 Eclipse 环境中打开名称为 chap04 的项目。

（2）在 chap04 项目中新建名称为 RemoteCtrl 的接口。

（3）编写完成的 RemoteCtrl.java 的程序代码如下：

```
1  interface IRemoteCtrl{
2      int VOLUME_MIN = 0;
3      int VOLUME_MAX = 100;
4      boolean powerOnOff(boolean b); //电源开关
5      int volumeUp(int increment); //声音放大
6      int volumeDown(int decrement); //声音减小
7      void mute();//静音
8  }
```

【程序说明】

- 第 1 行：通过 interface 关键字声明电器设备遥控器接口 IRemoteCtrl。
- 第 2 行～第 3 行：声明最大音量和最小音量两个常量，默认为 public、final。
- 第 4 行～第 7 行：声明 4 个成员方法，默认为 public、abstract。

2. 编写实现接口的程序

对于上面提到的遥控器标准，各电器生产厂家在生产遥控器时要根据电器的具体情况实现其功能。编写实现电视机遥控器的程序的步骤如下。

（1）在 Eclipse 环境中打开名称为 chap04 的项目。

（2）在 chap04 项目中新建名称为 TVRemoteCtrl 的类。

（3）编写完成的 TVRemoteCtrl.java 的程序代码如下：

```
1   import static java.lang.Math.min;
2   import static java.lang.Math.max;
3   class TVRemoteCtrl implements IRemoteCtrl{
4       private int CHANNEL_MIN = 0;
5       private int CHANNEL_MAX = 999;
6       private String sMaker = ""; //生厂厂家
7       private boolean power;
8       private int iVolume;
9       private int iChannel = CHANNEL_MIN;
10      public TVRemoteCtrl(String m){
11      this.sMaker = m;
12      }
13      //打开或关闭电源
14      public boolean powerOnOff(boolean b){
15          this.power= b;
16          System.out.println(sMaker + "电视电源状态: " + (this.power ? "开":"
    关") );
```

```
17            return this.power;
18        }
19        //减小音量
20        public int volumeDown(int decrement){
21            if(!this.power )    return 0; //电源关闭，遥控信号均无效
22            this.iVolume -=decrement;
23            this.iVolume = max(this.iVolume,VOLUME_MIN);
24        System.out.println(sMaker + "电视声音减小为：" + this.iVolume );
25            return this.iVolume;
26        }
27        //增加音量
28        public int volumeUp(int increment){
29            if(!this.power )    return 0; //电源关闭，遥控信号均无效
30            this.iVolume +=increment;
31            this.iVolume = min(this.iVolume ,VOLUME_MAX);
32        System.out.println(sMaker + "电视声音增加到：" + this.iVolume );
33            return this.iVolume;
34        }
35        //设置静音
36        public void mute(){
37            if(!this.power )  return; //电源关闭，所以遥控信号均无效
38            this.iVolume  =VOLUME_MIN;
39            System.out.println(sMaker + "电视处于静音状态" );
40            return;
41        }
42        //上一频道
43        public int channelDown(){
44            if(!this.power )    return 0; //电源关闭，遥控信号均无效
45            this.iChannel = this.iChannel > CHANNEL_MIN ? --this.iChannel :
    CHANNEL_MAX;
46            System.out.println(sMaker + "电视频道上调为:" + this.iChannel );
47            return this.iChannel;
48        }
49        //下一频道
50        public int channelUp(){
51            if(!this.power )    return 0; //电源关闭，遥控信号均无效
```

```
52            this.iChannel = this.iChannel < CHANNEL_MAX ? ++this.iChannel :
      CHANNEL_MIN;
53            System.out.println(sMaker + "电视频道下调为:" + this.iChannel );
54            return this.iChannel;
55        }
56        //设置频道
57        public int setChannel(int ch){
58            if(!this.power )   return 0; //电源关闭，遥控信号均无效
59            if(ch > CHANNEL_MAX) this.iChannel = CHANNEL_MAX;
60            else if(ch < CHANNEL_MIN)this.iChannel = CHANNEL_MIN;
61            else  this.iChannel = ch;
62            System.out.println(sMaker + "电视频道设置为:" + this.iChannel );
63            return this.iChannel;
64        }
65    }
```

【程序说明】

- 第 1 行~第 2 行：引入 java.lang.Math 类中的 min（求最小）和 max（求最小）方法。
- 第 3 行~第 65 行：实现 IRemoteCtrl 接口的 TVRemoteCtrl 类。
- 第 4 行~第 9 行：声明 TVRemoteCtrl 类的成员变量和常量。
- 第 10 行~第 12 行：TVRemoteCtrl 类的构造方法，构造指定厂家的 TV 遥控器。
- 第 13 行~第 18 行：实现打开或关闭电源（powerOnOff）的方法。
- 第 19 行~第 26 行：实现减小音量（volumeDown）的方法。
- 第 27 行~第 34 行：实现增加音量（volumeUp）的方法。
- 第 35 行~第 41 行：实现静音（mute）的方法。
- 第 42 行~第 48 行：实现下一频道（channelDown）的方法。
- 第 49 行~第 55 行：实现上一频道（channelUp）的方法。
- 第 56 行~第 64 行：实现设置频道（setChannel）的方法。

3. 编写测试接口的主类

（1）在 Eclipse 环境中打开名称为 chap04 的项目。

（2）在 chap04 项目中新建名称为 TestTvCtrl 的类。

（3）编写完成的 TestTvCtrl.java 的程序代码如下：

```
1    public class TestTvCtrl {
2        public static void main(String[] args){
3            TVRemoteCtrl tv=new TVRemoteCtrl("海尔 H600");
4            tv.powerOnOff(true);
5            //tv.powerOnOff(false);
```

```
6          tv.setChannel(45);
7          tv.channelDown();
8          tv.mute();
9          tv.volumeUp(2);
10         tv.volumeUp(3);
11     }
12 }
```

【程序说明】

- 第 3 行：创建 TV 遥控器对象 tv。
- 第 4 行～第 10 行：分别调用电视遥控器类 TVRemoteCtrl 的相关方法。

4. 运行程序

保存 TestTvCtrl 程序并修正程序错误后，执行第 4 行语句 tv.powerOnOff(true)”后的程序运行结果如图 4-13 所示。试将语句“tv.powerOnOff(true)”修改为“tv.powerOnOff(false)”，并查看程序运行结果。

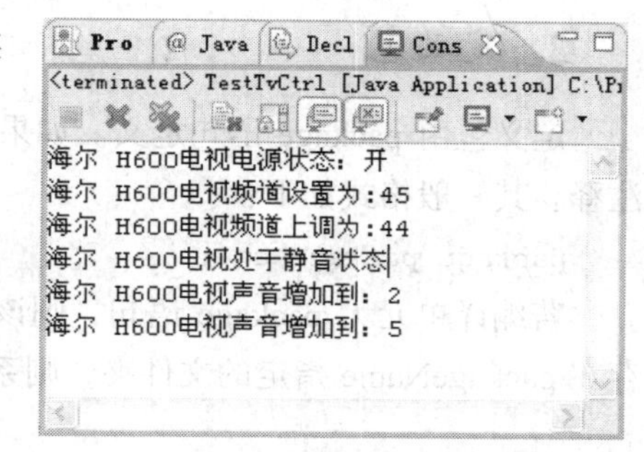

图 4-13　TestTvCtrl 运行结果

- 一个类可同时实现多个接口，但要求这些接口中不能存在具有相同名称，但返回类型或修饰符不一样的方法声明。
- 在实现接口时，如接口中定义了常量，则这些常量将自动成为实现该接口类的常量。在使用时，与本类定义的常量无区别。
- 抽象类与子类属于同一种类型（如交通工具和汽车），而接口和实现该接口的类可以不属于同一类型（如遥控器和电视机）。

4.6 包与 Java 类库

4.6.1 定义包

1. 什么是包

客观世界中不同对象间的相互联系和相互作用构成了各种不同的系统，不同系统间的相互联系和相互作用构成了更庞大的系统，进而构成了整个世界。在 Java 语言中，与客观世界中系统相对应的概念称为包（Package）。包是一种分组机制，设计者可将一组高内聚、低耦合、关联性较大的模型元素（可以是类、接口、包）组织在一起，形成一个更高层次的单元。包中的模型元素也可以是包，构成包的嵌套。正如计算机，从外表来看主要由主机、显示器、键盘、鼠标及其他外设组成，而主机由 CPU、主板、内存、显卡、声卡、硬盘、光驱、电源变压器等封装而成。同时 CPU 又是由运算器、控制器、寄存器等部分集成。这里的计算机可以看成最高层次的包，下面依次是子包主机和子包 CPU。

包由一组类和接口组成。它是管理大型名字空间，避免名字冲突的工具。每一个类和接口的名字都包含在某个包中。按照一般的习惯，它的名字由“.”号分隔的单词构成，第 1 个单词通常是开发这个包的组织的名称，如 microsoft.jdbc.sqlsever。

使用包的作用有两个：一是划分类名空间，二是控制类之间的访问。首先，既然包是一个类名空间，同一个包中的类（包括接口）不能重名，不同包中的类可以重名。其次，类之间的访问控制是通过类修饰符来实现的，若类声明修饰符为 public，则表明该类不仅可供同一包中的类访问，也可以被其他包中的类访问。若类声明无修饰符，则表明该类仅供同一包中的类访问。

2. 定义包

定义包由 package 语句定义。如果使用 package 语句，编译单元的第 1 行必须无空格，也无注释。其一般格式如下：

```
package packageName;
```

若编译单元无 package 语句，则该单元被置于一个缺省的无名的包中。在编译过程中，若不存在 packageName 指定的文件夹，则系统在工作目录中自动创建与包名同名的文件夹。

4.6.2 引入包

在一个类中，如果要使用其他包中的类和接口，则用 import 关键词来标明来自其他包中的类。一个编译单元可以自动把指定的类和接口导入到它自己的包中。在使用一个外部类或接口时，必须要声明该类或接口所在的包，否则会产生编译错误。

Java 提供 import 关键词来引用包，指定包的名字，包括路径名和类名，用“*”匹配符可以调入多个类。通常一个类只能引用与它在同一个包中的类，如果需要使用其他包中的 public 类，则可以使用如下的几种方法。

（1）在要使用的类前加包名。

在使用其他类时在类名前加包名，即包名.类名。这种类名前加包名的方式适用于在源文件中使用其他类较少的情况，例如：

```
java.awt.Label lblFont=new java.awt.Label();
```

（2）用 import 关键字加载需要使用的类。

程序开始处使用“import 包名.类名”，然后在程序中就可以直接写类名加以使用，例如：

```
import java.awt.Label;
Label lblFont=new Label();
```

（3）用 import 关键字加载整个包。例如：

若希望引入整个包，可以在程序开始处使用“import 包名.*;”，例如：

```
import java.awt.*;
```

（4）设置 CLASSPATH 环境变量。

另一个能指明.class 文件夹所在位置的是环境变量 CLASSPATH。当一个程序找不到它所需使用的其他类的.class 文件时，系统会自动到 CLASSPATH 环境变量所指明的路径中去寻找。所以，可以通过设置 CLASSPATH 环境变量设置类的搜索路径。

4.6.3　Java 常用类库简介

在使用 Java 语言进行面向对象程序设计时，我们需要用到许多 Java API 中提供的类库，Java 常用的类库及其功能如表 4-4 所示。

表 4-4　Java 常用的类库及其功能

编　号	包　名	功　能
1	java.awt	包含了图形界面设计类、布局类、事件监听类和图像类
2	java.io	包含了文件系统输入/输出相关的数据流类和对象序列化类
3	java.lang	包含对象、线程、异常出口、系统、整数和字符等类的 Java 编程语言的基本类库
4	java.net	包含支持 TCP/IP 网络协议类、Socket 类、URL 类等实现网络通信应用的所有类
5	java.util	包含程序的同步类、Date 类和 Dictionary 类等常用工具包
6	javax.swing	包含了一系列轻量级的用户界面组件（swing 组件）类
7	Java.sql	包含访问和处理来自于 Java 标准数据源数据的相关类（JDBC 类）
8	java.applet	包含了设计 applet 的类
9	java.beans.*	提供了开发 Java Beans 需要的所有类
10	java.math.*	提供了简明的整数算术以及十进制算术的基本函数
11	java.rmi	提供了与远程方法调用相关的所有类
12	java.security.*	提供了设计网络安全方案需要的一些类
13	java.test	包括以一种独立于自然语言的方式处理文本、日期、数字和消息的类和接口
14	javax.accessibility	定义了用户界面组件之间相互访问的一种机制
15	javax.naming.*	为命名服务提供了一系列类和接口

- 学习 Java 语言的过程，在一定程度上来说，就是学习这些类库中的类的使用（包括成员变量、成员方法和构造方法）。
- 学习过程中要充分利用 Java 的中英文帮助文档，学习 Java 类及其层次关系。

4.7　数组与字符串

数组是一种常用的数据结构，相同数据类型的元素按一定顺序排列就构成了数组。数组中的各元素是有先后顺序的，它们在内存中按照这个先后顺序连续存放在一起。数组有一个成员变量 length 来说明数组元素的个数。

在 Java 里创建数组有两种基本方法。

（1）创建一个空数组。

```
int list[]=new int[5];
```

（2）用初始数值填充数组。

```
String names[]={"liujin", "wangym", "Liuzc"};
```

在 Java 语言中，数组分为一维数组和多维数组两类。数组的维数用方括号“[]”的个数来确定，一维数组只有一对方括号，多维数组有多对方括号，如二维数组有两对方括号，三维数数组有三对方括号，在本书中我们只讲述一维数组和二维数组。

4.7.1 一维数组

1. 声明

声明一个数组其实就是要确定数组名、数组的维数和数组元素的数据类型。声明数组的语法格式有两种：

```
数组元素类型 数组名[]；或 数组元素类型[] 数组名；
```

如：

```
int iSno[]或int[] iSno
```

- iSno：为数组名，是符合 Java 标识符定义规则的用户标识符。
- int：表示数组元素的数据类型为整型。数组元素可以是 Java 语言的任何数据类型，如基本类型（int、float、double、char 等），对象（object）、类（class）或接口（interface）等。
- 方括号[]：数组的标志，它可以出现在数组名的后面，也可以出现在数组元素类型的后面，两种定义方法没有什么差别。

2. 初始化

声明数组后，要想使用数组需要为它开辟内存空间，即创建数组空间。创建数组空间的语法格式为：

```
数组名=new 数组元素类型[数组元素的个数];
```

如：

```
iSno=new int[6];
```

在创建数组空间时必须指明数组的长度，以便确定所开辟内存空间的大小。数组一旦创建，就不能改变它的大小。

创建数组空间的工作也可以与声明数组合在一起，用一条语句来完成。如：

```
int iSno=new int[6];
```

对于数组元素类型是基本类型的数组，在创建数组空间的同时，还可以同时给出各数组元素的初值，这时可以省略创建空间的 new 算符。如：

```
int iSno[]={1, 2, 3, 4, 5, 6};
```

这个语句创建了一个包含 6 个整型元素的数组，同时给出了每个元素的初值。数组元素的个数为 6，每个 int 型数据的存储空间是 4 字节。这样一个语句为 Java 分配存储空间提供了所需要的全部信息，系统可为这个数组分配 6*4=24 个字节的连续存储空间。经过初始化后，其存储空间分配及各数组元素的初始值如表 4-5 所示。

表 4-5　　存储空间分配及各数组元素的初始值

数组元素	iSno[0]	iSno[1]	iSno[2]	iSno[3]	iSno[4]	iSno[5]
初值	1	2	3	4	5	6

说明

- 在声明数组时"[ ]"中不允许指定数组元素的个数，如 int iSno［6］将导致语法错误。
- 不能在声明语句之外使用如：iSno[]={1，2，3，4，5，6，7，8，9，10}；语句给数组元素赋值。
- 正确区分"数组的第 5 个元素"和"数组元素 5"很重要，因为数组下标从 0 开始，"数组的第 5 个元素"的下标是 4，而"数组元素 5"的下标是 5，实际是数组的第 6 个元素。
- 对于以某一个类的对象为数组元素的数组而言，创建并初始化每个数组元素的步骤是必不可少的，在创建对象的同时必须要执行该对象的构造方法。

3．引用

当数组初始化后就可通过数组名与下标来引用数组中的每一个元素。一维数组元素的引用格式如下：

```
数组名[数组下标]
```

其中，数组名是经过声明和初始化的数组；数组下标是指元素在数组中的位置，数组下标的取值从 0 开始，下标值可以是整数型常量或整数型变量表达式。对 iSno 数组来说下面两条赋值语句是合法的：

```
iSno[4]=32;
iSno[3+2]=86;
```

但"iSno[6]=12;"是错误的。这是因为 Java 为了保证安全性，对引用的数组元素进行下标是否越界的检查。这里的数组 iSno 在初始化时确定其长度为 6，下标从 0～5，不存在下标为 6 的数组元素 iSno[6]。

4.7.2　二维数组

日常生活中处理的许多数据，从逻辑上看是由许多行和列组成的，如矩阵、行列式、二维表格等。为了存放这种类型的数据，可以使用如表 4-6 所示的二维数组数据结构。

表 4-6　　二维数组数据结构

	0 列	1 列	2 列	3 列
0 行	A[0][0]	A[0][1]	A[0][2]	A[0][3]
1 行	A[1][0]	A[1][1]	A[1][2]	A[1][3]
2 行	A[2][0]	A[2][1]	A[2][2]	A[2][3]

其实，Java 中只有一维数组，不存在二维数组的数据结构。在 Java 里，数组实际上是一个对象，对一个一维数组而言，其数组元素可以是数组，这就是二维数组在 Java 中的实现方法。也就

是说，在 Java 语言中，把二维数组看成其每个数组元素是一个一维数组的一维数组。

1. 声明

二维数组的声明与一维数组相似，只是需要给出两对方括号。格式如下 ：

```
类型标识符 数组名[][]; 或 类型标识符[][] 数组名;
```

如：

```
int arr[][];或 int[][] arr;
```

其中：两个方括号中的前面那个方括号表示行，后面那个方括号表示列。

2. 初始化

（1）直接指定初值的方式。

在数组声明时对数组元素赋初值就是用指定的初值对数组初始化。如：

```
int[][] arr1={{3, -9, 6}, {8, 0, 1}, {11, 9, 8}};//声明并初始化数组 arr1，它有 3 个一维数组的元素
```

用指定初值的方式对数组初始化时，各子数组元素的个数可以不同。如：

```
int[][] arr1={{3, -9}, {8, 0, 1, }, {10, 11, 9, 8}};
```

（2）用 new 操作符初始化数组。

用 new 操作符来初始化数组有两种方式。

① 先声明数组再初始化数组。在数组已经声明以后，可用下述两种格式中的任意一种来初始化二维数组。格式如下：

```
数组名=new 类型说明符[数组长度][]; 或  数组名=new 类型说明符[数组长度][数组长度];
```

其中，数组名、类型说明符和数组长度的要求与一维数组一致。如：

```
int arra[][];//声明二维数组
arra=new int[3][4];//初始化一个 3 行 4 列的二维数组 arra
```

其中，语句 arra=new int[3][4];实际上相当于下面 4 条语句。

```
arra=new int[3][];//创建一个有 3 个元素的数组，且每个元素也是一个数组。
arra[0]=new int[4];//创建 arra[0]元素的数组，并含有 4 个元素。
arra[1]=new int[4];//创建 arra[1]元素的数组，并含有 4 个元素。
arra[2]=new int[4];//创建 arra[2]元素的数组，并含有 4 个元素。
```

② 在声明数组时初始化二维数组。格式如下：

```
类型说明符[][] 数组名=new 类型说明符[数组长度][];
```

或

```
类型说明符 数组名[][]=new 类型说明符[数组长度][数组长度];
```

如：

```
int[][] arr=new int[4][];
int arr[][]=new int[4][3];
```

- 在初始化二维数组时，可以只指定数组的行数而不给出数组的列数，每一行的长度由二维数组引用时决定，但不能只指定列数而不指定行数。
- 不指定行数只指定列数是错误的。如，下面数组的初始化是错误的：

```
int[][] arr=new int[][4];
```

4.7.3　课堂案例 6——读取队列元素

【案例学习目标】 了解数组的含义，掌握数组的定义方法，掌握数组的赋值方法，掌握数组元素的引用方法，在实际编程中能够合理地使用数组。

【案例知识要点】 一维数组的定义、一维数组的赋值、一维数组元素的引用。

【案例完成步骤】

1. 编写程序

（1）在 Eclipse 环境中打开名称为 chap04 的项目。

（2）在 chap04 项目中新建名称为 Queue 的类。

（3）编写完成的 Queue.java 的程序代码如下：

```
1   public class Queue {
2       public static void main(String[] args) {
3           int i;
4           int a[]=new int[5];
5           for(i=0;i<5;i++){
6               a[i]=i;
7           }
8           for(i=a.length-1;i>=0;i--){
9               System.out.println("a["+i+"]="+a[i]);
10          }
11      }
12  }
```

【程序说明】

- 第 4 行：一维整型数组的定义。
- 第 5 行～第 7 行：数组元素赋值，其值与该数组元素的下标相同。
- 第 8 行～第 10 行：数组元素值的输出。

2. 编译并运行程序

保存并修正程序错误后，程序运行结果如图 4-14 所示。

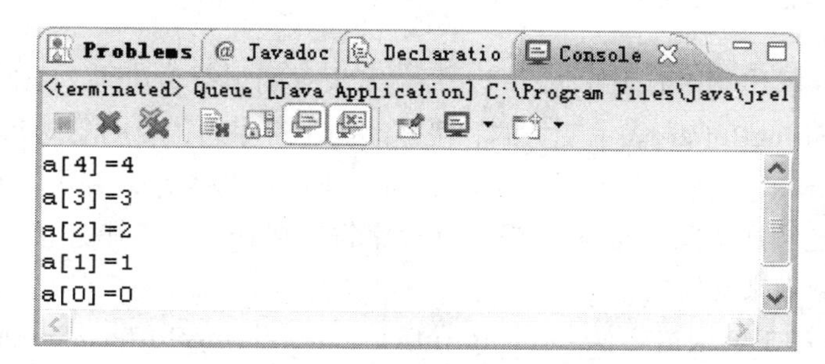

图 4-14　Queue 运行结果

4.7.4 String 类

字符串是程序中的一个通用且重要的信息类型，在程序中经常要把各种各样的信息以字符串的形式传递、通信和输出显示，而 Java 为字符串操作提供了许多特殊的支持。String 类提供的常用方法如表 4-7 所示。

表 4-7 String 类常用方法

编号	方法名称	含义
1	charAt()	从字符串对象中返回指定位置的字符
2	getChars( )	一次截取多个字符
3	getBytes( )	将字符串解码为字节序列，保存到一个字节数组中
4	toCharArray( )	返回字符串的一个字符数组
5	valueOf( )	将其他数据类型转换成字符串
6	toString( )	字符串转换成其他数据类型
7	equals( )	比较两个字符串是否相等（注意与==的区别）
8	equalsIgnoreCase( )	比较两个字符串是否相等（忽略大小写的比较）
9	startsWith( )	判断指定的字符串是否从一个指定的字符串开始
10	endsWith( )	判断指定字符串是否是以一个指定的字符串结尾
11	compareTo( )	判断指定字符串的大小
12	compareToIgnoreCase( )	判断指定字符串的大小（比较时忽略大小写）
13	indexOf( )	在字符串中搜索指定的字符或子字符串的位置
14	lastIndexOf( )	搜索字符或子字符串的最后一次出现的位置
15	substring( )	从字符串对象中截取子字符串
16	concat( )	连接两个字符串，与+运算符执行相同的功能
17	replace( )	用另一个字符代替调用字符串中一个字符的所有具体值
18	trim( )	去掉指定字符串前面和后面的空格符
19	toLowerCase( )	将指定字符串转换为小写（非字母字符，如数字等则不受影响）
20	toUpperCase( )	将指定字符串转换为大写（非字母字符，如数字等则不受影响）

4.7.5 StringBuffer 类

StringBuffer 是字符串类 String 的对等类，提供了大量的字符串功能。String 表示定长、不可变的字符序列，而 StringBuffer 表示变长的和可修改的字符序列，可用于动态创建和操作动态字符串信息。StringBuffer 支持字符或子字符串的插入或追加的操作，并可针对这些字符或子字符串的添加而自动地增加空间。Java 大量的处理字符串操作如字符串连接“+”运算，是通过 StringBuffer 的后台处理来支持的。

StringBuffer 类有 3 个构造方法：StringBuffer（ ），StringBuffer（int size），StringBuffer（String str）。默认构造函数（无参数）预留了 16 个字符的空间；第 2 种形式接收一个整数参数，设置缓冲区的大小；第 3 种形式接收一个字符串参数，设置 StringBuffer 对象的初始内容，同时

多预留了 16 个字符的空间。未指定缓冲区的大小时，StringBuffer 分配了 16 个附加字符的空间，这是因为再分配在时间上代价很大，而且频繁地再分配可以产生内存碎片。

StringBuffer 类提供的方法如表 4-8 所示。

表 4-8　StringBuffer 类常用方法

编　号	方法名称	含　义
1	length( )	得到当前 StringBuffer 的长度
2	capacity( )	得到总的分配容量
3	ensureCapacity( )	设置缓冲区的大小
4	setLength( )	设置缓冲区的大小
5	charAt( )	从 StringBuffer 中获得指定字符的值
6	setCharAt( )	给 StringBuffer 中的字符设置为指定值
7	getChars( )	将 StringBuffer 的子字符串复制给数组
8	substring( )	返回 StringBuffer 的一部分值。与 String 具有相同的功能
9	append( )	将任一其他类型数据（可以是字符串、整数、对象等）的字符串形式连接到调用 StringBuffer 对象的后面
10	insert( )	将一字符串插入另一字符串中的指定位置
11	reverse( ):	将 StringBuffer 对象内的字符串翻转
12	delete( )	删除字符串中指定位置的字符串
12	deleteCharAt( )	删除字符串中指定位置的字符
13	replace( )	在字符串指定位置替换为新的字符串

4.7.6　课堂案例 7——操作字符串

【案例学习目标】　了解 String 对象和 StringBuffer 对象的异同，掌握 String 对象的构造方法，掌握 StringBuffer 对象的构造方法，在实际开发中能够合理使用 String 对象或 StringBuffer 对象提供的相关方法完成字符串的基本操作。

【案例知识要点】　String 对象的构造方法、String 对象的常用方法、StringBuffer 对象的构造方法、StringBuffer 对象的常用方法。

【案例完成步骤】

1. 编写程序

（1）在 Eclipse 环境中打开名称为 chap04 的项目。

（2）在 chap04 项目中新建名称为 StringDemo 的类。

（3）编写完成的 StringDemo.java 的程序代码如下：

```
1  public class StringDemo {
2      public static void main(String args[]){
3          String str[] = new String[4];
4          str[0] = "Amy";
5          str[1] = "Dear";
```

```
6       StringBuffer sb1 = new StringBuffer(str[0]);
7       sb1.insert(0, str[1]);
8       str[2] = new String(sb1);
9       StringBuffer sb2 = new StringBuffer();
10      sb2.append('D');
11      sb2.append("Amy" + 74108206);
12      sb2.insert(1, "ear");
13      str[3] = new String(sb2);
14      for(int i = 0; i < 4; i ++)
15          System.out.println("str[" + i + "] =" + str[i]);
16    }
17  }
```

【程序说明】

- 第 6 行：利用字符串 str［0］来构造一个 StringBuffer。
- 第 7 行：在该 StringBuffer 对象位置 0 处之前，插入字符串 str［1］。
- 第 8 行：由 StringBuffer 对象 sb1 来构造生成字符串 str［2］。
- 第 9 行：缺省构造一个 StringBuffer 对象 sb2，初始内容为空。
- 第 10 行：在该 StringBuffer 对象 sb2 的末尾追加字符‘D’。
- 第 11 行：在该 StringBuffer 对象 sb2 的末尾追加字符串“Amy137719164”。
- 第 12 行：在该 StringBuffer 对象 sb2 的位置 1 处即字符‘D’后插入字符串“ear”。
- 第 13 行：由 StringBuffer 对象 sb2 来构造生成字符串 str［3］。
- 第 14 行～第 15 行：遍历显示字符串数组中每个元素的值。

2. 编译并运行程序

保存并修正程序错误后，程序运行结果如图 4-15 所示。

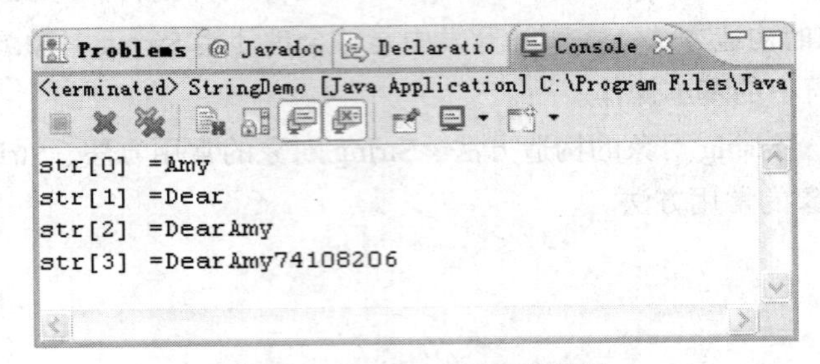

图 4-15 StringDemo 运行结果

课外实践

【任务 1】

（1）定义一个描述宠物的抽象类 Pet，包含重量（weight）和年龄（age）两个成员

变量和显示宠物资料的 showInfo 方法以及获取宠物资料的 getInfo 方法。

（2）设计一个可吃的接口 Eatable，包含一个被吃（beEatted）的方法。

（3）由 Pet 类继承得到猫类（Cat）和狗类（Dog），添加叫声（cry）的成员变量，并重写 Pet 类的相关方法；狗类（Dog）要实现 Eatable 接口。

（4）设计一个水果类（Fruit），包含颜色（color）和产地（address）两个成员变量。和显示水果资料的 showInfo 方法以及获取水果资料的 getInfo 方法；水果类（Fruit）要实现 Eatable 接口。

（5）由水果类（Fruit）继承得到苹果（Apple）类，添加一个品种（type）的成员变量和获取品种的成员方法（getType）。

（6）由水果类（Fruit）继承得到香蕉（Banana）类。

（7）创建测试程序，包含 main 方法，在 main 方法中声明和创建 4 个实例：猫、狗、苹果和香蕉，调用显示资料的方法输出对象的详细信息；创建 Object 对象，分别引用狗、苹果和香蕉，并调用 beEatted 方法。

［说明］

（1）类之间的关系如图 4-16 所示。

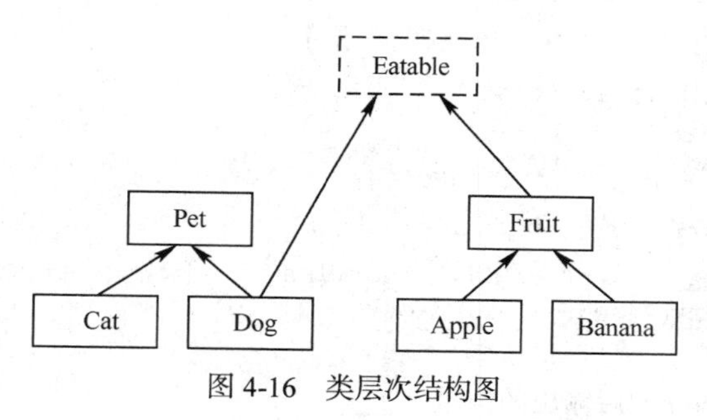

图 4-16　类层次结构图

（2）可以将类文件保存在一个 Java 文件中，也可以放在不同的文件中，但必须注意保存在同一个包内。

思考与练习

【填空题】

1. 类是变量和_____的集合体。【2007 年 4 月填空题第 10 题】

2. 用户不能直接调用构造方法，只能通过______关键字自动调用。【2007 年 9 月填空题第 9 题】

3. Class 对象由 Java_____自动生成。【2007 年 9 月填空题第 10 题】

4. _____是类中的一种特殊方法，是为对象初始化操作编写的方法。【2008 年 9 月填空题第 7 题】

5. Java 语言中，使用关键字_______对当前对象的父类对象进行引用。【2009 年 3 月填空题第 6 题】

6. Java 接口内的方法都是公共的、______的，实现接口就要实现接口内的所有方法。【2009 年 3 月填空题第 11 题】

7. Java 语言的______可以使用它所在类的静态成员变量和实例成员变量，也可以使用它所在方法中的局部变量。【2009 年 3 月填空题第 12 题】

8. 在 Java 语言中，用______修饰符定义的类为抽象类。【2009 年 9 月填空题第 9 题】

9. 已知 Java 语句

double[][] balances=new double[NYEARS][NRATES];数组 balances 是______维数组。【2008 年 9 月填空题第 9 题】

【选择题】

1. 下列叙述中，错误的是_______。【2007 年 4 月选择题第 19 题】

（A）Java 中，方法的重载是指多个方法可以共享同一个名字

（B）Java 中，用 abstract 修饰的类称为抽象类，它不能实例化

（C）Java 中，接口是不包含成员变量和方法实现的抽象类

（D）Java 中，构造方法可以有返回值

2. 请阅读下面程序【2007 年 4 月选择题第 20 题】

```
public class ExampleStringBuffer{
 public static void main(String[] args){
     StringBuffer sb=new StringBuffer ("test");
     System.out.println("buffer ="+sb);
     System.out.println("length ="+sb.length());
 }
}
```

程序运行结果中在"length="后输出的值是_______。

（A）10　　　（B）4　　　（C）20　　　（D）30

3. 内部类不可直接使用外部类的成员是_______。【2007 年 4 月选择题第 14 题】

（A）静态成员　　　（B）实例成员

（C）方法内定义　　　（D）以上 A、B、C 都不是

4. 以下程序【2007 年 9 月选择题第 17 题】

```
public class ConcatTest{
 public static void main(String[] args){
     String str1="abc";
     String str2="ABC";
     String str3=str1.concat(str2);
     System.out.println(str3);
 }
}
```

的运行结果是_______。

（A）abc　　　（B）ABC　　　（C）abcABC　　　（D）ABCabc

5. 数组中各个元素的数据类型是_______。【2007 年 9 月选择题第 13 题】

（A）相同的　　　（B）不同的　　　（C）部分相同的　　　（D）任意的

6. 下列语句能给数组赋值而不使用 for 循环的是_______。【2008 年 4 月选择题第 16 题】

（A）myArray{[1]="One";[2]="Two";[3]="Three";}

（B）String　s[5]=new　String[]　{"Zero","One","Two","Three","Four"};

（C）String　s[]=new　String[]　{"Zero","One","Two","Three","Four"};

（D）String　s[]=new　String[]={"Zero","One","Two","Three","Four"};

7. 在 Java 语言中，被成为内存分配的运算符是______。【2008 年 4 月选择题第 20 题】

（A）new　（B）instance　of　（C）[]　（D）()

8. 接口中，除了抽象方法之外，还可以含有______。【2008 年 4 月选择题第 24 题】

（A）变量　（B）常量　（C）成员方法　（D）构造方法

9. StringBuffer 类字符串对象的长度是_____。【2008 年 4 月选择题第 25 题】

（A）固定　（B）必须小于 16 个字符

（C）可变　（D）必须大于 16 个字符

10. 子类继承了父类的方法和状态，在子类中可以进行的操作是____。【2008 年 9 月选择题第 19 题】

（A）更换父类方法　（B）减少父类方法　（C）减少父类变量　（D）添加方法

11. 下列能表示字符串 s1 长度的是_____。【2008 年 9 月选择题第 20 题】

（A）s1.length()　（B）s1.length　（C）s1.size　（D）s1.size()

12. 下列概念中不包括任何实现，与存储空间没有任何关系的是____。【2008 年 9 月选择题第 32 题】

（A）类　（B）接口　（C）抽象类　（D）对象

13. 在方法内部使用，代表对当前对象自身引用的关键字是_____。【2009 年 3 月选择题第 13 题】

（A）super　（B）This　（C）Super　（D）this

14. 在 Java 中，若要使用一个包中的类时，首先要求对该包进行导入，其关键字是_____。【2009 年 3 月选择题第 22 题】

（A）import　（B）package　（C）include　（D）packet

15. 继承是面向对象编程的一个重要特征，它可降低程序的复杂性并使代码_____。【2009 年 3 月选择题第 23 题】

（A）可读性好　（B）可重用　（C）可跨包访问　（D）运行更安全

16. 下列方法中，不属于类 String 的方法是_____。【2009 年 3 月选择题第 25 题】

（A）tolowerCase()　（B）valueof()　（C）charAt()　（D）append()

17. grid （9）[5]描述的是_____。【2009 年 3 月选择题第 26 题】

（A）二维数组　（B）一维数组　（C）五维数组　（D）九维数组

18. String、StingBuffer 都是_______类，都不能被继承。【2009 年 9 月选择题第 29 题】

（A）static　（B）abstract　（C）final　（D）private

19. 构造方法名必须与_______相同，它没有返回值，用户不能直接调用它，只能通过 new 调用。【2009 年 9 月选择题第 31 题】

（A）类名　（B）对象名　（C）包名　（D）变量名

【简答题】

1. String 和 StringBuffer 均可用来保存字符串，它们有什么区别？
2. 构造函数有什么特点？请举例说明。
3. 方法重载和方法重写有什么异同？
4. 抽象类和接口有什么异同？请举例说明。
5. this 和 super 分别代表什么？请举例说明。

第5章 Java 图形用户界面技术

【学习目标】

本章主要介绍 Java GUI 编程的基本思想和应用 GUI 组件编写 Java 桌面程序的技术。主要包括 GUI 编程中基本组件的使用、高级 GUI 组件的应用、组件的布局和 Java 事件处理。通过本章的学习，读者应能了解 Java GUI 编程中基本组件和容器之间的关系，掌握常用的组件布局方法和编写事件处理程序。本章的学习目标如下。

（1）了解 Java GUI 的基本概念。

（2）掌握 GUI 中常用容器的使用场合和使用方法。

（3）掌握简单 GUI 组件的特点和使用方法。

（4）掌握复杂 GUI 组件的特点和使用方法。

（5）掌握高级 GUI 组件的特点和使用方法。

（6）能应用 GUI 组件构造桌面程序界面。

（7）能应用布局管理器优化界面设计。

（8）能实现 GUI 事件处理。

（9）能编写简单的 Applet 程序。

【学习导航】

Java GUI（图形用户界面）技术是构造 Java 桌面应用程序的基础，也是 Java 程序开发很重要的技术。本章内容在 Java 桌面开发技术中的位置如图 5-1 所示。

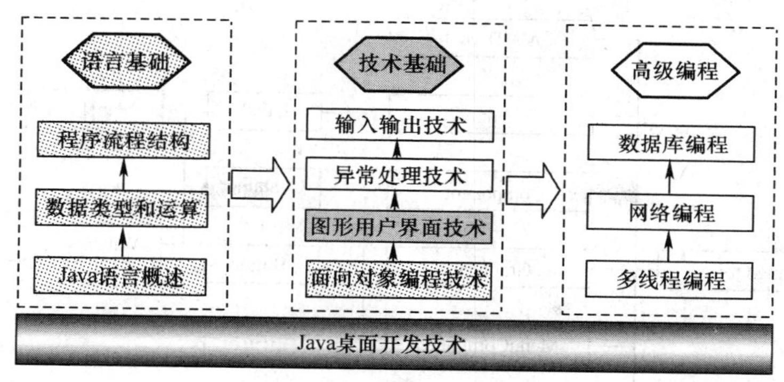

图 5-1　本章学习导航

5.1 Java GUI 概述

图形用户界面（Graphics User Interface，GUI）就是为应用程序提供一个图形化的界面，方便用户和应用程序实现友好交互的一个桥梁。图形用户界面借助菜单、工具栏和按钮等标准界面元素和鼠标操作，帮助用户方便地向计算机系统发出命令、执行操作，并将系统运行的结果以图形的方式显示给用户。自从微软公司和苹果公司推出图形化操作系统以来，GUI 已经成为现代计算机系统中很重要的一部分。

借助 Java 的 GUI 技术，程序员可以设计良好的用户界面，为用户和程序提供交互式接口。Java 的 java.awt 和 javax.swing 包中包含了许多有关图形界面的类，其中包含了基本组件（如标签、按钮、文本框、列表等）和容器（窗口、面板等）。程序员在设计用户界面时可以添加各种组件，安排各种组件在容器的位置，同时提供响应并处理外部事件的机制，为构建界面良好的应用程序提供了技术基础。

5.1.1　AWT 简介

抽象窗口工具包（Abstract Window Toolkit，AWT）是 Java 提供的建立图形用户界面（GUI）的工具集，可用于生成现代的、鼠标控制的图形应用接口，并且无需修改，就可以在各种软硬件平台上运行。AWT 可用于 Java 的小程序和应用程序中，AWT 设计的初衷是支持开发小应用程序的简单用户界面。它支持图形用户界面编程的功能包括：用户界面组件、事件处理模型、图形和图像工具（包括形状、颜色和字体类）和布局管理器，可以进行灵活地窗口布局而与特定窗口的尺寸和屏幕分辨率无关。

java.awt 包中提供了 GUI 设计所使用的类和接口（AWTEvent、Font、Component、Graphics、MenuComponent、Color 和各种布局管理类等），用于 GUI 的设计，而这些类又都继承于 java.lang.object 类，AWT 的类层次结构如图 5-2 所示。

java.awt.Component 类是许多组件类（如 Button 和 Label）的父类，Component 类中封装了组件通用的方法和属性，如图形的组件对象、大小、显示位置、前景色和背景色、边界、可见性等，因此许多组件类也就继承了 Component 类的成员方法和成员变量，这些成员方法是许多组件共有的方法，Component 类常见的成员方法如表 5-1 所示。

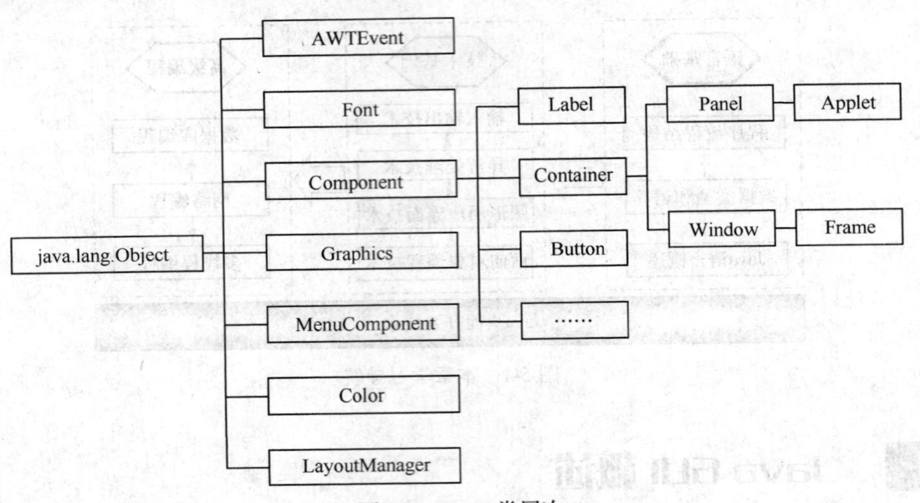

图 5-2　AWT 类层次

表 5-1　　　　　　　　　　　　　Component 类常用方法

方 法 名 称	方 法 功 能
void setBackground（Color c）	设置组件的背景颜色
void setEnabled（boolean b）	设置组件是否可用
void setFont（Font f）	设置组件的文字
void setForeground（Color c）	设置组件的前景颜色
void setLocation（int x, int y）	设置组件的位置
void setName（String name）	设置组件的名称
void setSize()	设置组件的大小
void setVisible（boolean b）	设置组件是否可见
boolean hasFocus()	检查组件是否拥有焦点
int getHeight()	返回组件的高度
int getWidth()	返回组件宽度

5.1.2　Swing 简介

Swing 是 Java 语言在编写图形用户界面方面的新技术，Swing 采用 MVC（模型—视图—控制）设计范式，Swing 可以使 Java 程序在同一个平台上运行时能够有不同外观以供用户选择。Swing 的类层次结构如图 5-3 所示。

Swing 组件从功能上可以分为以下 6 类。

（1）顶层容器：JFrame、JApplet、JDialog 和 JWindow。

（2）中间容器：JPanel、JScrollPane、JSplitPane 和 JToolBar。

（3）特殊容器：JInternalFrame、JLayerPane 和 JRootPane。

（4）基本组件：JButton、JComboBox、JList、JMenu、JSlider 和 JTextField。

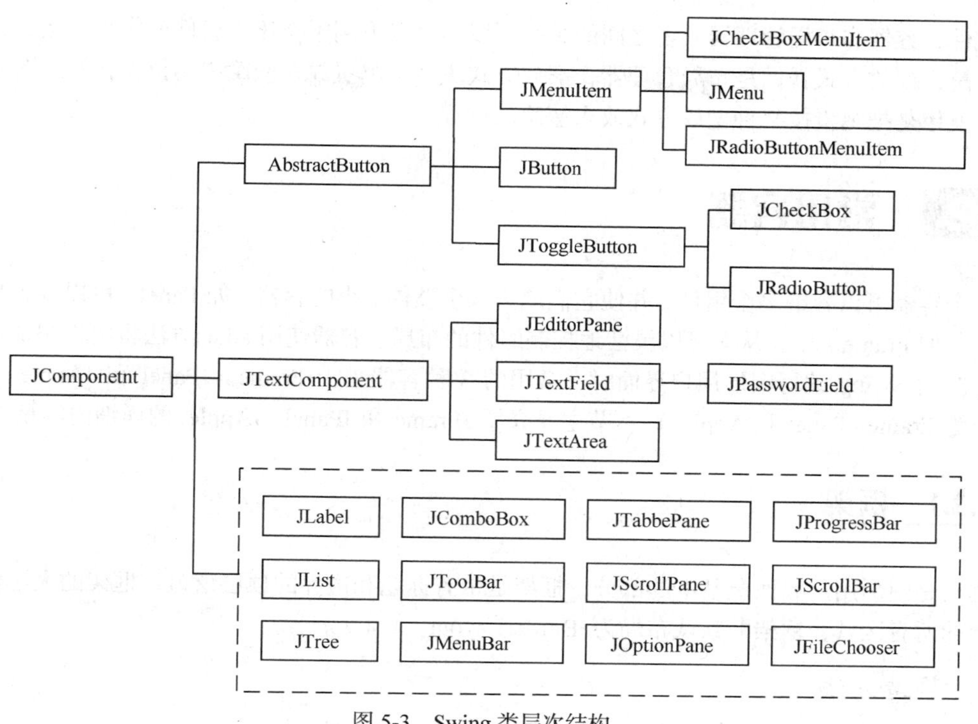

图 5-3 Swing 类层次结构

（5）不可编辑信息的组件：JLabel、JProgressBar 和 ToolTip。

（6）可编辑信息的组件：JColorChooser、JFileChooser、JTable 和 JTextArea。

在 Java 的桌面程序开发中，现在一般采用 Swing 组件和部分 AWT 组件来构建图形用户界面。其他用户界面技术（如 SWT 等），读者可以参阅相关资源进行学习。

同时，Java 的图形界面通常包括下述 3 部分内容。

1. 组件

- 组件是图形用户界面最基本的组成部分。
- 组件是一个可以以图形化的方式显示在屏幕上并能与用户进行交互的对象。
- 组件不能独立显示出来，必须将组件放在一定的容器中才可以显示出来。

2. 容器

- 容器类 Container 是 Component 的一个子类。
- 容器本身也是一个组件，具有组件的所有性质。
- 容器还具有放置其他组件和容器的功能。

3. 布局管理器

- 布局管理器用来管理组件放置在容器中的位置和大小。
- 每个容器都有一个布局管理器。
- 使用布局管理器可以使 Java 生成的图形用户界面具有平台无关性。
- 布局管理器 LayoutManager 本身是一个接口，通常使用的是实现了该接口的类。

组件、容器和布局管理器三者之间的关系可以通过以下例子类比：组件就像是鸡蛋，容器就像是篮筐，摆放方式就像是布局管理器，摆放方式决定了鸡蛋放在篮筐中的位置，构造图形界面的过程就像是把鸡蛋按某种摆放方式放入篮筐的过程。

5.2 常用容器

一个容器可以容纳多个组件，并使它们成为一个整体。小的容器（如 Panel）可以放置在更大的容器（如 Frame）中，从而可以灵活地控制组件的布局。容器使用 add()方法将组件添加到容器中。在应用 Swing 编写图形用户界面时，常用的 3 种容器是：JFrame、JPanel 和 JApplet（AWT 中对应为 Frame、Panel 和 Applet）。本节主要介绍 JFrame 和 JPanel，JApplet 的详细内容见 5.8 节。

5.2.1 框架

框架是图形用户界面最基本的部分，框架是带有标题和边界的顶层窗口，框架的大小包括边界指定的所有区域，框架的默认布局为 BorderLayout。

1. 构造方法

框架通过构造方法创建，JFrame 的构造方法如表 5-2 所示。

表 5-2　　JFrame 构造方法

方 法 名 称	方 法 功 能
JFrame()	构造 frame 的一个新实例（初始时不可见）
JFrame（String title）	构造一个新的、初始不可见的、具有指定标题的 frame 对象
JFrame（GraphicsConfiguration gc）	使用屏幕设备的指定图形配置创建一个 frame
JFrame（String title,GraphicsConfiguration gc）	构造一个新的、初始不可见的、具有指定标题和图形配置的 frame 对象

2. 常用方法

框架借助于成员方法进行属性的设置和处理，JFrame 的常用方法如表 5-3 所示。

表 5-3　　JFrame 常用方法

方 法 名 称	方 法 功 能
boolean isResizable()	指示 frame 是否可由用户调整大小
remove（MenuComponent m）	从 frame 移除指定的菜单栏
setIconImage（Image image）	设置 frame 显示在最小化图标中的图像
setJMenuBar（MenuBar mb）	设置 frame 的菜单栏
setResizable（boolean resizable）	设置 frame 是否可由用户调整大小

续表

方法名称	方法功能
setTitle（String title）	将 frame 的标题设置为指定的字符串
setSize（int width,int height）	设置 frame 大小
setLocation（int x,int y）	设置 frame 位置，其中（x,y）为左上角坐标
setDefaultCloseOperation（int operation）	设置点击关闭按钮时的默认操作，包括： • DO_NOTHING_ON_CLOSE：屏蔽关闭按钮 • HIDE_ON_CLOSE：隐藏框架 • DISPOSE_ON_CLOSE：隐藏和释放框架 • EXIT_ON_CLOSE：退出应用程序

- 可以使用 JFrame frm=new JFrame();语句创建框架对象，也可以使用 public class MyFrame extends JFrame 的形式通过继承 JFrame 让 MyFrame 类成为框架类。
- 一般情况下，框架是 Java GUI 界面的底层容器。

5.2.2　面板

面板是最简单的容器类，应用程序可以将其他组件放在面板提供的空间内，这些组件也可以包括其他面板。与框架不同，面板是一种透明的容器，既没有标题，也没有边框，就像一块透明的玻璃。面板不能作为最外层的容器单独存在，它首先必须作为一个组件放置到其他容器（一般为框架）中，然后把组件添加到它里面。

JPanel 的构造方法和常用方法如表 5-4 所示。

表 5-4　　JPanel 构造方法和常用方法

方法类型	方法名称	方法功能
构造方法	Panel()	使用默认的布局管理器创建新面板
	Panel（LayoutManager layout）	创建具有指定布局管理器的新面板，面板的默认是 FlowLayout 布局管理器
常用方法	setLayout（LayoutManager mgr）	设置面板上组件的布局方式
	add（Component comp）	将组件添加到面板上
	setBorder()	设置面板的边框样式

5.2.3　课堂案例 1——创建程序主窗口

【案例学习目标】　理解容器的基本思想，能区别 JFrame 和 JPanel，会使用 JFrame 构造用户界面，会使用 JPanel 合理分隔应用程序界面。

【案例知识要点】　JFrame 的构造方法、JFrame 的常用方法、JPanel 的构造方法、JPanel 的常用方法。

【案例完成步骤】

1. 编写程序

（1）在 Eclipse 环境中创建名称为 chap05 的项目。

（2）在 chap05 项目中新建名称为 FrmMain 的类。

（3）编写完成的 FrmMain.java 的程序代码如下：

```
1   import javax.swing.*;
2   import java.awt.*;
3   public class FrmMain{
4       public static void main(String args[]){
5           JFrame frm=new JFrame();
6           JPanel pnlLeft=new JPanel();
7           pnlLeft.setBackground(Color.WHITE);
8           JPanel pnlRight=new JPanel();
9           pnlRight.setBackground(Color.GRAY);
10          JPanel pnlMain=new JPanel();
11          pnlMain.setBackground(Color.CYAN);
12          frm.setContentPane(pnlMain);
13          pnlMain.add(pnlLeft);
14          pnlMain.add(pnlRight);
15          frm.setTitle("使用面板分割框架");
16          frm.setSize(250,150);
17          frm.setVisible(true);
18          frm.setDefaultCloseOperation(JFrame.EXIT_ON_CLOSE);
19      }
20  }
```

【程序说明】

- 第 1 行：引入“javax.swing.*”，以便在程序中使用 JFrame 类。
- 第 2 行：引入“java.awt.*”，以便在程序中使用 Color 类。
- 第 9 行～第 11 行：分别创建 pnlLeft、pnlRight 和 pnlMain 面板对象，并调用 setBackground 方法设置 3 个面板的背景颜色。
- 第 12 行：通过 JFrame 的 setContentPane 方法将 pnlMain 面板设置为内容面板，以便放置其他面板或组件。
- 第 13 行，第 14 行：分别将 pnlLeft 面板和 pnlRight 面板添加到 pnlMain 面板上。
- 第 16 行～第 18 行：调用 JFrame 的相关方法进行设置窗口的大小、可见性和关闭方式。

2. 编译并运行程序

保存并修正程序错误后，程序运行结果如图 5-4 所示。

- 面板的大小随放置其上的组件和布局管理器变化，该例中由于 pnlLeft 面板和 pnlRight 面板上没有放置组件和进行布局设置，因此显示为矩形小方块。
- 使用 JFrame 的 setContentPane()方法可以把 JPanel 或 JDesktopPane 之类的中间容器置为 JFrame 的内容面板。
- 使用 JFrame 的 getContentPane()方法可以获得 JFrame 的内容面板。

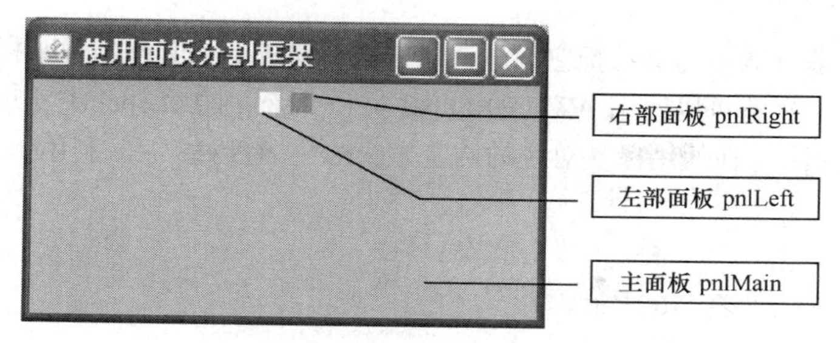

图 5-4 FrmMain 运行结果

5.2.4 Swing 容器

Swing 中的容器除了上述的 JFrame、JPanel 和 JApplet 外，还包括其他容器，这些容器的名称和功能如表 5-5 所示。

表 5-5 Swing 其他容器

方法名称	方法功能
根面板（JRootPane）	由一个玻璃面板、一个内容面板和一个可选的菜单条组成
分层面板（JLayeredPane）	Swing 提供两种分层面板，向一个分层面板中添加组件，需要说明将其加入到哪一层
滚动窗口（JScrollPane）	带滚动条的面板，主要通过移动 JViewport（视口）来实现移动，同时描绘出它在下面“看到”的内容
分隔板（JSplitPane）	用于分隔两个组件，这两个组件可以按照水平方向分隔，也可以按照垂直方向分隔
选项板（JTabbedPane）	提供一组可供用户选择的带有标签或图标的选项
工具栏（JToolBar）	是用于显示常用工具组件的容器，其位置通常处于菜单条的下面，主要用来提供一种快速访问程序功能的方法
内部框架（JInternalFrame）	是一个嵌入另一窗口的窗口

说明

- 在复杂的图形用户界面设计中，为了使布局更加易于管理，具有简洁的整体风格，一个包含了多个组件的容器本身也可以作为一个组件添加到另一个容器中，这样就形成了容器的嵌套。
- 顶层容器和内容容器之间的关系就像是我们喝咖啡时，咖啡碟子和咖啡杯之间的关系。

5.3 简单 GUI 组件

5.3.1 标签和按钮

1. 标签（JLabel）

标签提供了一种在应用程序界面中显示不可修改文本的方法。标签缺省文本对齐方式是左对

齐。也可以通过构造方法中的参数把它设置为居中或右对齐。像其他组件一样，用户也可以改变标签的字体和颜色。标签可以使用 AWT 的 Label 类和 Swing 的 JLabel 类实现，但不可混用。标签是一种最简单的组件，在使用标签对应的构造方法构造标签对象后，利用 JPanel 的 add()方法添加到面板上即可。

（1）构造方法。

JLabel 的构造方法如表 5-6 所示。

表 5-6 JLabel 构造方法

方法名称	方法功能
JLabel()	构造一个空标签
JLabel（String text）	使用指定的文本字符串构造一个新的标签，其文本对齐方式为左对齐
JLabel（String text, horizontalAlignment）	构造一个显示指定的文本字符串的新标签，其文本对齐方式为指定的方式
JLabel（Icon image）	使用指定的图像构造一个标签
JLabel（Icon image, int horizontalAlignment）	使用指定的图像和对齐方式构造一个标签
JLabel(String text, Icon icon, int horizontalAlignment）	使用指定的图像、文本字符和对齐方式构造一个标签

（2）常用方法。

JLabel 的常用方法如表 5-7 所示。

表 5-7 JLabel 常用方法

方法名称	方法功能
setText（String text）	设置标签的文本
setIcon（Icon icon）	设置在标签中显示的图像
setVerticalAlignment（int alignment）	设置标签内容的垂直对齐方式
setVerticalTextPosition（int textPosition）	设置标签中文字相对于图像的垂直位置
setHorizontalAlignment（int alignment）	设置标签内容的水平对齐方式
setHorizontalTextPosition（int textPosition）	设置标签中文字相对于图像的水平位置
setDisabledIcon（Icon disabledIcon）	设置标签禁用时的显示图像
setDisplayedMnemonic（char aChar）	指定一个字符作为快捷键
setDisplayedMnemonic（int key）	指定 ASCII 码作为快捷键

2. 按钮（JButton）

按钮是用于触发特定动作的组件，用户可以根据需要创建纯文本的或带图标的按钮。使用 JButton 类的对应构造方法创建按钮后，利用 JPanel 的 add()方法添加到面板上，然后启动事件侦听，根据用户的操作执行相应的功能。

按钮的构造方法和常用方法如表 5-8 所示。

表 5-8　　JButton 构造方法和常用方法

方法类型	方法名称	方法功能
构造方法	JButton()	构造一个字符串为空的按钮
	JButton（Icon icon）	构造一个带图标的按钮
	JButton（String text）	构造一个指定字符串的按钮
	JButton（String text, Icon icon）	构造一个带图标和字符的按钮
常用方法	addActionListener（ActionListener l）	添加指定的操作监听器，以接收来自此按钮的操作事件
	setLabel（String label）	将按钮的标签设置为指定的字符串
	getLabel()	获得此按钮的标签

5.3.2　课堂案例 2——创建程序“关于”窗口

【案例学习目标】　掌握标签的基本用法，掌握按钮的基本用法，进一步理解组件和容器之间的关系，会根据应用程序的实际需要构造出合适的标签和按钮。

【案例知识要点】　JLabel 的构造方法、JLabel 的常用方法、JButton 的构造方法、JButton 的常用方法。

【案例完成步骤】

1. 编写程序

（1）在 Eclipse 环境中打开名称为 chap05 的项目。

（2）在 chap05 项目中新建名称为 FrmAbout 的类。

（3）编写完成的 FrmAbout.java 的程序代码如下：

```
1   import javax.swing.*;
2   public class FrmAbout extends JFrame {
3       JLabel lblText,lblLogo;
4       JButton btnSysinfo,btnExit;
5       JPanel pnlMain;
6       public FrmAbout(){
7           lblText=new JLabel("Happy 聊天室 V1.1 Copyright2007-2010");
8           lblLogo=new JLabel(new ImageIcon("logo.gif"));
9           btnSysinfo=new JButton("系统信息(S)");
10          btnSysinfo.setMnemonic('S');
11          btnExit=new JButton("退出",new ImageIcon("exit.gif"));
12          pnlMain=new JPanel();
13          pnlMain.add(lblText);
14          pnlMain.add(lblLogo);
15          pnlMain.add(btnSysinfo);
16          pnlMain.add(btnExit);
17          this.setContentPane(pnlMain);
18          setSize(250,200);
```

```
19          setTitle("关于...");
20          setVisible(true);
21          setResizable(false);
22          this.setDefaultCloseOperation(EXIT_ON_CLOSE);
23      }
24      public static void main(String[] args){
25          new FrmAbout();
26      }
27  }
```

【程序说明】

- 第 2 行：通过继承 JFrame 类，使 FrmAbout 成为框架类。
- 第 3 行～第 5 行：声明 2 个标签对象、2 个按钮对象和 1 个面板对象。
- 第 7 行：通过带字符串的构造方法创建一个纯文本标签对象。
- 第 8 行：通过带图标的构造方法创建一个图片标签对象，这里的图片参数通过 ImageIcon 类完成构造。
- 第 9 行：创建文本按钮对象，文本中包含“S”是为下一条语句设置快捷键用。
- 第 10 行：通过 setMnemonic 方法设置按钮对象的快捷操作方式（ALT+S）。
- 第 11 行：通过带文字和图标的构造方法创建一个既有文字又有图片的按钮对象，这里的图片参数通过 ImageIcon 类完成构造。
- 第 12 行：创建面板对象，用于放置标签对象和按钮对象。
- 第 13 行～第 16 行：使用 add 方法将 2 个标签对象和 2 个按钮对象添加到面板（组件显示的位置与 add 语句的顺序有关）。
- 第 17 行：通过 setContentPane 方法，将 pnlMain 面板对象设置为框架的内容容器（添加到框架上），使用 this 代表 FrmAbout 自身。
- 第 18 行～第 22 行：设置框架的属性，其中第 21 行的 setResizable 用于设置框架是否可以改变大小。
- 第 25 行：调用 FrmAbout 的无参构造方法创建 FrmAbout 对象，在构造方法中完成框架的显示。

2. 编译并运行程序

保存并修正程序错误后，程序运行结果如图 5-5 所示。

图 5-5　FrmAbout 运行结果

- 使用从 JFrame 继承方式创建框架类之后，调用框架的成员方法时可加 this，也可不加。
- 组件在面板上显示顺序与代码中的先后顺序一致。
- 如果对象不需要继续引用，只需要使用“new FrmAbout()”这种形式调用构造方法完成程序的功能。
- 图片的路径也可以使用相对路径，但是图片文件必须放在类文件（.class）所在的文件夹或项目的根文件夹中。
- 这里的面板就像是咖啡杯，而标签和按钮就像是咖啡杯里的咖啡。

5.3.3　单行文本框和多行文本框

1. 单行文本框（TextField）

文本框显示指定文本并允许用户编辑文本，用户可以通过文本框来实现输入、错误检查之类的功能。用户可以设置它们的前景色和背景色，但不能改变基本显示特性。使用 JTextField 类构造一个单行的输入文本框，接收用户键盘输入的信息，用户输入完成后，按下回车键，程序就能使用输入的数据。

文本框只能显示一行，按下回车键时，产生 ActionEvent 事件，可以通过 ActionListener 接口中的 actionPerformed()方法进行事件处理。

（1）构造方法。

JTextField 的构造方法如表 5-9 所示。

表 5-9　JTextField 构造方法

方 法 名 称	方 法 功 能
JTextField()	通过缺省方式构造新文本框对象
JTextField（String text）	通过指定初始化文本构造新的文本框对象
JTextField（int columns）	通过指定列数构造新的空文本框对象
JTextField（String text, int columns）	通过指定初始化文本和指定列数构造新的文本框对象
JTextField（Document doc, String text, int columns）	通过指定文本存储模式、初始化文本和列数构造新的文本框对象

（2）常用方法。

JTextField 的常用方法如表 5-10 所示。

表 5-10　JTextField 常用方法

方 法 名 称	方 法 功 能
setHorizontalAlignment（int alignment）	设置文本框中文本的水平对齐方式
getText()	获得文本框中的文本字符
selectAll()	选定文本框中的所有文本

续表

方法名称	方法功能
select（int selectionStart, int selectionEnd）	选定指定开始位置到结束位置间的文本
setEditable（boolean b）	设置文本框是否可编辑
setText（String t）	设置文本框中的文本

2. 密码框（JPasswordField）

密码框（JPasswordFiled）表示可编辑的单行文本的密码文本组件。JPasswordField 是一个轻量级组件，允许编辑一个单行文本，可以输入内容，但不显示原始字符，显示“*”或“#”等，隐藏用户的真实输入，实现一定程度的保密，一般用来进行密码等内容的输入。

JPasswordField 的构造方法和常用方法如表 5-11 所示。

表 5-11　JPasswordField 构造方法和常用方法

方法类型	方法名称	方法功能
构造方法	JPasswordField()	通过缺省方式构造新密码框对象
	JPasswordField（Document doc, String txt, int columns）	通过指定文本存储模式、初始化文本和列数构造新的密码框对象
	JPasswordField（int columns）	通过指定列数构造新的空密码框对象
	JPasswordField（String text）	通过指定初始化文本构造新的密码框对象
	JPasswordField（String text, int columns）	通过指定初始化文本和列数构造新的密码框对象
常用方法	getEchoChar()	返回要用于回显的字符
	getPassword()	返回此 TextComponent 中所包含的文本
	setEchoChar（char c）	设置此 JPasswordField 的回显字符

3. 文本域（JTextArea）

Swing 中的 JTextArea 类和 AWT 中的 TextArea 类都表示可编辑的多行文本组件。JTextArea 是一个显示纯文本的多行区域。它作为一个轻量级组件，具有与 java.awt.TextArea 类的兼容性。JTextArea 和 TextArea 使用起来有很大的不同，前者使用相对复杂，但更灵活，后者使用相对简单，但较单一，用户可以根据应用程序的具体需要进行适当选择。JTextArea 类的构造方法和常用方法如表 5-12 所示。至于 TextArea 类的详细信息，请查阅 Java API，在此不作详细介绍。

表 5-12　JTextArea 类构造方法和常用方法

方法类型	方法名称	方法功能
构造方法	JTextArea()	构造一个新的 TextArea
	JTextArea（Document doc）	构造一个新的 JTextArea，使其具有给定的文档模型，所有其他参数均默认为（null, 0, 0）

续表

方法类型	方法名称	方法功能
构造方法	JTextArea（Document doc, String text, int rows, int columns）	构造具有指定行数和列数以及给定模型的新的 JTextArea
	JTextArea（int rows, int columns）	构造具有指定行数和列数的新的空 TextArea
	JTextArea（String text）	构造显示指定文本的新的 TextArea
	JTextArea（String text, int rows, int columns）	构造具有指定文本、行数和列数的新的 TextArea
常用方法	void append（String str）	将给定文本追加到文档结尾
	int getColumns()	返回 TextArea 中的列数
	int getLineCount()	确定文本区中所包含的行数（AWT 中的 TextArea 类没有）
	int getRows()	返回 TextArea 中的行数
	void insert（String str, int pos）	将指定文本插入指定位置
	void replaceRange（String str, int start, int end）	用给定的新文本替换从指示的起始位置到结尾位置的文本
	void setColumns（int columns）	设置此 TextArea 中的列数
	void setRows（int rows）	设置此 TextArea 的行数

5.3.4　课堂案例 3——创建用户登录窗口

【案例学习目标】　进一步掌握 JLabel、JButton 的用法，掌握 JTextField、JPasswordField 的用法，会应用简单 GUI 组件构造用户界面。

【案例知识要点】　JTextField 的构造方法、JTextField 常用方法、JPasswordField 的构造方法、JPasswordField 的常用方法。

【案例完成步骤】

1. 编写程序

（1）在 Eclipse 环境中打开名称为 chap05 的项目。

（2）在 chap05 项目中新建名称为 FrmLogin 的类。

（3）编写完成的 FrmLogin.java 的程序代码如下：

```
1   import javax.swing.*;
2   import java.awt.*;
3   public class  FrmLogin extends JFrame{
4       JPanel  pnlLogin;
5       JButton  btnLogin,btnExit;
6       JLabel  lblUserName,lblPassword,lblLogo;
7       JTextField  txtUserName;
8       JPasswordField pwdPassword;
```

```
9      Dimension dsSize;
10     Toolkit toolkit=Toolkit.getDefaultToolkit();
11     public FrmLogin()    {
12         super("欢迎进入");
13         pnlLogin=new JPanel();
14         this.getContentPane().add(pnlLogin);
15         lblUserName=new JLabel("用户名(U):");
16         lblPassword=new JLabel("口令(P):");
17         txtUserName=new JTextField(20);
18         pwdPassword=new JPasswordField(20);
19         btnLogin=new JButton("登录(L)");
20         btnLogin.setToolTipText("登录到服务器");
21         btnLogin.setMnemonic('L');
22         btnExit=new JButton("退出(X)");
23         btnExit.setToolTipText("退出系统");
24         btnExit.setMnemonic('X');
25         Font fontstr=new Font("宋体",Font.PLAIN,12);
26         lblUserName.setFont(fontstr);
27         txtUserName.setFont(fontstr);
28         lblPassword.setFont(fontstr);
29         pwdPassword.setFont(fontstr);
30         btnLogin.setFont(fontstr);
31         btnExit.setFont(fontstr);
32         lblUserName.setForeground(Color.BLACK);
33         lblPassword.setForeground(Color.BLACK);
34         btnLogin.setBackground(Color.ORANGE);
35         btnExit.setBackground(Color.ORANGE);
36         Icon logo1 = new ImageIcon("loginlogo.jpg");
37         lblLogo = new JLabel(logo1);
38         pnlLogin.add(lblLogo);
39         pnlLogin.add(lblUserName);
40         pnlLogin.add(txtUserName);
41         pnlLogin.add(lblPassword);
42         pnlLogin.add(pwdPassword);
43         pnlLogin.add(btnLogin);
44         pnlLogin.add(btnExit);
45         setResizable(false);
46         setSize(260,200);
47         setVisible(true);
48         dsSize=toolkit.getScreenSize();
49         setLocation(dsSize.width/2-this.getWidth()/2,
                   dsSize.height/2-this.getHeight()/2);
50         Image img=toolkit.getImage("appico.jpg");
51         setIconImage(img);
52     }
53     public static void main(String args[]){
```

```
54            new FrmLogin();
55        }
56    }
```

【程序说明】

- 第 2 行：引入 java.awt.*，以便使用 Dimension、Toolkit、Font、Color 和 Image 类。
- 第 3 行：通过继承 JFrame 类，使 FrmLogin 成为框架类。
- 第 4 行～第 8 行：声明各种组件对象。
- 第 9 行～第 10 行：声明 Dimension 和 Toolkit 对象，以便计算窗口的大小并进行框架的定位。
- 第 12 行：在 FrmLogin 类的构造方法中调用父类（JFrame）的构造方法，为框架添加标题。
- 第 14 行：将 pnlLogin 面板设置为框架的内容面板。
- 第 17 行：使用默认构造方法，创建长度为 20 的文本框对象。
- 第 18 行：使用默认构造方法，创建长度为 20 的密码框对象。
- 第 20 行，第 23 行：使用按钮的 setToolTipText 方法设置光标指向到按钮时显示的提示文本（TipText）。
- 第 25 行：使用 Font 类，创建普通的、12 号的宋体字对象。
- 第 26 行～第 31 行：使用组件的 setFont 方法，设置组件上显示的文字。
- 第 32 行～第 35 行：使用组件的 setForeground 方法设置组件前景颜色。
- 第 36 行～第 37 行：创建显示背景图片的 Label 对象。
- 第 38 行～第 44 行：将标签、文本框等组件添加到内容面板上。
- 第 48 行：通过 Toolkit 类的 getScreenSize 获取屏幕的大小。
- 第 49 行：通过计算设置框架的位置，实现框架位置的居中显示。
- 第 50 行～第 51 行：通过框架的 setIconImage 的方法为框架设置图标。

2. 编译并运行程序

保存并修正程序错误后，程序运行结果如图 5-6 所示。

图 5-6　FrmLogin 运行结果

- 由于没有指定布局管理，因此组件在面板上的位置由默认的布局管理器自行设定。
- 对于前面已经学习过的常用代码，没有再进行详细介绍，请读者参阅相关内容进行学习。

5.4 布局管理

在 Java 程序设计中，平台独立性是一个十分重要的特性。Java GUI 程序也不例外，因为平台的不同会使得组件在屏幕上的布局特性（组件的大小和位置等特性）不同，为了保持组件的平台独立性，Java 引入了布局管理器来控制组件的布局。布局管理器用于安排组件在容器中的位置，也使得组件的布局管理更加规范，更加方便。使用布局管理器（LayoutManager）可以实现跨平台的特性并且获得动态的布局效果。布局管理器负责组件的管理组件的排列顺序、大小和位置。不同的布局管理器使用不同的布局策略，容器可以通过选择不同的布局管理器来决定布局。

5.4.1 流式布局

FlowLayout（流布局）是 Panel 和 Applet 的默认布局管理器。在 FlowLayout 中，组件在容器中按照从上到下，从左到右的顺序进行排列，如果当前行放置不下，则换行放置。

FlowLayout 的构造方法和常用方法如表 5-13 所示。

表 5–13　　FlowLayout 类构造方法和常用方法

方法类型	方法名称	方法功能
构造方法	FlowLayout()	组件缺省的对齐方式是居中对齐，组件水平和垂直间距缺省值为 5 像素
	FlowLayout（int align）	以指定方式对齐，组件间距为 5 像素，如 FlowLayout（FlowLayout.LEFT）表示居左对齐，横向间隔和纵向间隔都是缺省值 5 个像素
	FlowLayout（int align, int hgap, int vgap）	以指定方式对齐，并指定组件水平和垂直间距
常用方法	addLayoutComponent（String name, Component comp）	将指定组件添加到布局
	void removeLayoutComponent（Component comp）	从布局中移去指定组件
	void setHgap（int hgap）	设置组件间的水平方向间距
	void setVgap（int vgap）	得到组件间的垂直方向间距
	void setAlignment（int align）	设置组件对齐方式

5.4.2 网格布局

GridLayout（网格布局）布局管理器使容器中各个组件呈网格状布局，平均占据容器的空间。

即使容器的大小发生变化，每个组件还是平均占据容器的空间。组件在容器中的布局是按照从上到下、从左到右的规律进行的。

GridLayout 的规则相当简单，允许用户以规则的行和列指定布局方式，每个单元格的尺寸决定于单元格的数量和容器的大小，组件大小一致。

GridLayout 的构造方法和常用方法如表 5-14 所示。

表 5-14　GridLayout 类构造方法和常用方法

方法类型	方法名称	方法功能
构造方法	GridLayout()	以默认的单行、每列布局一个组件的方式构造网格布局
	GridLayout（int rows,int cols）	以指定的行和列构造网格布局
	GridLayout（int rows,int cols,int hgap,int vgap）	以指定的行、列、水平间距和垂直间距构造网格布局
常用方法	void setRows（int rows）	设置行数
	void setColumns（int cols）	设置列数

5.4.3　边界布局

BorderLayout（边界布局）是 Window、Frame 和 Dialog 的缺省布局管理器。BorderLayout 布局管理器把容器分成 North、South、East、West 和 Center 共 5 个区域，每个区域只能放置一个组件。如果容器采用 BorderLayout 进行布局管理，在用 add()方法添加组件到容器时，必须注明添加到哪个位置。使用 BorderLayout 时，如果容器大小发生变化，组件的相对位置不变，但大小发生变化。

边界布局中的中间区域是在东、南、西、北都填满后剩下的区域。当窗口垂直延伸时，东、西、中区域延伸；而当窗口水平延伸时，南、北、中区域延伸。BorderLayout 是我们平常用得比较多的布局管理器。在容器变化时，组件相对位置不变，大小发生变化。在使用 BorderLayout 时，区域名称拼写要正确，尤其是在选择不使用常量（如 add（button,"Center"））而使用 add（button,BorderLayout.CENTER）时，拼写与大写很关键。其构造方法有两种。

（1）Borderlayout()：以默认方式（组件没有间距）构造边界布局。

（2）Borderlayout（int hgap,int vgap）：以指定水平间距和垂直间距构造边界布局。其中，hgap 和 vgap 分别为组件间水平和垂直方向上的空白空间。

5.4.4　卡片布局

CardLayout（卡片式布局）布局管理器能够帮助程序员处理两个以至更多的成员共享同一显示空间的问题，它把容器分成许多层，每层的显示空间占据整个容器的大小，并且每层只允许放置一个组件，可以通过 Panel 来实现每层的复杂的用户界面。

CardLayout 的构造方法和常用方法如表 5-15 所示。

表 5-15　　CardLayout 类构造方法和常用方法

方 法 类 型	方 法 名 称	方 法 功 能
构造方法	CardLayout()	构造没有间距的卡片布局
	CardLayout（int hgap,int vgap）	构造指定间距的卡片布局
常用方法	void first（Container parent）	移到指定容器的第一个卡片
	void next（Container parent）	移到指定容器的下一个卡片
	void previous（Container parent）	移到指定容器的前一个卡片
	void last（Container parent）	移到指定容器的最后一个卡片
	void show（Container parent,String name）	显示指定卡片

5.4.5　网格袋布局

GridBagLayout（网格袋布局）是功能最强大、最复杂和最难使用的布局管理器。GridBagLayout 类通过构造方法 GridBagLayout()可以构造一个默认的网格袋布局。GridBagLayout 管理器使用布局常量来决定布局的方式。这些常量包括在 GridBagConstraints 类中，布局常量详细信息如表 5-16 所示。

表 5-16　　GridBagConstraints 类布局常量

常 量 名	常 量 含 义
Anchor	指定组件的布局位置
CENTER	将组件放在有效区域的中央
EAST	将组件放在有效区域中央的右边
NORTH	将组件放在有效区域中央顶边
NORTHEAST	将组件放在有效区域右上角
NORTHWEST	将组件放在有效区域左上角
SOUTH	将组件放在有效区域中央的底边
SOUTHEAST	将组件放在有效区域右下角
SOUTHWEST	将组件放在有效区域左下角
WEST	将组件放在有效区域中央的左边
fill	确定分配给组件的空间大于缺省尺寸时填充方式
BOTH	直接充填组件四周的空间
HORIZONTAL	直接充填组件水平方向的空间
NONE	不填充，使用缺省的尺寸
VERTICAL	直接充填组件垂直方向的空间
gridwidth	指定组件在网格中的宽度，常量 REMAINDER 指定该组件是最后一个，可以使用剩余的所有空间

续表

常 量 名	常 量 含 义
gridheight	指定组件在网格中的高度，常量 REMAINDER 指定该组件是最后一个，可以使用剩余的所有空间
gridx	指定水平方向上左边组件的网格位置，常量 RELATIVE 为前一个组件右边的位置
gridy	指定垂直方向上顶边组件的网格位置，常量 RELATIVE 为前一个组件下边的位置
insets	指定对象四周的保留空白
ipadx	指定组件左右两边的空白
ipady	指定组件上下两边的空白
weightx	指定组件之间如何分配水平方向的空间，只是一个相对值
weighty	指定组件之间如何分配垂直方向的空间，只是一个相对值

5.4.6　空布局

除了以上介绍的各种布局管理器外，Java 也允许程序员不使用布局管理器，而是直接指定各个组件的位置。通过 setLayout（null）可以设置容器为空布局管理，再通过组件的 setBounds（int,int,int,int）方法对组件的位置和大小进行控制。主要代码如下：

```
pnlMain.setLayout(null);
…
lblUser.setBounds(10,10,60,25);
lblPass.setBounds(10,40,60,25);
txtUser.setBounds(80,10,150,25);
pwdPass.setBounds(80,40,150,25);
btnOk.setBounds(10,80,80,25);
btnExit.setBounds(120,80,80,25);
…
```

所实现的布局形式如图 5-7 所示。

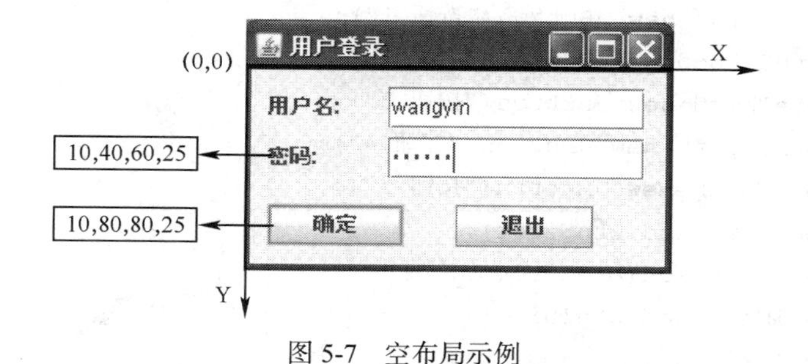

图 5-7　空布局示例

5.4.7　课堂案例 4——实现组件布局

【案例学习目标】　理解流式布局方式、网格布局方式、边界布局方式、卡片布局方式，网格袋布局方式，能根据实际需要选择合适的布局方式布局组件。

【案例知识要点】 流式布局、网格布局、边界布局、卡片布局、网格袋布局。

【案例完成步骤】

1. 编写程序

（1）在 Eclipse 环境中打开名称为 chap05 的项目。

（2）在 chap05 项目中新建名称为 LayoutDemo 的类。

（3）编写完成的 LayoutDemo.java 的程序代码如下：

```
1   import java.awt.*;
2   import javax.swing.*;
3   public class LayoutDemo extends JFrame{
4       JButton btnFirst,btnSecond,btnThird,btnFourth,btnFifth;
5       JPanel pnlMain;
6       FlowLayout flMain;
7       GridLayout glMain;
8       BorderLayout blMain;
9       CardLayout clMain;
10      public LayoutDemo(){
11          super("布局演示");
12          pnlMain=new JPanel();
13          flMain=new FlowLayout(FlowLayout.LEFT);
14          glMain=new GridLayout(3,2);
15          blMain=new BorderLayout();
16          clMain=new CardLayout(10,10);
17          //pnlMain.setLayout(flMain);
18          pnlMain.setLayout(glMain);
19          //pnlMain.setLayout(blMain);
20          //pnlMain.setLayout(clMain);
21          getContentPane().add(pnlMain);
22          btnFirst=new JButton("按钮 1");
23          btnSecond=new JButton("按钮 2");
24          btnThird=new JButton("按钮 3");
25          btnFourth=new JButton("按钮 4");
26          btnFifth=new JButton("按钮 5");
27          pnlMain.add(btnFirst);
28          pnlMain.add(btnSecond);
29          pnlMain.add(btnThird);
30          pnlMain.add(btnFourth);
31          pnlMain.add(btnFifth);
32  //      pnlMain.add(btnFirst,"West");
33  //      pnlMain.add(btnSecond,"North");
34  //      pnlMain.add("East",btnThird);
35  //      pnlMain.add(btnFourth,BorderLayout.SOUTH);
36  //      pnlMain.add(BorderLayout.CENTER,btnFifth);
37          setSize(250,150);
```

```
38            setVisible(true);
39            setDefaultCloseOperation(EXIT_ON_CLOSE);
40        }
41        public static void main(String args[]){
42            new LayoutDemo();
43        }
44    }
```

【程序说明】

- 第 4 行：声明 5 个按钮组件。
- 第 5 行～第 9 行：分别声明流布局、网格布局、边界布局和卡片布局对象。
- 第 12 行～第 16 行：通过使用不同的构造方法创建流布局、网格布局、边界布局和卡片布局对象。
- 第 17 行～第 20 行：设置内容面板（pnlMain）的布局方式（对于同一个面板只能有一种布局方式有效）。
- 第 27 行～第 31 行：将 5 个按钮对象添加到内容面板（流布局和网格布局用）。
- 第 32 行～第 36 行：将 5 个按钮对象添加到内容面板（边界布局和卡片布局用）。

2. 编译并运行程序

保存并修正程序错误后，程序运行结果如图 5-8 所示。

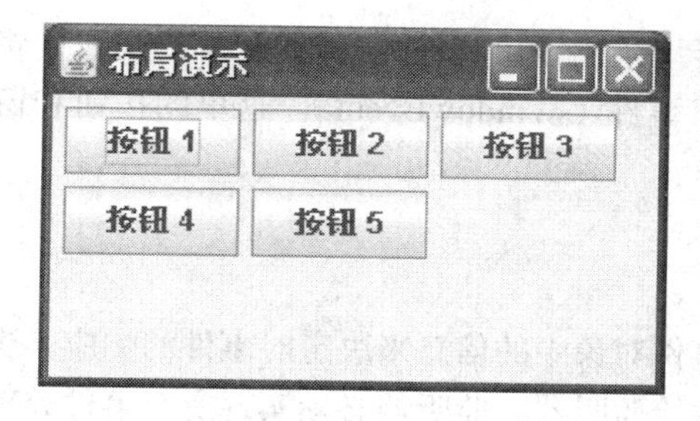

(a) 流布局

布局演示 按钮 1 按钮 2 按钮 3 按钮 4 按钮 5

(b) 网格布局

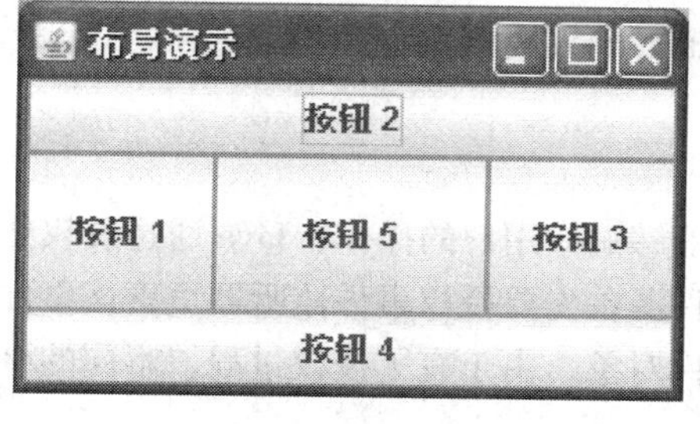

(c) 边界布局

(d) 卡片布局

图 5-8 组件布局

- 在调试程序时，请注意将相关代码进行注释。
- 请注意布局类型的选择与组件添加代码保持一致。
- 为了能够精确的对组件进行定位，可以使用空布局（但程序的移植性欠佳）。

5.5 事件处理

Java GUI 编程是事件驱动的，在事件驱动编程机制中，程序的执行顺序不是完全按照代码的编写顺序，而是根据事件（单击按钮或移动鼠标等）的发生决定程序代码的执行。

5.5.1 Java 事件模型

事件模型由事件、事件源和事件监听器 3 个部分组成，事件的响应通过委托模型来实现。

1. 事件

事件就是发生的事情。在日常生活中，当汽车行使到十字路口遇到红灯时，它必须停车。这里的交通灯由绿变红，就是一个事件，而司机需要停下开车去响应红灯事件。在 Java 中，用户通过键盘或鼠标与程序进行交互，用户每一次对 GUI 程序的操作，即产生一个事件，系统通知运行中的程序，程序对事件进行相应处理，完成与用户的交互。

在 Java 中，关于事件的信息是被封装在一个事件对象中的。所有的事件对象都是从 java.util.EventObject 类派生而来，如 ActionEvent 事件对象就是它的一个子类。

2. 事件源

事件源是产生事件的对象，不同的事件源会产生不同的事件。例如，单击按钮，将产生动作事件（ActionEvent）；关闭窗体，将产生窗口事件（WindowEvent）。这里的按钮和窗体就是事件源。

3. 事件监听器

事件监听器负责侦听事件的发生，并根据事件对象中的信息来决定对事件的响应。当事件发生时，创建适当类型的事件对象，该对象被传送给监听器，监听器必须实现所有事件处理方法的接口。一个事件源可以注册多个监听器，一个监听器也可以由多个事件源共享。监听器可用 addActionListener()方法添加，用 removeActionListener()方法删除。

4. Java 事件处理机制

应用程序界面设计好之后，还需要应用程序能够响应用户的操作，Java 通过授权处理机制来进行事件处理，授权处理机制如图 5-9 所示。事件源首先要授权事件监听器负责该事件源上事件的处理；用户的动作在事件源上可能产生多种事件对象，由于有了授权过程，不同的事件监听器会分别对不同的事件对象进行处理。

为了更好地理解 Java 的事件授权处理机制，我们可以看生活中的一个例子：一个组织内部可能会产生民事纠纷或刑事纠纷，为了能够处理好该组织的法律纠纷，该组织授权律师事务所，律师事务所委派律师甲和律师乙分别处理民事纠纷和刑事纠纷。以后，一旦该组织产生了民事纠纷，按照授权约定律师甲负责进行处理，而如果产生了刑事纠纷，律师乙应负责处理（一个事件源上可以产生多个事件对象）。这里的组织就是事件源，民事纠纷或刑事纠纷就是事件对象，律师事务

所就是事件监听器；律师甲和律师乙在为该组织服务的同时，也可以为其他组织服务（一个监听器可以为多个事件源服务）。

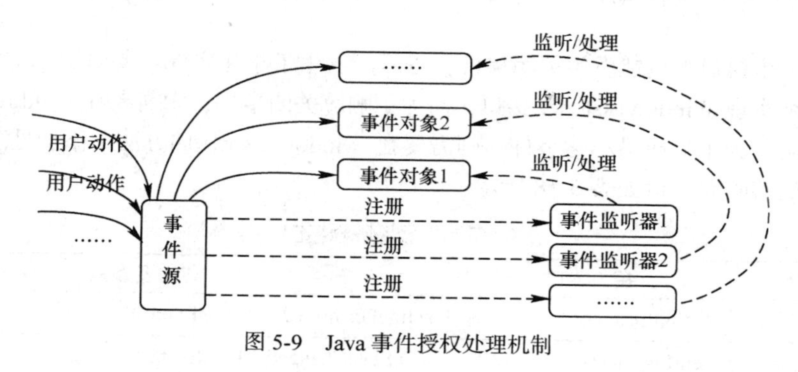

图 5-9　Java 事件授权处理机制

5.5.2　事件类型

与 AWT 有关的事件类都由 java.awt.AWTEvent 类派生，这些 AWT 事件分为两大类：低级事件和高级事件。低级事件是指基于组件和容器的事件，高级事件是基于语义的事件。Java AWT 事件名称及其行为如表 5-17 所示。

表 5-17　Java AWT 事件

事件类型	事件名称	触发行为
低级事件	ComponentEvent	组件事件，组件尺寸的变化和移动
	ContainerEvent	容器事件，组件增加和移动
	WindowEvent	窗口事件，关闭窗口、窗口活动和图标化
	FucousEvent	焦点事件，焦点的获得和丢失
	KeyEvent	键盘事件，键盘的按下和释放
	MouseEvent	鼠标事件，鼠标单击和移动
高级事件	ActionEvent	动作事件，按钮按下、TextField 中按下 Enter 键
	AdjustmentEvent	调节事件，在滚动条上移动滑块和调节数值
	ItemEvent	项目事件，选择列表框中项目
	TextEvent	文本事件，文本对象发生改变

说明

- Java 中的每类事件都有对应的事件监听器（接口），在进行事件处理时，需要实现对应的接口，即将接口中的所有方法重写。
- 授权与取消授权是通过注册和注销监听器来实现的，注册监听器使用 add<XXXListener>方法实现；注销监听器通过 remove<XXXListener>方法实现。

5.5.3　AWT 事件及其相应的监听器接口

为了能够编写好事件处理程序，必须了解 Java 中的事件类型以及对不同事件进行处理的接口

名，最重要的是要掌握各种接口中响应对应事件的方法名称。因为在编写事件时处理者需要实现事件对应的接口，也就是要重写接口中的每一个方法，以便对组件上产生的不同事件进行处理。

例如：在一个窗口上可能发生关闭事件，也可能发生最小化事件。要对窗口事件进行处理，事件处理者必须实现 WindowListener 接口；而为了响应关闭事件，则需要在 windowClosed()方法中添加处理代码；为了响应最小化事件，则需要在 windowIconfied()方法中添加处理代码。AWT 事件及其相应的监听器接口如表 5-18 所示。

表 5-18　　AWT 事件及监听器接口

事件类别	接　口	方法及参数
ActionEvent	ActionListener	actionPerformed（ActionEvent）
ItemEvent	ItemListener	itemStateChanged（ItemEvent）
AdjustmentEvent	AdjustmentListener	adjustmentValueChanged（adjustmentEvent）
ComponentEvent	ComponentListener	componentHidden（ComponentEvent）
		componentMoved（ComponentEvent）
		componentResized（ComponentEvent）
		componentShown（ComponentEvent）
MouseEvent	MouseListener	mouseClicked（MouseEvent）
		mouseEntered（MouseEvent）
		mouseExited（MouseEvent）
		mouseReleased（MouseEvent）
		mousePressed（MouseEvent）
	MouseMotionListener	mouseDragged（MouseEvent）
		mouseMoved（MouseEvent）
WindowEvent	WindowListener	windowActivated（WindowEvent）
		windowDeactivated（WindowEvent）
		windowOpened（WindowEvent）
		windowClosed（WindowEvent）
		windowClosing（WindowEvent）
		windowIconfied（WindowEvent）
		windowDeIconfied（WindowEvent）
KeyEvent	KeyListener	keyPressed（KeyEvent）
		keyReleased（KeyEvent）
		keyTyped（KeyEvent）
ContainerEvent	ContainerListener	componentAdded（containerEvent）
		componentRemoved（containerEvent）
TextEvent	TextListener	textValueChanged（TextEvent）
FocusEvent	FocusListener	focusGained（FocusEvent）
		focusLost（FocusEvent）

使用监听器（接口）的方法编写事件处理程序时，需要将所实现的接口中的方法重写，但有时只需要利用接口中的少数方法进行事件处理，Java 通过为 Listener 接口提供适配器类的形式简化事件处理代码。一般情况下，只对有一个以上方法的接口提供适配器，使用适配器进行事件处理时，只需要对特定的方法进行重写。Java.awt.event 包中定义的事件适配类包括以下几种。

- ComponentAdapter：组件适配器。
- ContainerAdapter：容器适配器。
- FocusAdapter：焦点适配器。
- KeyAdapter：键盘适配器。
- MouseAdapter：鼠标适配器。
- MouseMotionAdapter：鼠标移动适配器。
- WindowAdapter：窗口适配器。

- 只对有一个以上方法的接口提供适配器。
- 借助于适配器可以简化事件处理程序的代码量。
- 接口需要通过 implement 关键字实现，而适配器通过 extends 继承。

5.5.4　Swing 事件及其相应的监听器接口

Swing 的事件处理机制继续沿用 AWT 的事件处理机制，基本的事件处理使用 java.awt.event 包中的类实现，同时 javax.swing.event 包中增加了一些新的事件及其监听器接口。Swing 中事件源及对应事件监听器接口的关系如表 5-19 所示。

表 5-19　Swing 组件及监听器接口

组　件	接　口	所属的包
AbstractButton JTextField Timer JDirectoryPane	ActionListener	java.awt.event
JScrollBar	AdjustmentListener	java.awt.event
JComponent	AncestorListener	javax.swing.event
DefaultCellEditor	CellEditorListener	javax.swing.event
AbstractButton DefaultCaret JProgressBar JSlider JTabbedPane JViewport	ChangeListener	javax.swing.event
AbstractDocument	DocumentLiStener	javax.swing.event
AbstractButton JComboBox	ItemListener	java.awt.event
JList	ListSelectionListener	javax.swing.event
JMenu	MenuListener	javax.swing.event

续表

组　件	接　口	所 属 的 包
AbstractAction JComponent TableColumn	PropertyChangeListener	java.awt.event
JTree	TreeSelectionListener	javax.swing.event
JPopupMenu	WindowListener	

5.5.5　课堂案例 5——登录功能（动作事件）实现

【案例学习目标】　理解 Java 事件处理机制，掌握动作事件相关的接口及其方法，掌握实现事件监听接口编写事件处理程序的方法，能根据实际应用的需要编写动作事件处理程序。

【案例知识要点】　ActionListener 接口及其方法，继承动作事件接口编写事件监听类、组件和事件监听类的关联。

【案例完成步骤】

1. 编写程序

（1）在 Eclipse 环境中打开名称为 chap05 的项目。

（2）在 chap05 项目中打开名称为 FrmLogin 的类。

（3）在 FrmLogin.java 中补充事件处理的程序代码如下（粗斜体）：

```
1     import javax.swing.*;
2     import java.awt.*;
3     import java.awt.event.*;
4     public class  FrmLogin extends JFrame implements ActionListener{
5         JPanel  pnlLogin;
6         JButton  btnLogin,btnExit;
7         JLabel  lblUserName,lblPassword,lblLogo;
8         JTextField  txtUserName;
9         JPasswordField pwdPassword;
10        Dimension dsSize;
11        Toolkit toolkit=Toolkit.getDefaultToolkit();
12        public FrmLogin()    {
13            super("欢迎进入");
14            pnlLogin=new JPanel();
15            this.getContentPane().add(pnlLogin);
16            lblUserName=new JLabel("用户名(U):");
17            lblPassword=new JLabel("口令(P):");
18            txtUserName=new JTextField(20);
19            pwdPassword=new JPasswordField(20);
20            btnLogin=new JButton("登录(L)");
21            btnLogin.setToolTipText("登录到服务器");
22            btnLogin.setMnemonic('L');
```

```
23            btnExit=new JButton("退出(X)");
24            btnExit.setToolTipText("退出系统");
25            btnExit.setMnemonic('X');
26            btnLogin.addActionListener(this);
27            btnExit.addActionListener(this);
28            Font fontstr=new Font("宋体",Font.PLAIN,12);
29            lblUserName.setFont(fontstr);
30            txtUserName.setFont(fontstr);
31            lblPassword.setFont(fontstr);
32            pwdPassword.setFont(fontstr);
33            btnLogin.setFont(fontstr);
34            btnExit.setFont(fontstr);
35            lblUserName.setForeground(Color.BLACK);
36            lblPassword.setForeground(Color.BLACK);
37            btnLogin.setBackground(Color.ORANGE);
38            btnExit.setBackground(Color.ORANGE);
39            Icon logo1 = new ImageIcon("loginlogo.jpg");
40            lblLogo = new JLabel(logo1);
41            pnlLogin.add(lblLogo);
42            pnlLogin.add(lblUserName);
43            pnlLogin.add(txtUserName);
44            pnlLogin.add(lblPassword);
45            pnlLogin.add(pwdPassword);
46            pnlLogin.add(btnLogin);
47            pnlLogin.add(btnExit);
48            setResizable(false);
49            setSize(260,200);
50            setVisible(true);
51            dsSize=toolkit.getScreenSize();
52            setLocation(dsSize.width/2-this.getWidth()/2,
                      dsSize.height/2-this.getHeight()/2);
53            Image img=toolkit.getImage("appico.jpg");
54            setIconImage(img);
55        }
56        public void actionPerformed(ActionEvent ae){
57           if (ae.getSource()==btnLogin){
58               if ((txtUserName.getText().equals("admin")) &&
(pwdPassword.getText().equals("admin")))
59                   JOptionPane.showMessageDialog(null,"用户登录成功");
                 else
60                   JOptionPane.showMessageDialog(null,"用户名或者密码错误");
61           }
             if (ae.getSource()==btnExit)
62               System.exit(0);
63       }
64       public static void main(String args[]){
```

65	new FrmLogin();
66	}
67	}
68	
69	

【程序说明】

- 第 3 行：通过“import java.awt.event.*”引入事件处理相关的类。
- 第 4 行：通过“implements ActionListener”实现动作事件接口，使 FrmLogin 成为事件监听程序（自己进行监听）。
- 第 56 行～第 65 行：按照 Java 实现接口的机制，实现 ActionListener 接口，则需要将其中的 actionPerformed 方法重写，在该方法中分别对“登录”和“退出”按钮事件源进行判断和处理。
- 第 26 行～第 27 行：通过 addActionListener(this)方法完成事件监听的授权，这里的 this 代表 FrmLogin 本身。

2. 编译并运行程序

保存并修正程序错误后，程序运行结果如图 5-10 所示。如果输入用户名 admin 和密码 admin 后，单击“登录”按钮，程序提示登录成功，若输入的用户名或密码错误，程序会提示用户名或密码错误信息。单击“退出”按钮，则会退出程序。

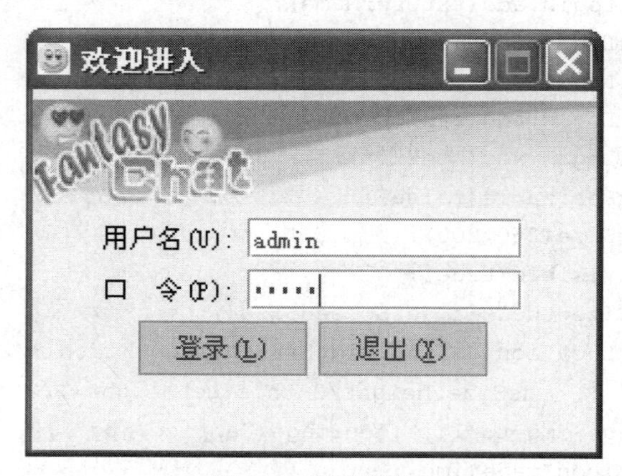

图 5-10　用户登录

事件监听程序的处理一般按以下 3 个步骤完成。

（1）编写事件监听类，动作事件需要实现 ActionListener 接口。

（2）在事件监听类中完成相关组件的事件处理逻辑（如“登录”按钮和“退出”按钮等）。

（3）完成事件处理类和组件的关联（使用 addXXXListener 方法）。

除了让当前类成为事件监听类外，也可以编写专门的事件监听类来完成动作事件的处理。例如，“课堂案例 5”中的事件处理部分也可以使用以下代码完成：

```
public class FrmLogin extends JFrame{
  …
   public FrmLogin(){
      …
      ActionClass ac=new ActionClass();//实例化事件处理类
```

```
        btnLogin.addActionListener(ac);
        btnExit.addActionListener(ac);
        …
    }
    //实现事件监听的内部类
    class ActionClass implements ActionListener{
        //重写 ActionListener 接口中的方法
        public void actionPerformed(ActionEvent ae){
            if (ae.getSource()==btnLogin){
                if ((txtUserName.getText().equals("admin")) && (pwdPassword.getText().
                    equals("admin")))
                    JOptionPane.showMessageDialog(null,"用户登录成功");
                else
                    JOptionPane.showMessageDialog(null,"用户名或者密码错误");
            }
            if (ae.getSource()==btnExit)
                System.exit(0);
        }
    }
}
```

说明

- 内部类是指书写在一个类的内部中的另一个类。
- 除了使用命名内部类作为事件监听类以外，还可以使用匿名内部类作为事件监听类。

在学习完组件布局和事件处理之后，我们总结一下 Java GUI 程序的一般过程。

（1）根据需要选择底层容器和内容面板。

（2）组件实例化后，将组件添加到指定容器。

（3）通过布局管理器对容器中的组件进行组织排列。

（4）编写事件处理程序，响应用户对组件的操作即事件的处理。

5.5.6　课堂案例 6——鼠标事件处理

如前所述，Java 中的事件除了动作事件以外，还有键盘事件和鼠标事件。其中键盘事件要实现的接口是 KeyListener，该接口中声明了 keyTyped、keyPressed 和 keyReleased 3 个方法，在事件监听程序中需要重写这些方法，以实现键盘处理功能。在鼠标事件中包括鼠标移动事件（MouseMotionListener）和鼠标点击事件（MouseListener）；这两个接口中的方法如表 5-18 所示。

另外，根据 Java 的事件处理机制，在编写事件监听程序时，除了可以实现事件监听接口之外，也可以通过继承事件监听适配器类（Java 为方法在一个以上的接口提供了适配器类）来实现。

【案例学习目标】　进一步理解 Java 事件处理机制，掌握鼠标事件相关的接口及其方法，掌握继承事件监听适配器类编写事件处理程序的方法，能根据实际应用的需要编写鼠标事件处理程序。

【案例知识要点】　MouseListener 接口及其方法、MouseMotionListener 接口及其方法、事件监听适配器类。

【案例完成步骤】

1. 编写程序

（1）在 Eclipse 环境中打开名称为 chap05 的项目。

（2）在 chap05 项目中新建名称为 MouseEventDemo 的类。

（3）编写完成的 MouseEventDemo.java 的程序代码如下：

```
1   import java.awt.*;
2   import java.awt.event.*;
3   import javax.swing.*;
4   public class MouseEventDemo extends MouseMotionAdapter{
5       JFrame frmMain;
6       int intX,intY;
7       JPanel pnlMain;
8       JLabel lblX,lblY;
9       JTextField txtX,txtY;
10      GridLayout glMain;
11      public MouseEventDemo(){
12          frmMain=new JFrame("鼠标事件演示");
13          pnlMain=new JPanel();
14          frmMain.getContentPane().add(pnlMain);
15          glMain=new GridLayout(2,2);
16          pnlMain.setLayout(glMain);
17          lblX=new JLabel("当前鼠标 X 坐标:");
18          lblY=new JLabel("当前鼠标 Y 坐标:");
19          txtX=new JTextField(5);
20          txtY=new JTextField(5);
21          pnlMain.add(lblX);
22          pnlMain.add(txtX);
23          pnlMain.add(lblY);
24          pnlMain.add(txtY);
25          frmMain.addMouseMotionListener(this);
26          frmMain.setSize(250,150);
27          frmMain.setVisible(true);
28      }
29      //重写 MouseMotionActionlistener 接口中指定方法
30      public void mouseMoved(MouseEvent me){
31          intX=me.getX();
32          intY=me.getY();
33          txtX.setText(String.valueOf(intX));
34          txtY.setText(String.valueOf(intY));
35      }
36      public static void main(String args[]){
37          new MouseEventDemo();
38      }
39  }
```

【程序说明】

- 第 4 行：通过继承 MouseMotionAdapter 适配器实现鼠标事件的监听，由于是继承适配器类，因此只需要重写指定的方法（这里为 mouseMoved）。
- 第 14 行：通过“frmMain.getContentPane().add(pnlMain)”语句，设置 pnlMain 为内容面板，该语句功能同“frmMain.setContentPane(pnlMain)”。
- 第 25 行：通过“frmMain.addMouseMotionListener(this)”实现鼠标事件的监听。
- 第 30 行～第 35 行：重写 MouseMotionActionlistener 接口中的 mouseMoved 方法，以实现对鼠标移动事件的处理。

2. 编译并运行程序

保存并修正程序错误后，程序运行后，移动鼠标的位置结果如图 5-11 所示。

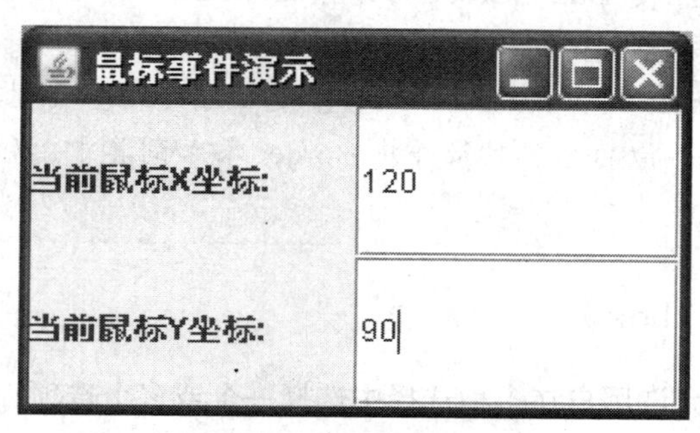

图 5-11　鼠标移动事件

- 请比较继承事件监听器类和实现事件监听接口的区别。
- 请比较 MouseMotionActionlistener 与 MouseActionlistener 的区别。

5.6 复杂 GUI 组件

5.6.1 复选框和单选按钮

1. 单选钮（JRadioButton）

单选按钮可以让用户进行选择或取消选择，与复选按钮可以选择多个选项不同，单选按钮每次只能选择其中一个选项。JRadioButton 对象与 ButtonGroup 对象配合使用可创建一组按钮，保证一次只能选择其中的一个按钮。JRadioButton 的构造方法如表 5-20 所示。

表 5-20　JRadioButton 类构造方法

方 法 名 称	方 法 功 能
JRadioButton()	使用空字符串标签创建一个单选钮（没有图像、未选定）
JRadioButton（Icon icon）	使用图标创建一个单选钮（没有文字、未选定）

续表

方法名称	方法功能
JRadioButton（Icon icon, boolean selected）	使用图标创建一个指定状态的单选钮（没有文字）
JRadioButton（String text）	使用字符串创建一个单选钮（未选定）
JRadioButton（String text, boolean selected）	使用字符串创建一个单选钮
JRadioButton（String text, Icon icon）	使用字符串和图标创建一个单选钮（未选定）
JRadioButton（String text, Icon icon, boolean selected）	使用字符串创建一个单选钮

- 通过创建一个 ButtonGroup 对象并使用 add 方法将 JRadioButton 对象包含在此按钮组中，即可保证多个单选按钮只能选择其中一个。
- ButtonGroup 对象为逻辑分组，不是物理分组。要创建按钮面板，仍需要创建一个 JPanel 或类似的容器对象并将 Border 添加到其中，以便将面板与周围的组件分开。

2. 复选框（JCheckbox）

复选框（JCheckbox）允许用户在多种选择中选择一个或多个选项，是一个可处于“开”（true）或“关”（false）状态的图形组件。单击复选框可将其状态从“开”更改为“关”，或从“关”更改为“开”。复选框的构造方法和常用方法如表 5-21 所示。

表 5-21　　JCheckBox 类构造方法和常用方法

方法类型	方法名称	方法功能
构造方法	JCheckBox()	使用空字符串标签创建一个复选框（没有图像、未选择）
	JCheckBox（Icon icon）	使用图标创建一个复选框（未选择）
	JCheckBox（Icon icon, boolean selected）	使用图标创建一个指定状态的复选框
	JCheckBox（String text）	使用字符串创建一个复选框（未选择）
	JCheckBox（String text, boolean selected）	使用字符串创建一个指定状态的复选框
	JCheckBox（String text, Icon icon）	同时使用字符串和图标创建一个复选框（未选择）
	JCheckBox（String text, Icon icon, boolean selected）	同时使用字符串和图标创建一个指定状态的复选框
常用方法	String getLabel()	获得此复选框的标签
	boolean getState()	确定此复选框是处于“开”状态，还是处于“关”状态
	void setLabel（String label）	将此复选框的标签设置为字符串参数
	void setState（boolean state）	将此复选框的状态设置为指定状态

5.6.2 列表框和组合框

1. 列表框（JList）

列表框显示一系列选项，用户可以从中选择一项或多项。列表框支持滚动条，可以浏览多项。使用列表框可以减少用户的输入工作，为用户提供一种方便快捷的操作方式。JList 的构造方法和常用方法如表 5-22 所示。

表 5-22 JList 类构造方法和常用方法

方法类型	方法名称	方法功能
构造方法	JList()	构造一个使用空模型的 JList
	JList（ListModel dataModel）	构造一个 JList，使其使用指定的非 null 模型显示元素
	JList（Object[] listData）	构造一个 JList，使其显示指定数组中的元素
	JList（Vector<?> listData）	构造一个 JList，使其显示指定 Vector 中的元素
常用方法	void clearSelection()	清除选择内容，isSelectionEmpty 将返回 true
	void setSelectionMode（int selectionMode）	确定允许单项选择还是多项选择
	void setSelectedIndex（int index）	选择单个单元
	void setListData（Object[] listData）	根据一个 object 数组构造 ListModel，然后对其应用 setModel

使用 AWT 的 List 类，相对 Swing 的 JList 类要简单一些，读者可以自行通过 API 查看 List 类的用法。

2. 组合框（JComboBox）

Swing 中使用 JComboBox 类来表示组合框组件。组合框的功能类似于列表框，但与列表框只能选择不同，组合框还提供一个文本框以进行文本的编辑。通常情况下，可以认为组合框是由“文本框＋列表框”组成，并且相对列表框来说，可以节约屏幕的空间。

缺省情况下，组合框是不可编辑的，用户只能选择一个项目。如果将组合框声明为可编辑的话，用户也可以在文本框中直接输入自己的数据。组合框的构造方法和常用方法如表 5-23 所示。

表 5-23 JComboBox 类构造方法和常用方法

方法类型	方法名称	方法功能
构造方法	JComboBox()	构造一个缺省模式的组合框
	JComboBox（Object[] items）	通过指定数组构造一个组合框
	JComboBox（Vector items）	通过指定向量构造一个组合框
	JComboBox（ComboBoxModel aModel）	通过一个 ComBox 模式构造一个组合框

续表

方法类型	方法名称	方法功能
常用方法	int getItemCount()	返回组合框中项目的个数
	int getSelectedIndex()	返回组合框中所选项目的索引
	Object getSelectedItem()	返回组合框中所选项目的值
	boolean isEditable()	检查组合框是否可编辑
	void removeAllItems()	删除组合框中所有项目
	void removeItem（Object anObject）	删除组合框中指定项目
	void setEditable（boolean aFlag）	设置组合框是否可编辑
	void setMaximumRowCount（int count）	设置组合框显示的最多行数

5.6.3 课堂案例 7——创建字体设置界面

【案例学习目标】 掌握 JRadioButton、JCheckBox、JList（List）、JComboBox 的特点和使用，能根据实际应用合理选择组件。

【案例知识要点】 JRadioButton、JCheckBox、JList（List）、JComboBox 的常用方法。

【案例完成步骤】

1．编写程序

（1）在 Eclipse 环境中打开名称为 chap05 的项目。

（2）在 chap05 项目中新建名称为 SetFont 的类。

（3）编写完成的 SetFont.java 的程序代码如下：

```
1   import javax.swing.*;
2   import java.awt.*;
3   public class SetFont extends JFrame{
4       JPanel pnlMain;
5       JLabel lblSize,lblType,lblTest;
6       JRadioButton rbtnRed,rbtnGreen;
7       JCheckBox chkBold,chkItalic;
8       JButton btnExit;
9       ButtonGroup grpColor;
10      List lstSize;
11      JComboBox cmbType;
12      String[] strType={"宋体","隶书","楷体_GB2312","仿宋_GB2312"};
13      public SetFont(){
14          super("字体设置器");
15          lblType=new JLabel("请选择字体");
16          lblSize=new JLabel("请选择字形");
17          lstSize=new List();
18          for (int i=10;i<30;i+=2)
19              lstSize.add(String.valueOf(i));
```

```
20          lstSize.select(0);
21          cmbType=new JComboBox(strType);
22          cmbType.setSelectedIndex(0);
23          grpColor=new ButtonGroup();
24          rbtnRed=new JRadioButton("红色");
25          grpColor.add(rbtnRed);
26          rbtnRed.setSelected(true);
27          rbtnGreen=new JRadioButton("绿色");
28          grpColor.add(rbtnGreen);
29          chkBold=new JCheckBox("加粗");
30          chkItalic=new JCheckBox("倾斜");
31          lblTest=new JLabel("这是测试文字");
32          lblTest.setBorder(BorderFactory.createBevelBorder(1));
33          btnExit=new JButton("退出");
34          pnlMain=new JPanel();
35          //添加组件到面板
36          pnlMain.add(lblType);
37          pnlMain.add(cmbType);
38          pnlMain.add(lblSize);
39          pnlMain.add(lstSize);
40          pnlMain.add(rbtnRed);
41          pnlMain.add(rbtnGreen);
42          pnlMain.add(chkBold);
43          pnlMain.add(chkItalic);
44          pnlMain.add(lblTest);
45          pnlMain.add(btnExit);
46          this.setContentPane(pnlMain);
47          setSize(250,200);
48          setVisible(true);
49      }
50      public static void main(String args[]){
51          new SetFont();
52      }
53  }
```

【程序说明】

- 第 4 行～第 11 行：声明各种组件对象。
- 第 12 行：声明一个字符串数组来保存各种字体。
- 第 18 行～第 19 行：通过一个 For 循环，构造字型大小列表，添加到列表框 lstSize 中。
- 第 20 行：使用 List 的 select 方法，设置默认选择第 1 项（索引为 0）。
- 第 21 行～第 22 行：创建组合框对象，并应用 setSelectedIndex 方法设置默认选择组合框的第 1 项（索引为 0）。
- 第 23 行：使用 ButtonGroup 类创建按钮组对象。
- 第 25 行，第 28 行：使用 ButtonGroup 的 add 方法将按钮添加到按钮组。

- 第 29 行，第 30 行：创建复选框对象 chkItalic 和 chkBold。
- 第 32 行：通过组件的 setBorder 方法为标签设置边框。

2. 编译并运行程序

保存并修正程序错误后，程序运行后的结果如图 5-12 所示。

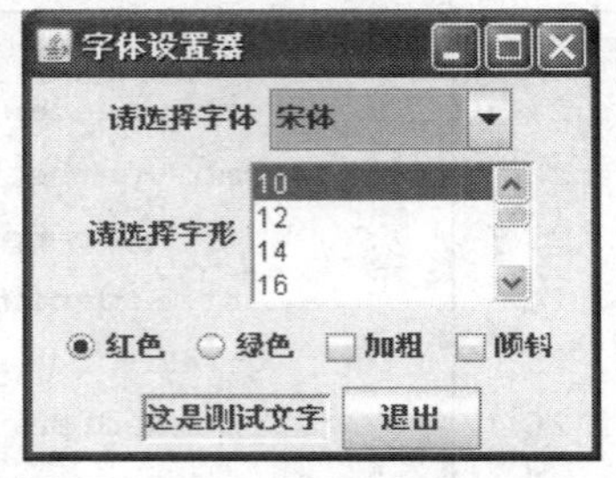

图 5-12　字体设置设器

- 列表框或组合框是选择 AWT 组件，还是 Swing 组件，请根据使用方便程度进行选择。
- 由于篇幅所限，本案例中没有添加事件处理代码，请读者参阅所附资源。

5.6.4 菜单和工具栏

1. 菜单栏

在一个典型的窗口中除了拥有内容面板外，还可以有菜单和工具栏。菜单一般放在顶层容器的顶部。要添加菜单，需要首先创建一个菜单栏对象（JMenubar），再创建菜单对象（JMenu）放入菜单栏中，然后向菜单里增加选项（JMenuItem）。

在 Swing 中使用 JMenuBar 类实现菜单栏，通过将菜单(JMenu)对象添加到菜单栏(JMenuBar)可以构造应用程序菜单。当用户选择菜单（JMenu）对象时，就会打开其关联的下拉菜单，允许用户选择下拉菜单中的某一菜单项以完成指定操作。JMenuBar 构造方法为 JMenuBar()，JMenuBar 的常用方法如表 5-24 所示。

2. 下拉菜单

JMenu 类用来实现菜单。菜单（JMenu）是一个包含菜单项（JMenuItem）的弹出窗口，用户选择菜单栏（JMenuBar）上的选项时会显示该菜单项（JMenuItem）。除 JMenuItem 之外，JMenu 还可以包含分隔条（JSeparator）。

JMenu 的构造方法和常用方法如表 5-25 所示。

表 5-24　　JMenuBar 类常用方法

方法名称	方法功能
JMenu getMenu（int index）	返回菜单栏中指定位置的菜单
int getMenuCount()	返回菜单栏上的菜单数
void paintBorder（Graphics g）	如果 BorderPainted 属性为 true，则绘制菜单栏的边框
void setBorderPainted（boolean b）	设置是否应该绘制边框
void setHelpMenu（JMenu menu）	设置用户选择菜单栏中的“帮助”选项时显示的帮助菜单
void setMargin（Insets m）	设置菜单栏的边框与其菜单之间的空白
void setSelected（Component sel）	设置当前选择的组件，更改选择模型

表 5-25　　JMenu 类构造方法和常用方法

方法类型	方法名称	方法功能
构造方法	JMenu()	构造一个没有文本的新 JMenu
	JMenu（Action a）	构造一个从提供的 Action 获取其属性的菜单
	JMenu（String s）	构造一个新 JMenu，用提供的字符串作为其文本
	JMenu（String s, boolean b）	构造一个新 JMenu，用提供的字符串作为其文本并指定其是否为分离式（tear-off）菜单
常用方法	Void add()	将组件或菜单项追加到此菜单的末尾
	void addMenuListener（MenuListener l）	添加菜单事件的监听器
	void addSeparator()	将新分隔符追加到菜单的末尾
	void doClick（int pressTime）	以编程方式执行“单击”
	JMenuItem getItem（int pos）	返回指定位置的 JMenuItem
	int getItemCount()	返回菜单上的项数，包括分隔符
	JMenuItem insert（Action a, int pos）	在给定位置插入连接到指定 Action 对象的新菜单项
	JMenuItem insert（JMenuItem mi, int pos）	在给定位置插入指定的 JMenuitem
	void insert（String s, int pos）	在给定的位置插入一个具有指定文本的新菜单项
	void insertSeparator（int index）	在指定的位置插入分隔符
	boolean isSelected()	如果菜单是当前选择的（即突出显示的）菜单，则返回 true
	void remove()	从此菜单移除组件或菜单项
	void removeAll()	从此菜单移除所有菜单项
	void setDelay（int d）	设置菜单的 PopupMenu 向上或向下弹出前建议的延迟
	void setMenuLocation（int x, int y）	设置弹出组件的位置

3. 菜单项

JMenuItem 用来实现菜单中的选项。菜单项本质上是位于列表中的按钮，当用户选择“按钮”时，将执行与菜单项关联的操作。JMenuItem 的构造方法和常用方法如表 5-26 所示。

表 5-26　　JMenuItem 类构造方法和常用方法

方法类型	方法名称	方法功能
构造方法	JMenuItem()	创建不带有设置文本或图标的 JMenuItem
	JMenuItem（Action a）	创建一个从指定的 Action 获取其属性的菜单项
	JMenuItem（Icon icon）	创建带有指定图标的 JMenuItem
	JMenuItem（String text）	创建带有指定文本的 JMenuItem
	JMenuItem（String text, Icon icon）	创建带有指定文本和图标的 JMenuItem
	JMenuItem（String text, int mnemonic）	创建带有指定文本和键盘助记符的 JMenuItem
常用方法	boolean isArmed()	返回菜单项是否被“调出”
	void setArmed（boolean b）	将菜单项标识为“调出”
	void setEnabled（boolean b）	启用或禁用菜单项

4. 工具栏

工具栏是窗口中提供的一种快捷操作的功能区，可以通过单击工具栏上的按钮，得到快捷的功能，Swing 中通过 JToolBar 类提供这种功能。JToolBar 的构造方法和常用方法如表 5-27 所示。

表 5-27 JToolBar 类构造方法和常用方法

方法类型	方法名称	方法功能
构造方法	JToolBar()	创建一个默认为水平方向的工具栏
	JToolBar（int orientation）	创建一个指定方向的工具栏
	JToolBar（String name）	创建一个指定名称的工具栏
	JToolBar（String name, int orientation）	创建一个指定名称和指定方向的工具栏
常用方法	JButton add（Action a）	添加一个指派操作的新的 JButton
	void addSeparator()	将分隔符追加到工具栏的末尾
	void setMargin（Insets m）	设置工具栏边框和它的按钮之间的空白
	void setOrientation（int o）	设置工具栏的方向
	void setRollover（boolean rollover）	设置此工具栏的 rollover 状态

5.6.5 课堂案例 8——完善程序主窗口

【案例学习目标】 掌握菜单的使用方法，掌握工具栏的使用方法，会利用菜单和工具构造应用程序主界面。

【案例知识要点】 JMenuBar 的常用方法、JMenu 的常用方法、JMenuItem 的常用方法、JToolBar 的常用方法。

【案例完成步骤】

1. 编写程序

（1）在 Eclipse 环境中打开名称为 chap05 的项目。

（2）在 chap05 项目中新建名称为 FrmServer 的类。

（3）编写完成的 FrmServer.java 的程序代码如下：

```
1  import javax.swing.*;
2  import java.awt.*;
3  public class FrmServer extends JFrame{
4     JMenuBar mbMain;
5     JMenu mnuServer,mnuHelp;
6     JMenuItem mnuiStart,mnuiStop,mnuiExit,mnuiContent,mnuiIndex,mnuiAbout;
      JToolBar tbMain;
7     public FrmServer(){
8        super("Happy 聊天服务器");
         mbMain=new JMenuBar();
```

```
9      mnuServer=new JMenu("服务器(S)");
10     mnuHelp=new JMenu("帮助(H)");
11     mnuServer.setMnemonic('S');
12     mbMain.add(mnuServer);
13     mbMain.add(mnuHelp);
14     mnuiStart=new JMenuItem("启动");
15     mnuiStop=new JMenuItem("停止");
16     mnuiExit=new JMenuItem("退出");
17     mnuServer.add(mnuiStart);
18     mnuServer.addSeparator();
19     mnuServer.add(mnuiStop);
20     mnuServer.addSeparator();
21     mnuServer.add(mnuiExit);
22     Icon icnContent=new ImageIcon("help.gif");
23     mnuiContent=new JMenuItem("目录",icnContent);
24     mnuiIndex=new JMenuItem("索引");
25     mnuiAbout=new JMenuItem("关于[Happy]…");
26     mnuHelp.add(mnuiContent);
27     mnuHelp.add(mnuiIndex);
28     mnuHelp.add(mnuiAbout);
29     setJMenuBar(mbMain);
30     tbMain=new JToolBar();
31     JButton btnNew=null;
32     btnNew=makeButton("new","新建一个文件");
33     tbMain.add(btnNew);
34     JButton btnOpen=null;
35     btnOpen=makeButton("open","打开一个文件");
36     tbMain.add(btnOpen);
37     JButton btnSave=null;
38     btnSave=makeButton("save","保存一个文件");
39     tbMain.add(btnSave);
40     JPanel pnlMain=new JPanel(new BorderLayout());
41     setContentPane(pnlMain);
42     pnlMain.add(tbMain,BorderLayout.PAGE_START);
43     setSize(250,200);
44     setVisible(true);
45     setDefaultCloseOperation(JFrame.EXIT_ON_CLOSE);
46   }
47   //构造工具栏按钮方法
48   JButton makeButton(String strImage,String txtToolTip){
49     String strLocation = strImage+ ".gif";
50     //初始化工具按钮
51     JButton btnTemp = new JButton();
52     //设置提示信息
53     btnTemp.setToolTipText(txtToolTip);
```

```
54          btnTemp.setIcon(new ImageIcon(strLocation));
55          return btnTemp;
56      }
57      public static void main(String args[]){
58          new FrmServer();
59      }
60  }
61
```

【程序说明】

- 第 4 行～第 7 行：声明各种组件对象（菜单栏、菜单、菜单项和工具栏）。
- 第 9 行：创建菜单栏对象 mbMain。
- 第 30 行：使用框架的 setJMenuBar 方法将菜单栏 mbMain 设置为框架的主菜单栏。
- 第 10 行～第 11 行：创建菜单对象 mnuServer 和 mnuHelp。
- 第 12 行：设置 mnuServer 菜单的快捷键为 S。
- 第 13 行～第 14 行：将 mnuServer 和 mnuHelp 菜单添加到菜单栏 mbMain 上。
- 第 15 行～第 17 行：创建 Server 菜单下的 3 个菜单项。
- 第 18 行～第 22 行：将菜单项添加到 mnuServer 菜单，包括使用 JMenu 类的 addSeparator 方法添加的两个分隔符（第 19 行和第 21 行）。
- 第 23 行：创建用于“目录”菜单项前显示的图标。
- 第 24 行～第 29 行：创建 Help 菜单下的 3 个菜单项并添加到 Help 菜单，其中“目录”菜单项前带有图标。
- 第 31 行：创建工具栏对象 tbMain。
- 第 33 行～第 40 行：通过 makeButton 方法构造工具栏上的 3 个按钮，并将按钮添加到工具栏对象 tbMain 上。
- 第 42 行：将工具栏对象 tbMain 添加到内容面板 pnlMain 上。
- 第 49 行～第 57 行：通过按钮的图标文件和工具提示文本两个参数创建工具栏上的按钮对象。

2. 编译并运行程序

保存并修正程序错误后，程序运行后的结果如图 5-13 所示。

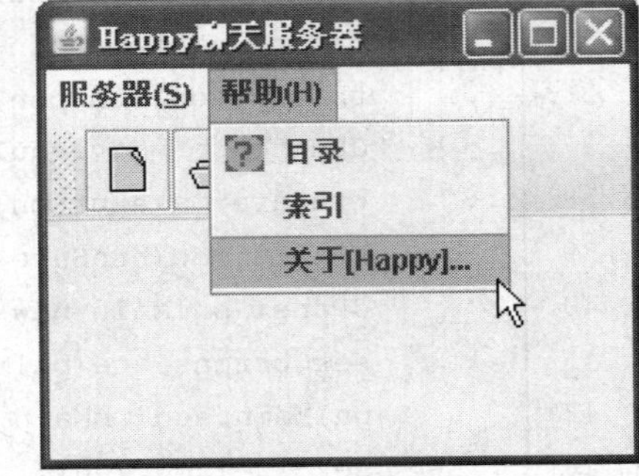

图 5-13　Happy 聊天服务器主界面

- JMenuBar 通过 add()方法将 JMenu 添加到菜单栏上，JMenu 通过 add()方法将 JMenuItem 或子 JMenu 添加到下拉菜单上，JFrame 通过 setJMenuBar()方法将指定菜单栏设置为主菜单。
- 工具栏要添加到框架的内容面板上，并且工具栏对应的图标文件要和类文件在同一文件夹中。
- 由于篇幅所限，本案例中没有添加事件处理代码，请读者参阅所附资源。

5.7 高级 GUI 组件

5.7.1 对话框

Java 桌面程序中简单的对话框可以使用 Swing 中的 JOptionPane 类来实现，JOptionPane 类中包含了许多方法，这些方法都是 showXXXDialog 格式，使用不同的方法可以得到不同类型的对话框，这些方法如表 5-28 所示。同时，JOptionPane 中有许多的参数，其中 messageType 用来定义信息类型，可以使用的常量如表 5-22 所示；optionType 用来定义在对话框上的操作按钮，可以使用的常量如表 5-29 所示。当用户单击对话框上的按钮后，将返回一个整数，返回值常量如表 5-29 所示。

表 5-28　对话框类型和信息类型

类　型	名　称	含　义
对话框类型	showConfirmDialog	获得一个用户确认的对话框
	showInputDialog	可以接收用户输入的对话框
	showMessageDialog	向用户提供相关信息的对话框
	showOptionDialog	综合上面 3 种应用的对话框
消息类型	ERROR_MESSAGE	错误消息
	INFORMATION_MESSAGE	提示消息
	WARNING_MESSAGE	警告消息
	QUESTION_MESSAGE	问题消息
	PLAIN_MESSAGE	普通消息

表 5-29　操作按钮类型和返回值类型

类　型	名　称	含　义
操作按钮	DEFAULT_OPTION	默认的操作按钮
	YES_NO_OPTION	有 yes 和 no 按钮
	YES_NO_CANCEL_OPTION	有 yes、no 和 cancel 按钮
	OK_CANCEL_OPTION	有 ok 和 cancel 按钮
返回的按钮	YES_OPTION	单击的是 yes 按钮
	NO_OPTION	单击的是 no 按钮
	CANCEL_OPTION	单击的是 cancel 按钮
	OK_OPTION	单击的是 ok 按钮
	CLOSED_OPTION	单击的是关闭按钮

常见的对话框如图 5-14 所示。

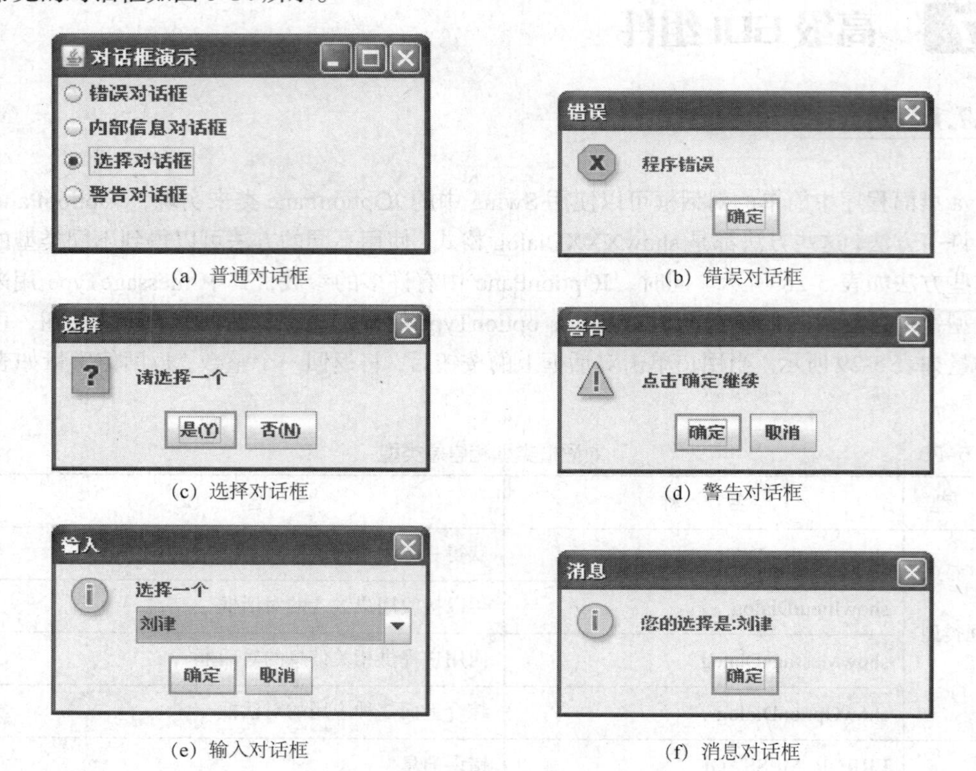

(a) 普通对话框　(b) 错误对话框　(c) 选择对话框　(d) 警告对话框　(e) 输入对话框　(f) 消息对话框

图 5-14　常用对话框

5.7.2　表格

1. 表格概述

JTable 是用来显示和编辑规则的二维单元表。JTable 有很多用来自定义其外观和编辑的方法，通过这些方法可以轻松地设置简单表。同时还提供了这些功能的默认设置。例如，要设置一个 10 行 10 列的表，可以使用如下代码：

```
TableModel dataModel = new AbstractTableModel()
{
   public int getColumnCount() { return 10; }
   public int getRowCount() { return 10;}
   public Object getValueAt(int row, int col)
   { return new Integer(row*col); }
};
JTable table = new JTable(dataModel);
JScrollPane scrollpane = new JScrollPane(table);
```

设计使用 JTable 的应用程序时，要严格注意用来表示表数据的数据结构。通常借助于 DefaultTableModel 来实现，它使用一个 Vector 来存储所有单元格的值。该 Vector 由包含多个

Object 的 Vector 组成。除了将数据从应用程序复制到 DefaultTableModel 中之外，还可以通过 TableModel 接口的方法来包装数据，这样可将数据直接传递到 JTable，这样通常可以提高应用程序的效率，因为模型可以自由选择最适合数据的内部表示形式。到底使用 AbstractTableModel 还是使用 DefaultTableModel 呢？我们认为：在需要创建子类时使用 AbstractTableModel 作为基类，在不需要创建子类时则使用 DefaultTableModel。

JTable 使用唯一的整数来引用它所显示的模型的行和列。JTable 只是采用表格的单元格范围，并在绘制时使用 getValueAt（int, int）从模型中检索值。

默认情况下，在 JTable 中对列进行重新安排，这样在视图中列的出现顺序与模型中列的顺序不同。当表中的列重新排列时，JTable 在内部保持列的新顺序，并在查询模型前转换其列的索引。 因此编写 TableModel 时，不必监听列的重排事件。

JTable 的构造方法和常用方法如表 5-30 所示。

表 5-30　　JTable 类构造方法

方 法 类 型	方法名称	方法功能
构造方法	JTable()	构造默认的 JTable，使用默认的数据模型、列模型和选择模型对其进行初始化
	JTable（int numRows, int numColumns）	使用 DefaultTableModel 构造具有空单元格的 numRows 行和 numColumns 列的 JTable
	JTable（Object[][] rowData, Object[] columnNames）	构造 JTable，用来显示二维数组 rowData 中的值，其列名称为 columnNames
	JTable（TableModel dm）	构造 JTable，使用 dm 作为数据模型，使用默认的列模型和选择模型对其进行初始化
	JTable（TableModel dm, TableColumnModel cm）	构造 JTable，使用 dm 作为数据模型，cm 作为列模型和默认的选择模型对其进行初始化
	JTable（TableModel dm, TableColumnModel cm, ListSelectionModel sm）	构造 JTable，使用 dm 作为数据模型，cm 作为列模型和 sm 作为选择模型对其进行初始化
	JTable（Vector rowData, Vector columnNames）	构造 JTable，用来显示 Vectors 的 Vector（rowData）中的值，其列名称为 columnNames
常用方法	void addColumn（TableColumn aColumn）	将 aColumn 追加到此 JTable 的列模型所保持的列数组的结尾
	void addColumnSelectionInterval（int index0, int index1）	将从 index0 到 index1（包含）之间的列添加到当前选择中
	void clearSelection()	取消选中所有已选定的行和列
	void setPreferredScrollableViewportSize（Dimension size）	设置此表视口的首选大小

2. AbstractTableModel 类

在应用 JTable 时，常常要用到 AbstractTableModel 类，AbstractTableModel 类的常用方法如表 5-31 所示。

表 5-31 AbstractTableModel 类常用方法

方 法 名 称	方 法 功 能
int getRowCount()	返回表格中的行数
int getColumnCount()	返回表格中的列数
Object getValueAt（int row, int column）	返回指定单元格的值
isCellEditable（int rowIndex, int columnIndex）	检查指定单元格是否可编辑
setValueAt（Object aValue, int rowIndex, int columnIndex）	设置指定单元格的值

5.7.3 课堂案例 9——查看用户登录信息

【案例学习目标】 掌握表格的创建和使用方法，能选择合适的方式填充表格内容。
【案例知识要点】 JTable 的构造方法、JTable 的常用方法、创建表格、填充表格。
【案例完成步骤】

1. 编写程序

（1）在 Eclipse 环境中打开名称为 chap05 的项目。
（2）在 chap05 项目中新建名称为 FrmHistory 的类。
（3）编写完成的 FrmHistory.java 的程序代码如下：

```
1  import javax.swing.*;
2  import java.awt.*;
3  public class FrmHistory extends JFrame{
4    final String[] strColumn = {"编号", "用户名","登录 IP","登录时间"};
5    final Object[][] objData ={
6        {new Integer(1), "liuzc", "61.187.98.4","2010-1-18" },
7        {new Integer(2), "ningyz", "214.11.12.24","2010-1-18"},
8        {new Integer(3), "liuj", "61.187.98.9","2010-1-18" },
9        {new Integer(4), "wangym", "212.184.12.6", "2010-1-19"},
10       {new Integer(5), "zhaoar", "192.168.0.12","2010-2-18"},
11       {new Integer(6), "liux", "200.168.12.34","2010-2-18" },
12       {new Integer(7), "liux", "200.168.12.34","2010-2-21" },
13       {new Integer(8), "liufz", "192.168.0.8","2010-2-22" }
14   };
15   public FrmHistory(){
16       super("用户登录信息");
17       JTable tblHistory = new JTable(objData,strColumn);
18       JScrollPane scrollpane = new JScrollPane(tblHistory);
19       getContentPane().add(scrollpane,BorderLayout.CENTER);
20       setSize(400,150);
21       setVisible(true);
```

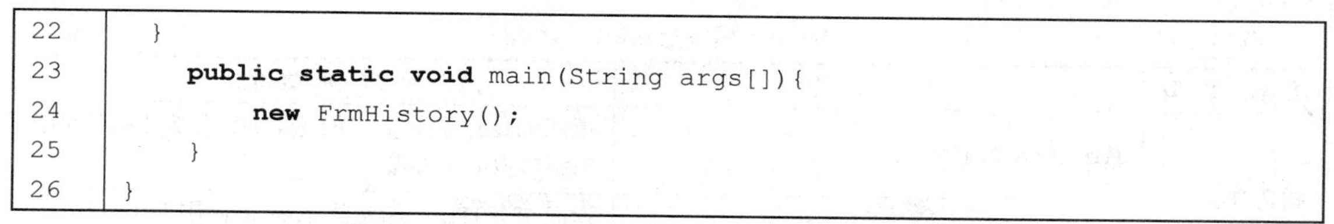

```
22      }
23      public static void main(String args[]){
24          new FrmHistory();
25      }
26  }
```

【程序说明】

- 第 4 行：通过一个字符串数组初始化表格的标题。
- 第 5 行～第 14 行：通过一个二维数组初始化表格中的数据。
- 第 17 行：使用表格标题（strColumn）和表格内数据（objData）两个参数创建表格对象。
- 第 18 行：以表格为构造参数创建一个滚动面板对象。
- 第 19 行：将滚动面板添加到框架的内容面板上。

2. 编译并运行程序

保存并修正程序错误后，程序运行后的结果如图 5-15 所示。

用户登录信息

编号	用户名	登录IP	登录时间
1	liuzc	61.187.98.4	2010-1-18
2	ningyz	214.11.12.24	2010-1-18
3	liuj	61.187.98.9	2010-1-18
4	wangym	212.184.12.6	2010-1-19
5	zhaoar	192.168.0.12	2010-2-18
6	liux	200.168.12.34	2010-2-18

图 5-15　FrmHistory 运行结果

说明

- 如果要在单独的视图中（在 JScrollPane 外）使用 JTable 并显示表标题，可以使用 getTableHeader()方法。
- 使用 JTable（Object[][] rowData, Object[] columnNames）还是 JTable（TableModel dm）构造方法构造表格，根据编程的实际需要进行选择。
- 表格的其他操作可以使用 JTable 类的相关方法完成。
- 可以从数据库获取取相关数据按以上方式填写到表格中显示。

5.7.4　树

使用 JTree 类，可以构造树状图展现一个层次关系分明的一组数据，给用户一个直观而易用的感觉。JTree 的主要功能是把数据按照树状进行显示，其数据来源于其他对象。在使用 JTree 时，借助于 DefaultMutableTreeNode 为检查和修改节点的父节点和子节点提供操作，也为检查节点所属的树提供操作，一个树节点最多可以有一个父节点，0 或多个子节点。JTree 的构造方法和常用方法如表 5-32 所示。

表 5-32　　JTree 的构造方法和常用方法

方法类型	方法名称	方法功能
构造方法	JTree（Object[] value）	返回 JTree，指定数组的每个元素作为不被显示的新根节点的子节点
	JTree（TreeNode root）	返回一个 JTree，指定的 TreeNode 作为其根，它显示根节点
常用方法	void addSelectionRow（int row）	将指定行处的路径添加到当前选择
	void cancelEditing()	取消当前编辑会话
	void collapseRow（int row）	确保指定行中的节点是折叠的
	void clearSelection()	清除该选择
	void collapseRow（int row）	确保指定行中的节点是折叠的
	void expandRow（int row）	确保指定行中的节点展开，并且可查看
	TreePath getEditingPath()	返回当前正在编辑的元素的路径
	int getRowCount()	返回当前显示的行数
	int getSelectionCount()	返回选择的节点数
	void setToggleClickCount（int clickCount）	在节点展开或关闭之前，设置鼠标单击数
	void setEditable（boolean flag）	确定树是否可编辑
	void setVisibleRowCount（int newCount）	设置要显示的行数

说明

- 树的使用请参阅所附资源 chap05\TreeDemo.java 文件。

5.8 Applet 程序

Java Applet 是用 Java 语言编写的一些小应用程序，这些程序直接嵌入到页面中，由支持 Java 的浏览器（IE 或 Nescape）解释执行。当用户访问这样的网页时，Applet 被下载到用户的计算机上执行。

由于浏览器只能执行 HTML 代码，加载和执行 Applet 的标签必须加入到 HTML 代码。当浏览器遇到这类代码时，它加载和执行此 Applet。可以加载 Applet 到任何 HTML 文件，HTML 和 Applet 都在浏览器内执行，但 HTML 不支持动态内容，通过加载 Applet 到 HTML 代码可以弥补这一缺憾，使 Web 页面是可交互的。

相对于其他类似技术，Applet 有其自身的特点，主要表现在以下几个方面。

- Applet 的下载和执行由浏览器自动完成，在 Web 客户端不需要安装任何软件，这使得 Applet 的使用非常简单方便。
- Applet 能够产生比静态图像更丰富多彩的效果，而且支持客户端与 Web 服务器的交互，具有动态执行能力。
- Applet 运行在客户端计算机上，它的执行速度不受网络速度的限制，用户可以更好地欣

赏 Applet 产生的多媒体效果。

- Applet 比使用 ActiveX 编写的 Web 插件更安全，几乎无法利用 Applet 编写攻击客户端的恶意代码，因为 Applet 运行在“沙箱”安全模型中。

5.8.1　Applet 生命周期

Applet 可以通过继承 java.swing 包中的 JApplet 类来创建，并实现自己的方法。Applet 的生命周期包括初始化、开始、停止和撤销 4 个阶段，每一个生命周期的转换分别通过方法 init（初始化）、start（开始）、stop（停止）和 destroy（撤销）来实现，Applet 的生命周期和方法调用如图 5-16 所示。

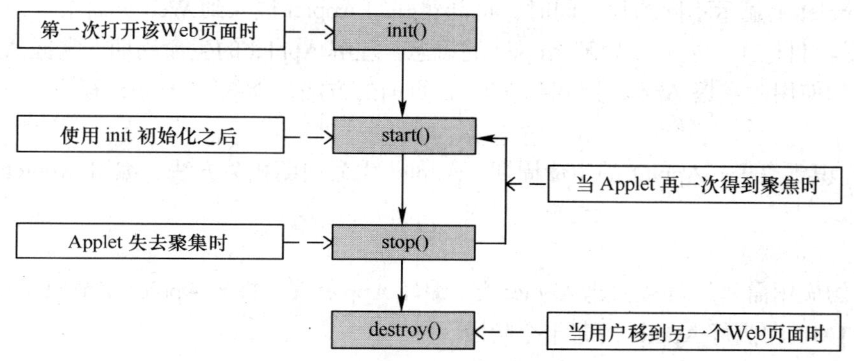

图 5-16　改变 Applet 生命周期的方法

一个 Applet 通过继承 JApplet 类并重载 init()、start()、stop()、destroy()和 paint()方法来实现，其基本代码结构可以表示为：

```
import java.swing.*;
public class MyApplet extends JApplet
{
    public void init ( ) {…}
    public void start ( ) {…}
    public void stop ( ) {…}
    public void destroy ( ) {…}
    public void paint (Graphics g) {…}
}
```

（1）init 方法。

init 方法在 Applet 第一次加载到主存储器时被调用。在 init 方法中，可以初始化变量，创建线程，也可以加入控件到 Applet 中。一般情况下，该方法只需执行一次。

（2）start 方法。

start 方法在 init 方法之后被调用或当 Applet 再一次得到聚焦时被调用。一般情况下，为了启动或恢复执行 Applet 所包含的任何线程时使用它。

（3）stop 方法。

当 Applet 失去聚集时，调用 stop 方法。可以在 stop 方法中执行清理工作，如重置变量、停止或挂起 Applet 已产生的线程等。

（4）destroy 方法。

当用户从当前嵌入有 Applet 的 Web 页面转移到其他 Web 页面时，destroy 方法被调用。通常可在 destroy 方法中执行如关闭文件之类的清理操作。

（5）paint 方法。

当 Applet 第一次在屏幕上显示或 Applet 重新获得聚焦时，paint 方法被调用，可以通过 repaint 方法触发 paint 方法。paint 方法可以在绘画区域内画 Applet 的图形，它可以动态地改变屏幕外观。

5.8.2 课堂案例 10——第一个 Applet 程序

【案例详细描述】 创建一个具有动态交互式功能的 Applet，它能根据用户对下拉列表框的不同选择在 Applet 上显示不同图片，同时，将创建好的 Applet 嵌入到 Web 页面中。

【案例学习目标】 进一步理解 Applet 的概念，理解 Applet 的生命周期，掌握 Applet 生命周期相关方法的使用，掌握 Applet 嵌入到 HTML 页面的方法，能编写 Applet 程序，能运行 Applet 程序。

【案例知识要点】 Applet 的生命周期、Applet 生命周期相关方法、编写 Applet 程序、运行 Applet 程序。

【案例完成步骤】

Applet 的应用需要经过从创建 Applet 类、编译 Applet 类、打包 Applet 字节码文件、将 Applet 包嵌入到 HTML 和执行 Applet 的若干个阶段。

1. 创建 Applet 类

（1）在 Eclipse 环境中打开名称为 chap05 的项目。

（2）在 chap05 项目中新建名称为 AppletDemo 的类。

（3）编写完成的 AppletDemo.java 的程序代码如下：

```
1   import javax.swing.*;
2   import java.awt.*;
3   import java.awt.event.*;
4   public class AppletDemo extends JApplet{
5       private JPanel panel;
6       private JLabel lblPhoto;
7       private JComboBox cmbSelect;
8       private String sPhotoName[]={"p1.gif","p2.gif","p3.gif"};
9       public void init(){
10          panel=new JPanel();
11          lblPhoto=new JLabel(new ImageIcon("p1.gif"));
12          cmbSelect=new JComboBox(sPhotoName);
13          cmbSelect.addActionListener(new ComboBoxListener());
14          panel.add(lblPhoto);
15          panel.add(cmbSelect);
16          panel.setLayout(new FlowLayout(FlowLayout.CENTER,30,18));
            getContentPane().add(panel);
```

```
17          }
18          class ComboBoxListener implements ActionListener{
19              public void actionPerformed(ActionEvent event){
20                  int iItem=cmbSelect.getSelectedIndex();
21                  lblPhoto.setIcon(new ImageIcon(sPhotoName[iItem]));
22              }
23          }
24      }
25
```

【程序说明】

- 第 4 行：继承 JApplet 类创建 Applet 程序。
- 第 5 行～第 8 行：声明组件对象和要显示在组合框中的图像名称数组。
- 第 9 行～第 18 行：在 init 方法中完成 Applet 的构造工作，这里的 Applet 和 JFrame 一样都是底层容器。
- 第 19 行～第 24 行：实现组合框事件处理的事件监听类，改变标签中显示的图片。
- 第 13 行：组合框与事件监听程序关联。

2. 编译 Applet 类

在命令行窗口执行"javac AppletDemo.java"命令或在 Eclipse 中保存文件，即可生成 Java 字节码文件 AppletDemo.class。

3. 打包 Applet 字节码文件

由于该 Applet 除了包含 class 文件外，还包含有在 Applet 中显示的图片，因此我们在使用 jar 命令进行打包时将它们一并包含，使生成的 jar 包含 Applet 应用所需的全部元素，在命令行提示符下执行如下命令：

```
jar cvf FirstApplet.jar AppletDemo.class p1.gif p2.gif p3.gif
```

4. 将 Applet 包嵌入到 HTML

打包成功以后，下一步就是编写 HTML 文件，将 Applet 嵌入到 Web 页面中，以便客户端下载和执行了，设置 applet 标签的 archive、code 等属性即可：

```
<html>
<applet
    archive=FirstApplet.jar
    code=AppletDemo.class
    width=200
    height=200
>
</applet>
</html>
```

保存以上代码于 FirstApplet.html 文件中，即为嵌入了 Applet 的 Web 页面，该页面将具有动态交互功能。

5. 执行 Applet

在命令提示符下执行“appletviewer FirstApplet.html”命令启动 Applet，第一次启动时的界面如图 5-17 所示。

用户可以通过组合框选择需要在 Applet 中重新显示的图片，如果选择 p2.gif，界面如图 5-18 所示。

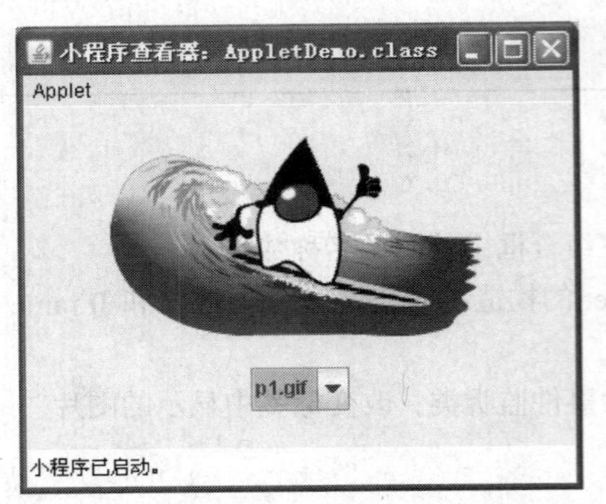

图 5-17　Applet 启动时运行界面

图 5-18　选择 p2.gif 运行界面

- jar 命令是用来实现对 Java 类文件和相关资源文件打包的程序。
- 请将图片、Applet 的字节码文件、嵌入 Applet 类的 HTML 文件保存在同一个文件夹中。
- 在 Eclipse 中可以直接运行 Applet 程序。

【任务 1】

应用 Swing 组件设计如图 5-19 所示的用户登录界面（LoginFrame.java），并要求在输入正确的用户名和密码（均为 admin）后，进入应用程序主界面。

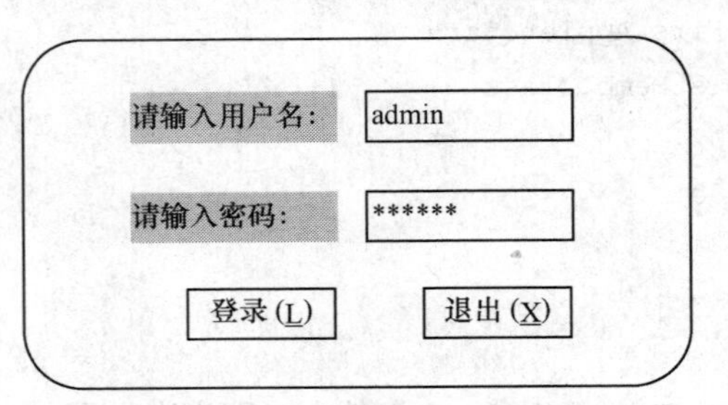

图 5-19　“用户登录”参考界面

【任务 2】

应用 Swing 组件设计如图 5-20 所示的应用程序主界面（frmMain.java），并在主菜单中的“实用工具”菜单下添加“计算器”菜单项，通过单击该菜单项可以访问“简易计算器”。

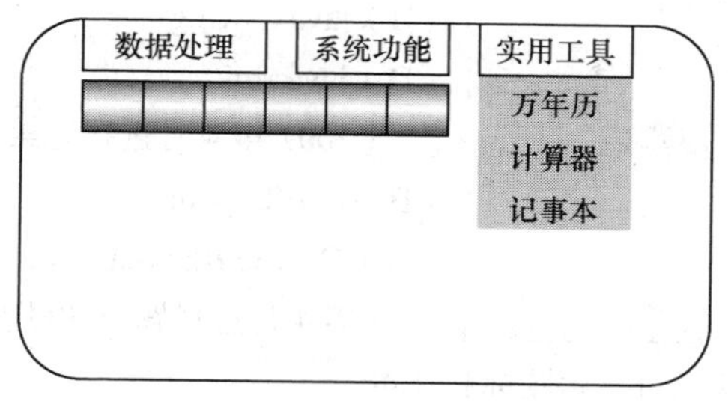

图 5-20　“主程序”参考界面

【任务 3】

应用 Swing 组件设计如图 5-21 所示的“简易计算器”（CalFrame.java），并实现简单的四则运算功能。

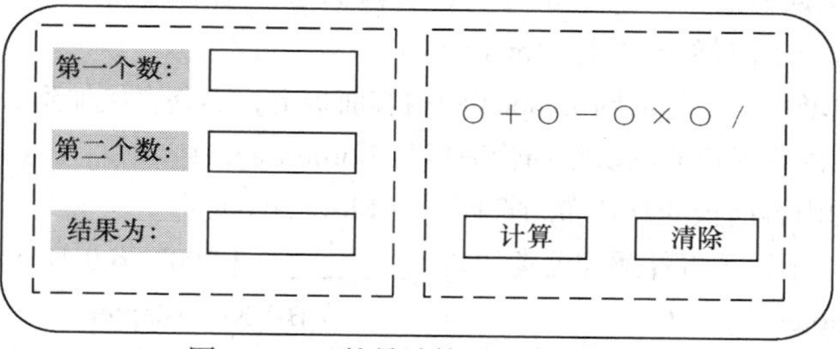

图 5-21　“简易计算器”参考界面

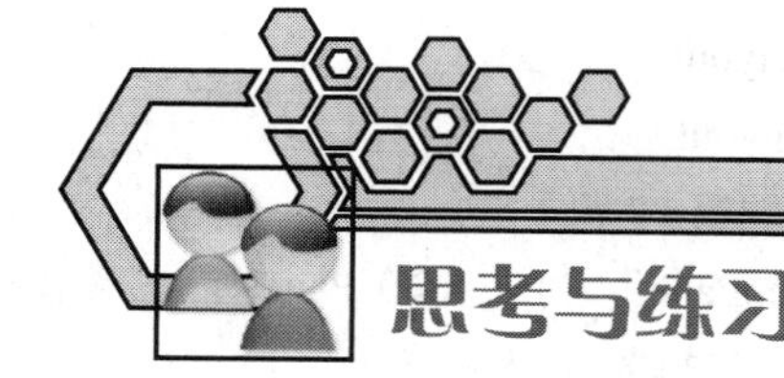

思考与练习

【填空题】

1. Swing 是由纯 Java 实现的轻量级构件，没有本地代码，不依赖________系统的支持。这是它与 AWT 构件的最大区别。【2007 年 4 月填空题第 14 题】

2. AWT 中的布局管理器包括 BorderLayout、________、CardLayout、GridBagLayout 和 GridLayout。【2007 年 9 月填空题第 14 题】

3. Swing 中的按钮类是________。【2008 年 4 月填空题第 7 题】

4. Swing 中的组建往往采用 MVC 结构，MVC 指的是 Model,View 和________。【2008 年 4 月填空题第 13 题】

5. MouseMotionListener 中的方法包括________。【2008 年 9 月填空题第 11 题】

6. Swing 中的内部框架类是________。【2008 年 9 月填空题第 13 题】

7. Swing 中用来表示表格的类是 javax.swing________。【2009 年 3 月填空题第 8 题】

8. 大多数 Swing 构件的父类是 javax.swing________，该类是一个抽象类。【2009 年 3 月填空题第 9 题】

9. Swing 中用来表示工具栏的类是 javax.swing.________。【2009 年 9 月填空题第 13 题】

【选择题】

1. 在下列 Java 语言的包中，提供图形界面构件的包是________。【2007 年 4 月选择题第 13 题】
   （A）java.io　　（B）javax.swing
   （C）java.net　　（D）java.rmi
2. Panel 类的默认布局管理器是________。【2007 年 4 月选择题第 29 题】
   （A）BorderLayout　　（B）CardLayout
   （C）FlowLayout　　（D）GridBagLayout
3. 下列叙述中，错误的是________。【2007 年 4 月选择题第 30 题】
   （A）JButton 类和标签类可显示图标和文本
   （B）Button 类和标签类可显示图标和文本
   （C）AWT 构件能直接添加到顶层容器中
   （D）Swing 构件不能直接添加到顶层容器中
4. 下列叙述中，错误的是________。【2007 年 4 月选择题第 31 题】
   （A）Applet 的默认布局管理器是 FlowLayout
   （B）JApplet 中增加构件是加到 JApplet 的内容面板上，不是直接加到 JApplet 中
   （C）JApplet 的内容面板的默认布局管理器是 BorderLayout
   （D）JApplet 的内容面板的默认布局管理器是 FlowLayout
5. 下列适配器类中不属于事件适配器类的是________。【2007 年 9 月选择题第 20 题】
   （A）MoustAdapter　　（B）KeyAdapter
   （C）ComponentAdapter　　（D）FrameAdapter
6. Swing 与 AWT 相比新增的布局管理器是________。【2008 年 4 月选择题第 17 题】
   （A）CardLayout　　（B）GridLayout
   （C）GridBagLayout　　（D）BoxLayout
7. 下列不属于 Swing 构件的是________。【2008 年 9 月选择题第 17 题】
   （A）JMenu　　（B）JApplet　　（C）JOptionPane　　（D）Panel
8. 下列不是 AWT 的布局管理器的是________。【2008 年 9 月选择题第 18 题】
   （A）FlowLayout　　（B）BorderLayout　　（C）BoxLayout　　（D）GridLayout
9. 下列不属于 Swing 的构件是________。【2009 年 3 月选择题第 15 题】
   （A）Jbutton　　（B）JLabel　　（C）Jframe　　（D）JPane
10. 对鼠标点击按钮操作进行事件处理的接口是________。【2009 年 3 月选择题第 16 题】
    （A）MouseListener　　（B）WindowsListener
    （C）ActionListener　　（D）KeyListener
11. AWT 中用来表示颜色的类是________。【2009 年 3 月选择题第 17 题】
    （A）Font　　（B）Color　　（C）Panel　　（D）Dialog
12. 用于设置组件大小的方法是________。【2009 年 9 月选择题第 11 题】
    （A）paint( )　　（B）setSize( )　　（C）getSize( )　　（D）repaint( )
13. 点击窗口内的按钮时，产生的事件是________。【2009 年 9 月选择题第 12 题】
    （A）MouseEvent　　（B）WindowEvent　　（C）ActionEvent　　（D）KeyEvent
14. AWT 中用来表示对话框的类是________。【2009 年 9 月选择题第 13 题】

（A）Font　　（B）Color　　（C）Panel　　（D）Dialog

15. 在关闭浏览器时调用，能够彻底终止 Applet 并释放该 Applet 所有资源的方法是________。【2009 年 9 月选择题第 22 题】

（A）stop()　　（B）destroy()　　（C）paint()　　（D）start()

16. 为了将 HelloApplet(主类名为 HelloApplet.class)嵌入在 greeting.html 文件中，应该在下列 greeting.html 文件的横线处填入的代码是________。【2009 年 9 月选择题第 23 题】

```
<HTML>
<HEAD>
<TITLE>Greetings </TITLE>
</HEAD>
<BODY>
<APPLET________>
</APPLET>
</BODY>
</HTML>
```

（A）HelloApplet.class

（B）CODE=" HelloApplet.class"

（C）CODE=" HelloApplet.class"　WIDTH=150 HEIGHT=25

（D）CODE=" HelloApplet.class"　WIDTH=10 HEIGHT=10

17. Applet 的默认布局管理器是________。【2009 年 3 月选择题第 33 题】

（A）BorderLayout　　（B）FlowLayout

（C）GridLayout　　（D）PanelLayout

18. 如果要在 Applet 中显示特定的文字、图形等信息，可以在用户定义的 Applet 类中重写的方法是________。【2007 年 9 月选择题第 30 题】

（A）paint()　　（B）update()

（C）drawString()　　（D）drawLine()

【简答题】

1. 举例说明 Java 中构建 GUI 程序设计的基本步骤。
2. 举例说明 Java 的事件委托模型。
3. 举例说明在 Java 的事件处理时，事件接口和适配器的各自作用是什么？二者有什么区别？

第6章 Java异常处理

【学习目标】

本章主要介绍 Java 异常处理技术。主要包括常用的 Java 内置异常类，异常处理过程中的声明异常、抛出异常、捕获异常和处理异常，自定义异常类的定义和使用的方法。通过本章的学习，读者应能在 Java 程序中合理地进行异常处理。本章的学习目标如下。

（1）掌握异常的定义和异常的类型。

（2）了解 Java 语言中的异常类层次结构。

（3）熟悉 Java 语言中的异常处理机制。

（4）了解自定义异常类的定义和使用。

（5）能对程序中可能出现的异常进行处理。

【学习导航】

Java 异常处理技术对于编写健壮的 Java 程序具有非常重要的意义。本章内容在 Java 桌面开发技术中的位置如图 6-1 所示。

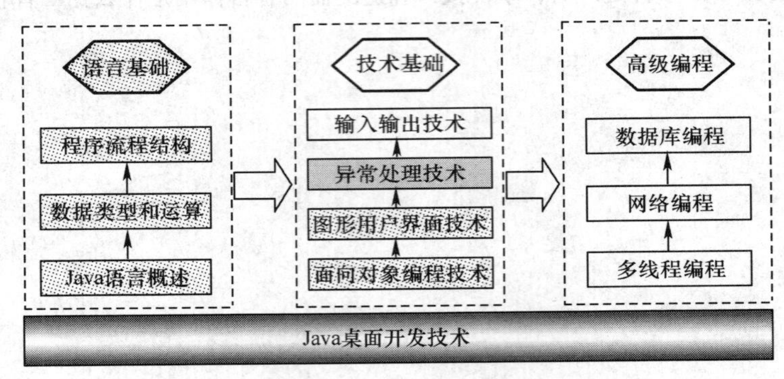

图 6-1　本章学习导航

6.1 异常概述

程序在运行过程中可能会出现错误而中断正常的执行过程，这种不正常的现象称之为异常。异常处理是程序设计中一个非常重要的方面，也是程序设计的一大难点，对异常处理的实现可追溯到 20 世纪 60 年代的操作系统，BASIC 语言中的"on error goto"语句可以认为是异常处理的一个典型。

Java 语言在设计时就考虑到了异常处理的问题，并且提出了异常处理框架，所有的异常都可以用一个类型来表示。并且在 1.4 版本以后增加了异常链机制，从而便于跟踪异常，帮助程序员开发出更健壮的程序。

6.1.1 异常的定义

在学习 Java 的异常概念之前，我们首先查看并运行 MathEx.java 的程序代码：

```
1  public class MathEx {
2      public static void main(String args[]){
3          int b = args.length;
4          int a = 42 / b;
5          System.out.println("a 的值为:"+a);
6      }
7  }
```

【程序说明】

- 第 3 行：通过 args.length 获得 main 方法中参数的个数赋值给 b。
- 第 4 行：将表达式"42 / b"的值赋给 a。

保存程序后，直接运行程序将会出现如图 6-2 所示的提示信息。

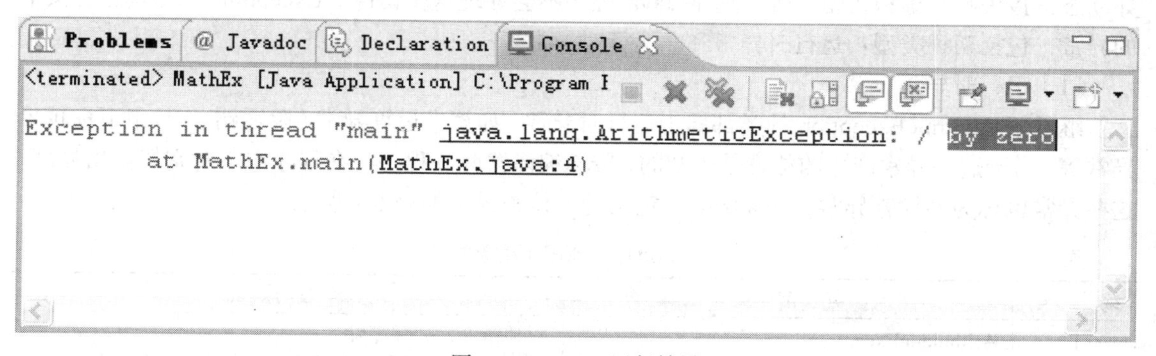

图 6-2　MathEx 运行结果

如果在运行程序时，没有提供参数，则 args.length 取值为 0。而在 Java 语言中规定除数不能为 0，如果违反了这一规则，程序就会非正常的中止（即产生异常）。

如上所述，异常就是在程序的运行过程中所发生的反常事件，它中断指令的正常执行。异常的表现有多种形式：内存用完、资源分配错误、找不到文件、I/O 错误、网络连接错误、算术运

算错（数的溢出和被零除等）和数组下标越界等。

6.1.2 异常类层次结构

Java 语言通过类对所有的异常进行描述，同时也为常见的运行时错误预定义了异常类，这些异常类就是 Java 的内置异常。Java 中异常类层次结构如图 6-3 所示。

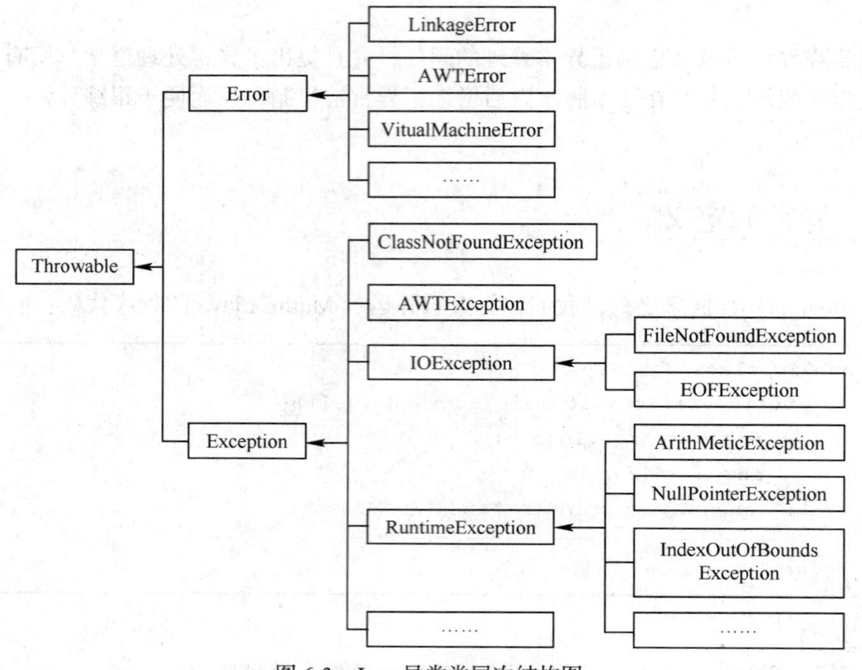

图 6-3 Java 异常类层次结构图

由图 6-3 可知，Java 程序错误通常包括 Error 和 Exception 两种类型，其中 Error 是指错误，如动态链接失败、虚拟机错误等，通常 Java 程序不会处理这类错误。Exception 才是真正意义上的异常，包括两种类型：运行时异常和非运行时异常。

（1）运行时异常。

继承于 RuntimeException 的类都属于运行时异常，如算术运算异常（除零错）、数组下标越界异常等。由于这些异常产生的位置是未知的，Java 编译器允许程序员在程序中不对它们做出处理，这些异常也称为不检查异常，java.lang 中定义的不检查异常如表 6-1 所示。

表 6-1 java.lang 中定义的不检查异常

编 号	异 常 类	产 生 原 因
1	ArithmeticException	数学错误，如被零除
2	ArrayIndexOutOfBounds	错误索引越界
3	ArrayStoreException	向类型不兼容的数组元素赋值
4	ClassCastException	强制数据类型转换错误
5	IllegalArgumentException	调用方法的非法参数
6	IllegalMonitorStateException	非法的监控操作，如等待未锁定的线程等

续表

编　　号	异　常　类	产 生 原 因
7	IllegalThreadStateException	被请求的操作与当前线程状态不兼容
8	IllegalStateException	环境或应用状态非法
9	IndexOutOfBoundsException	某种类型的索引越界
10	NegativeArraySizeException	在负数范围内创建数组错误
11	NullPointerException	非法使用空引用
12	NumberFormatException	字符串到数字格式的转换错误
13	SecurityException	试图违反安全性
14	StringIndexOutOfBoundsException	程序试图访问字符串中不存在的字符位置
15	UnsupportedOperationException	遇到不支持的操作

java.lang 中还定义了一些受检查的异常。如果方法可以抛出这类异常却无法进行处理，必须在方法的 throws 列表中列出。java.lang 中定义的受检查的异常如表 6-2 所示。

表 6-2　　java.lang 中定义的受检查异常

编　　号	异　常　类	产 生 原 因
1	ClassNotFoundException	未找到相应的类
2	CloneNotSupportedException	试图复制一个不能实现 Cloneable 接口的对象
3	IllegalAccessException	访问某类被拒绝
4	InstaniationException	试图创建一个抽象类或抽象接口的对象
5	InterruptedException	线程被另一个线程中断
6	NoSuchFieldException	请求的域不存在
7	NoSuchMethodException	请求的方法不存在

（2）非运行时异常。

除了运行时异常之外的其他由 Exception 继承得到的异常类都是非运行时异常，如 FileNotFoundException（文件未找到异常）。Java 编译器要求在程序中必须捕获这种异常或者声明抛出这种异常。

- 运行时异常和错误之间的区别主要在于对系统所造成的危害轻重不同，恢复正常的难易程度也不一样。
- 错误可以说是一种致命的异常，如当遇到诸如 Linkage Error、Vritual Machine Error 之类的错误时，系统是没有办法恢复的。
- 对于到除数为零的运行时异常 ArithmeticException，程序员可以给出捕获语句加以处理，不至于导致系统崩溃。

6.2 Java 中的异常处理

6.2.1 异常处理机制

在 Java 语言中，异常也被看作对象，而且和一般对象没有什么区别，只不过异常必须是 Throwable 类及其子类所产生的对象实例。当 Java 创建异常对象后，它会发送给 Java 程序，这个动作称为抛出异常，程序捕捉这个异常后，可以为该异常编写异常处理代码。Java 中提供了一种独特的处理异常的机制，通过异常来处理程序设计中出现的错误。

Java 语言中的异常是针对方法来说的。Java 语言中的异常处理包括声明异常、抛出异常、捕获异常和处理异常 4 个环节。Java 异常处理通过 5 个关键字 try、catch、throw、throws、finally 进行管理。基本过程是用 try 语句块包住要监视的语句，如果在 try 语句块内出现异常，则异常会被抛出；在 catch 语句块中可以捕获到这个异常并做处理；还有以部分系统生成的异常在 Java 运行时自动抛出，可以通过 throws 关键字在方法上声明该方法要抛出异常，然后在方法内部通过 throw 抛出异常对象。finally 语句块是不管有没有出现异常都要执行的内容。

对于可能出现异常的代码，有两种处理办法。

（1）在方法中用 try...catch 语句捕获并处理异常，catch 语句可以有多个，用来匹配多个异常。一般格式如下：

```
public void test1(int x)
{
    Try
    {
         ... //这里是可能会产生异常的代码
}catch(Exception e)
{
         ... //这里是处理异常的代码
}finally
{
         ... //如果 try 部分的代码全部执行完或 catch 部分的代码执行完，
             //则执行该部分的代码
    }
}
```

（2）对于处理不了的异常或者要转型的异常，在方法的声明处通过 throws 语句抛出异常。一般格式如下：

```
public void test2() throws MyException  //声明方法将抛出异常
{
    ...
    if(...)
    {
         throw new MyException();    //抛出异常
    }
}
```

6.2.2　声明异常（throws）

RuntimeException 类及其子类都被称为运行时异常，这种异常的特点是 Java 编译器不去检查它，也就是说，当程序中可能出现这类异常时，即使没有用 try...catch 语句捕获它，也没有用 throws 字句声明抛出它，还是会编译通过。如果程序中包含代码“a/0”，编译时不会出现错误，但在运行时，遇到除数为零时，就会抛出 java.lang.ArithmeticException 异常。除了 Erroe 类、RuntimeException 类及其子类外，其他的 Exception 类及其子类都属于受检查异常，这种异常的特点是，用 try...catch 捕获处理，或者用 throws 语句声明抛出，否则程序不能通过编译。

在方法的声明中显式地指明方法执行时可能出现的错误的形式称为声明异常。如前所述，任何程序都可能出现 Error 和 RuntimeException，因此，像这一类错误或异常，不需要显式声明。但如果方法要抛出那些受检查的异常，必须在方法中显式声明它们，一般格式如下：

```
public void test() throws IOException
```

或

```
public void test() throws Exception1, Exception2, Exception3
```

- 声明异常是指声明抛出异常，即声明该方法在运行过程中可能会产生的异常，在方法头的后边通过 throws 关键字进行声明。
- 一旦方法声明了抛出异常，throws 关键字后异常列表中的所有异常要求调用该方法的程序对这些异常进行处理（通过 try-catch-finally 等）。
- 如果方法没有声明抛出异常，仍有可能会抛出异常，但这些异常不要求调用程序进行特别处理。

6.2.3　抛出异常（throw）

在 Java 的异常处理机制中，程序应能够捕获异常并进行异常处理，但前提条件是在方法执行过程中能够将产生的异常抛出。Java 语言中异常的对象有两个来源：一是 Java 运行时环境自动抛出系统生成的异常，这些异常不管我们是否愿意捕获和处理，它总要被抛出（如除数为 0 的异常）；二是程序员自己抛出的异常，这个异常可以是程序员自己定义的，也可以是 Java 语言中定义的，用 throw 关键字抛出异常，这种异常能常用来向调用者汇报异常的一些信息。

因此，对于 RuntimeException 来说，方法始终可以抛出这类异常，以便调用该方法的程序进行捕获和处理。而对于受检查的异常和用户自定义的异常（参阅 6.3 节）来说，必须手工进行抛出。抛出异常的一般格式如下：

```
throw new ThrowedException
```

或

```
ThrowedException e=new ThrowedException();
throw e
```

- 抛出异常只能抛出方法声明中 throws 关键字后的异常列表中的异常或者是 Error、RuntimeException 及其子类。
- 通常情况下，通过 throw 抛出的异常为用户自己创建的异常类的实例。

throws 关键字只是声明了方法中可能会产生某种异常，要求调用它的程序进行相关处理；而 throw 是显式地抛出一个异常，以便于异常的捕获和处理。【课堂案例 1】说明利用 throw 关键字抛出异常的方法。

6.2.4 课堂案例1——声明和抛出异常

【案例学习目标】 进一步理解异常的概念，掌握声明异常的方法，掌握抛出异常的方法，会对程序中可能出现的异常进行声明和抛出处理。

【案例知识要点】 异常的概念、throws 语句声明异常、throw 语句抛出异常。

【案例完成步骤】

1. 编写程序

（1）在 Eclipse 环境中创建名称为 chap06 的项目。

（2）在 chap06 项目中新建名称为 ExDemo1 的类。

（3）编写完成的 ExDemo1.java 的程序代码如下：

```
1   public class ExDemo1 {
2       static void throwsDemo() throws IllegalAccessException{
3           System.out.println("执行声明了抛出异常的方法");
4           throw new ArithmeticException();
5           //throw new IllegalAccessException();
6       }
7       public static void main(String args[]){
8           try{
9               throwsDemo();
10          }
11          catch(ArithmeticException e){
12              System.out.println("捕获的异常为:"+e);
13          }
14          catch(IllegalAccessException e){
15              System.out.println("捕获的异常为:"+e);
16          }
17      }
18  }
```

【程序说明】

- 第 2 行：方法 throwsDemo 声明了异常 IllegalAccessException，意味着调用该方法的 main 方法必须要继续声明抛出（方法后使用 throws 关键字）或处理（这里使用 try-catch 捕获和处理），否则编译不能通过。
- 第 14 行～第 16 行：使用 catch 捕获 throwsDemo 方法声明的 IllegalAccessException 异常。

- 第 4 行：使用 throw 抛出运行时异常 ArithmeticException，意味着调用该方法的 main 方法必须要处理抛出的异常，否则编译可以通过，但运行时会出现异常。
- 第 11 行～第 13 行：使用 catch 捕获第 7 行语句抛出的 ArithmeticException 异常。

2. 编译并运行程序

保存并修正程序错误后，程序运行结果如图 6-4（a）所示。如果删除第 16 行～第 19 行代码，程序编译可以通过，运行时的结果如图 6-4（b）所示。

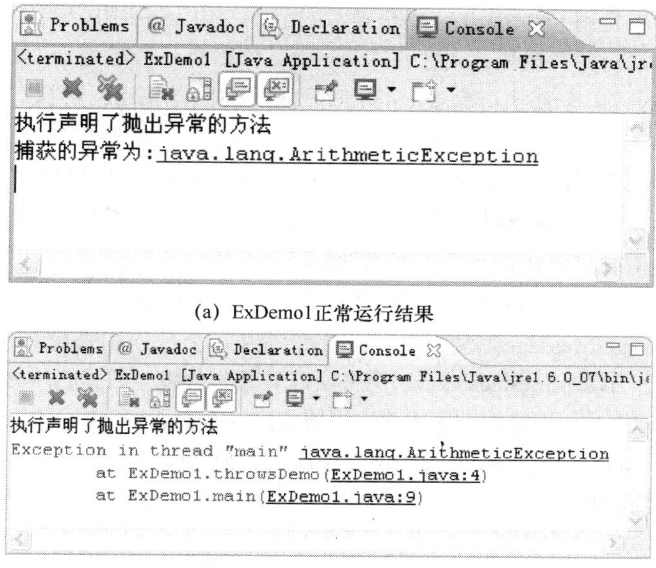

(a) ExDemo1正常运行结果

(b) 未处理ArithmeticException结果

图 6-4　ExDemo1 运行结果

- 方法声明异常（throws）的目的是为了抛出异常（能够抛出的受检查异常必须进行声明）或处理异常（在调用方法的程序中通过 try-catch 语句捕获后处理）。
- 抛出异常（throw）的目的是为了捕获异常和处理异常（由 try-catch 语句进行捕获和处理）。
- throws 用来声明方法可能会抛出什么异常，在方法声明语句中使用；throw 用来抛出一个异常，在方法体内使用。

6.2.5　捕获和处理异常

如前所述，捕获异常是通过 try-catch-finally 语句实现的。

try-catch 块的语法的一般格式为：

```
try
{
//这里是可能会产生异常的代码
}
catch(Exception e)
```

```
{
//这里是处理异常的代码
}
finally
{
//如果 try 部分的代码全部执行完或 catch 部分的代码执行完，
//则执行该部分的代码
}
```

（1）try。

捕获异常的第一步是用 try{…}选定捕获异常的范围，由 try 所限定的代码块中的语句在执行过程中可能会生成异常对象并抛出。对于一个 try 块，可以有一个或多个 catch 块。finally 块属于可选项，当 try 部分的代码全部执行完或 catch 部分的代码执行完后，将执行 finally 块中的代码。

（2）catch。

每个 try 代码块可以伴随一个或多个 catch 语句，用于处理 try 代码块中所生成的异常事件。catch 语句只需要一个形式参数指明它所能够捕获的异常类型，这个类必须是 Throwable 的子类，运行时系统通过参数值把被抛出的异常对象传递给 catch 块。

在 catch 块中是对异常对象进行处理的代码，与访问其他对象一样，可以访问一个异常对象的变量或调用它的方法。getMessage()是类 Throwable 所提供的方法，用来得到有关异常事件的信息，类 Throwable 还提供了方法 printStackTrace()用来跟踪异常事件发生时执行堆栈的内容。

捕获异常的顺序和 catch 语句的顺序有关，当捕获到一个异常时，剩下的 catch 语句就不再进行匹配。因此，在安排 catch 语句的顺序时，首先应该捕获最特殊的异常，然后再逐渐一般化。也就是一般先安排子类，再安排父类。

（3）finally。

捕获异常的最后一步是通过 finally 语句为异常处理提供一个统一的出口，使得在控制流转到程序的其他部分以前，能够对程序的状态作统一的管理。不论在 try 代码块中是否发生了异常事件，finally 块中的语句都会被执行。

- try，catch，finally 3 个语句块均不能单独使用，三者可以组成 try...catch...finally，try...catch，try...finally 3 种结构，catch 语句可以有一个或多个，finally 语句最多一个。
- try、catch、finally 3 个代码块中变量的作用域为代码块内部，分别独立而不能相互访问。如果要在 3 个块中都可以访问，则需要将变量定义到这些块的外面。
- 多个 catch 块时候，只会匹配其中一个异常类并执行 catch 块代码，而不会再执行别的 catch 块，并且匹配 catch 语句的顺序是由上到下。

实际编程过程中，如果我们对程序代码可能出现的异常不进行捕获，Java 的编译环境就拒绝执行，并要求用户对其作出处理。对异常进行处理时，用户往往想知道异常的具体信息，我们可利用 Throwable 类提供的方法 getMessage()得到有关异常事件的信息。方法 printStackTrace()可用来跟踪异常事件发生时执行堆栈的内容。

6.2.6 课堂案例 2——处理异常

【案例学习目标】 进一步掌握声明异常的方法，进一步掌握抛出异常的方法，掌握处理异常

的方法，会到对程序中可能出现的异常进行合适的处理。

【案例知识要点】 throws 语句声明异常、throw 语句抛出异常、try-catch-finally 语句处理异常。

【案例完成步骤】

1. 编写程序

（1）在 Eclipse 环境中打开名称为 chap06 的项目。

（2）在 chap06 项目中新建名称为 ExDemo2 的类。

（3）编写完成的 ExDemo2.java 的程序代码如下：

```
1   public class ExDemo2 {
2       static void calculate() throws IllegalAccessException{
3           int c[]={1,2};
4           c[5]=60;
5           int a=0;
6           System.out.println("a="+a);
7           int b=50/a;
8           throw new IllegalAccessException();
9       }
10      public static void main(String args[]){
11          try {
12              calculate();
13          }
14          catch(IllegalAccessException e){
15              System.out.println("非法存取:"+e);
16          }
17          catch(ArrayIndexOutOfBoundsException e){
18              System.out.println("数组越界:"+e);
19          }
20          catch(ArithmeticException e){
21              System.out.println("被0整除:"+e);
22          }
23          finally{
24              System.out.println("最后执行的语句!");
25          }
26      }
27  }
```


【程序说明】

- 第 2 行：calculate 方法声明抛出 IllegalAccessException 异常。
- 第 3 行：声明包括两个元素的整型数组 c。
- 第 4 行：使用 c[5]访问数组 c 中的第 6 个元素，引发数组越界异常。
- 第 7 行：由于 a 值为 0，该语句引发被 0 除异常。
- 第 11 行～第 13 行：将可能出现异常的语句（calculate 方法的调用）包含在 try 块中。
- 第 14 行～第 22 行：对方法声明抛出的异常和运行时异常进行处理。
- 第 23 行～第 25 行：不管出现什么异常都要执行的语句。

2. 编译并运行程序

ExDemo2 正常运行的结果如 6-5（a）所示；如果将“c[5]=60”修改为“c[1]=60”，程序运行的结果如图 6-5（b）所示；如果再将“int a=0”修改为“int a=100”，程序运行的结果如图 6-5（c）所示。

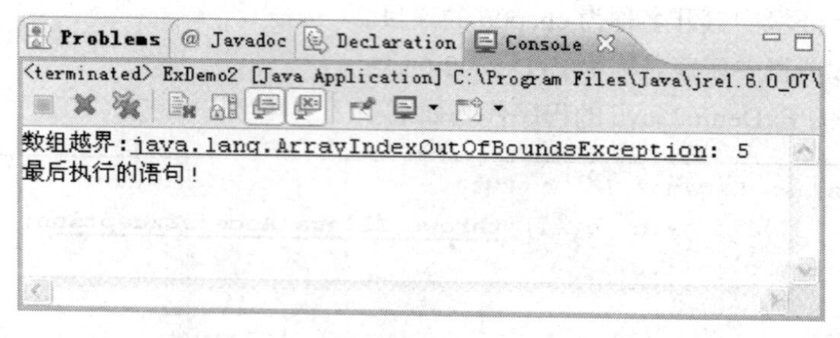

(a) 数组越界异常

```
Problems | @ Javadoc | Declaration | Console
<terminated> ExDemo2 [Java Application] C:\Program Files\Java\jre1.6.0_07\
a=0
被0整除:java.lang.ArithmeticException: / by zero
最后执行的语句!
```

(b) 被0除异常

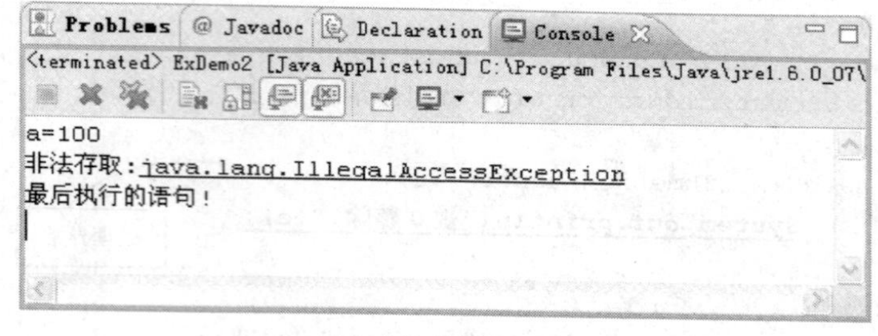

(c) 非法存取异常

图 6-5 ExDemo2 运行结果

- 可以使用 catch（Exception e）捕获任意类型的异常。
- 如果 try 块中语句有异常被抛出（由系统抛出或由 throw 手工抛出），需要使用 catch 语句块对抛出的异常对象进行捕获和处理。
- 抛出的异常不能被 catch 语句块处理，系统把异常继续传递到调用该方法的方法，一直到 main 方法为止，如果一直没有相应的处理程序，程序就会终止并由控制台输出出错信息。
- 如果抛出的异常与 catch 语句块中的异常匹配，将会执行对应的异常处理操作。
- 在使用 catch 语句时，要将捕获子类异常的语句放在捕获父类异常的语句之前，以免产生无法到达的代码（不能通过编译）。

- 不管 try 语句块是否出现异常，也不管 catch 语句块是否捕获了异常，finally 子句都会执行。
- 如果在 GUI 程序运行过程中出现异常，则可以转到命令行提示符下执行程序以查看异常类型，然后再进行异常处理。

6.3 自定义异常

6.3.1 自定义异常概述

Java 语言中异常类主要有两个来源：一是 Java 语言本身定义的一些基本异常类型，即内置异常类（如前面所提到的 IllegalAccessException 等）；二是用户通过继承 Exception 类或者其子类自己定义的异常（自定义异常类）。

尽管 Java 的内置异常能够处理大多数常见错误，但有时还是需要建立自己的异常类型来处理特殊情况。我们只需要从 Exception 或其子类继承，就可以定义自己的异常类。Exception 类并未定义自己的方法，而是继承了 Throwable 提供的方法。在创建自定义异常类时可以重写 Throwable 提供的方法。Throwable 提供的方法如表 6-3 所示。

表 6-3　Throwable 类的常用方法

编　号	方法名称	方法功能
1	Throwable fillInStackTrace()	返回一个包含完整堆栈轨迹的 Throwable 对象，该对象可能被再次引发
2	String getLocalizedMessage()	返回一个异常的局部描述
3	String getMessage()	返回一个异常的描述
4	void printStackTrace()	显示堆栈跟踪记录
5	void printStackTrace(PrintStream stream)	把堆栈跟踪记录送到指定的流
6	void printStackTrace(PrintWriter stream)	把堆栈跟踪记录送到指定的流
7	String toString()	返回一个包含异常描述的 String 对象。当输出一个 Throwable 对象时，该方法被 println()调用

下面的例子中的 Exception 的子类，覆盖了 toString()方法，用 println()显示异常的描述。

6.3.2 课堂案例 3——自定义异常

【案例学习目标】　了解自定义异常的意义，掌握自定义异常的创建方法，能根据实际需要创建合适的自定义异常。

【案例知识要点】　自定义异常的创建方法、自定义异常与内置异常的区别。

【案例完成步骤】

1. 编写程序

（1）在 Eclipse 环境中打开名称为 chap06 的项目。

（2）在 chap06 项目中新建名称为 ExDemo3 的类。

（3）编写完成的 ExDemo3.java 的程序代码如下：

```
1   public class ExDemo3 {
2       static void compute(int a)  throws MyException{
3           System.out.println("调用 compute(" + a + ")");
4           if(a > 10)
5               throw new MyException(a);
6           System.out.println("正常退出");
7       }
8       public static void main(String args[]){
9           try {
10              compute(1);
11              compute(20);
12          }
13          catch (MyException e){
14              System.out.println("捕获的异常为: " + e);
15          }
16      }
17  }
18  class MyException extends Exception{
19      private int detail;
20      MyException(int a){
21          detail = a;
22      }
23      @Override
24      public String toString(){
25          return "自定义的MyException[" + detail + "]";
26      }
27  }
```

【程序说明】

- 第 18 行～第 26 行：定义了 MyException 类，包含有一个构造方法和一个重写的显示异常值的 toString()方法。
- 第 23 行：使用@Override 说明是重写方法。
- 第 2 行：方法 compute 声明了异常 MyException，说明了该方法可能会产生 MyException 异常。
- 第 4 行～第 5 行：当 compute 方法的整型参数值大于 10 的时候，抛出自定义异常 MyException。
- 第 8 行～第 16 行：在 main 方法中进行异常捕获和处理，然后用一个合法的值和不合法的值调用 compute()来显示执行经过代码的不同路径。

2. 编译并运行程序

保存并修正程序错误后，程序运行结果如图 6-6 所示。

自定义异常类必须是 Throwable 的直接或间接子类。一个方法所声明抛出的异常是作为这个

方法与外界交互的一部分而存在的。所以，方法的调用者必须了解这些异常，并确定如何正确地处理它们。

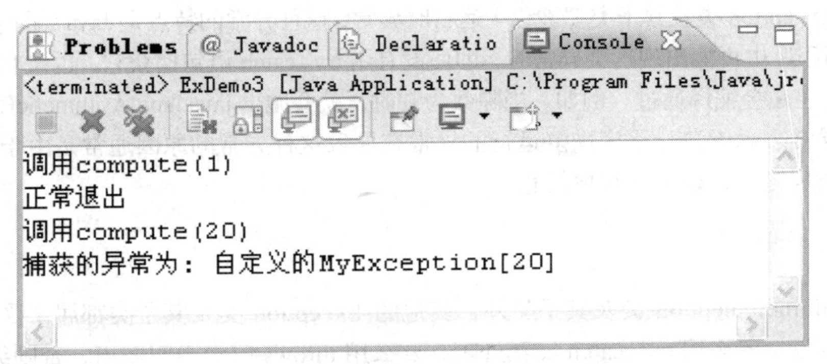

图 6-6　ExDemo3 运行结果

用户自定义异常步骤包括

（1）定义异常类。

定义异常类的一般格式如下：

```
class myException extends Exception{
    …
}
```

（2）在方法中声明异常并抛出异常。

使用 throws 关键字声明异常，使用 throw 关键字抛出异常，一般格式如下：

```
static void compute(int a) throws MyException {
        System.out.println("调用 compute(" + a + ")");
        if(a > 10)
            throw new MyException(a);
        System.out.println("正常退出");
    }
```

（3）调用方法时捕获异常并处理异常。

使用 try-catch 捕获并处理异常，一般格式如下：

```
try{
        compute(1);
        compute(20);
    }
catch (MyException e){
        System.out.println("捕获的异常为：" + e);
    }
```

6.4 异常类型与异常链

6.4.1 错误/异常类型

导致程序运行过程非正常终止的原因有两个：一是产生了 Error，二是产生了 Exception。Exception 类可以分为两种：运行时异常和受检查异常。

1. 运行时异常（未检查异常）

RuntimeException 类及其子类都被称为运行时异常，这种异常的特点是 Java 编译器不去检查它，也就是说，当程序中可能出现这类异常时，即使没有用 try...catch 语句捕获它，也没有用 throws 字句声明抛出它，还是会编译通过。例如，当除数为 0 时，就会抛出 java.lang.ArithmeticException 异常。

运行时异常表示无法让程序恢复运行的异常，导致这种异常的原因通常是由于执行了错误的操作。一旦出现错误，建议让程序终止。

2. 受检查异常

除了 RuntimeException 类及其子类外，其他的 Exception 类及其子类都属于受检查异常，这种异常的特点是，要么用 try...catch 捕获处理，要么用 throws 语句声明抛出，否则编译不会通过。

受检查异常表示程序可以处理的异常。如果抛出异常的方法本身不处理或者不能处理它，那么方法的调用者就必须去处理该异常，否则调用会出错，连编译也无法通过。

3. 运行时错误

Error 类及其子类表示运行时错误，通常是由 Java 虚拟机抛出的，JDK 中预定义了一些错误类，如 VirtualMachineError 和 OutOfMemoryError，程序本身无法修复这些错误。一般不去扩展 Error 类来创建用户自定义的错误类。而 RuntimeException 类表示程序代码中的错误，是可扩展的，用户可以创建特定运行时异常类。

Error（运行时错误）和运行时异常的相同之处是 Java 编译器都不去检查它们，当程序运行过程中出现它们时，都会终止运行。

4. 错误/异常处理策略

对于运行时异常，我们尽量不要用 try...catch 来捕获处理，而是在程序开发调试阶段，尽量去避免这种异常。一旦发现该异常，改进程序设计的代码和实现方式，修改程序中的错误，从而避免这种异常。

对于受检查异常，我们应该按照异常处理的方法去处理，要么用 try...catch 捕获并解决，要么用 throws 抛出。

对于 Error（运行时错误），不需要在程序中做任何处理，出现问题后，应该在程序以外的地方找问题，然后解决。

6.4.2 异常转型和异常链

1. 异常转型

异常转型实际上就是捕获到异常后，将异常以新的类型的异常再抛出，由于这种新的异常更能准确表达程序发生异常，所以使用异常转型的目的是为了异常的信息更直观。例如，下面代码中的 catch 语句块中使用“throw new MyException()”语句将异常进一步抛出。

```
public void read() throws MyException{
   ...
```

```
    try{
        ...
    }catch(IOException e){
        ...
        throw new MyException();
    }
    finally{
        ...
    }
}
```

2. 异常链

异常链，顾名思义就是将异常发生的原因一个传一个串起来，即把底层的异常信息传给上层，这样逐层抛出。在 JDK 1.4 以后版本中，Throwable 类支持异常链机制。Throwable 包含了其线程创建时线程执行堆栈的快照。它还包含了给出有关错误更多信息的消息字符串。Java API 文档中给出的异常链的一个简单模型如下：

```
try {
   lowLevelOp();
} catch (LowLevelException le) {
   throw (HighLevelException)
   new HighLevelException().initCause(le);
}
```

当程序捕获到了一个底层异常类，在处理部分选择了继续抛出一个更高级别的新异常给此方法的调用者。这样异常的原因就会逐层传递。这样，位于高层的异常递归调用 getCause()方法，就可以遍历各层的异常原因。这里的异常链就好像你的上司让你执行一项任务，中途你遇到问题不知道如何解决，你把问题返还给你的上司，认为既然是上司分配的任务就该知道如何解决这个问题，你的上司如果无法解决，再把它送给经理解决，依次向上，直到有人能解决这个问题为止。

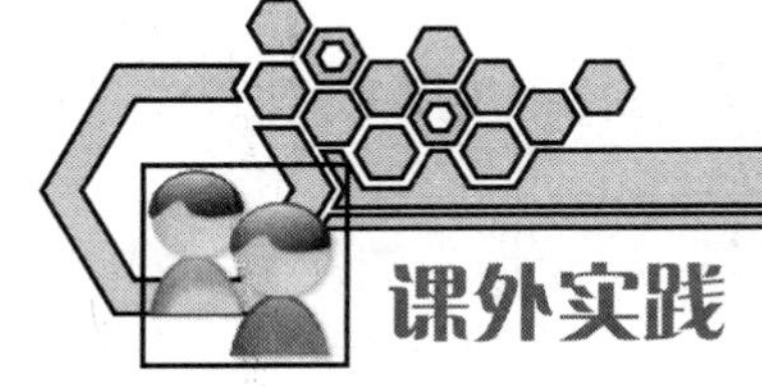

课外实践

【任务 1】

编写一个类，在 main()的 try 块里抛出一个 Exception 对象。传递一个字符串参数给 Exception 的构造方法。在 catch 子句里捕获此异常对象，并且打印字符串参数。添加一个 finally 子句，打印一条信息以证明该块语句确实得到了执行。

【任务 2】

（1）创建自定义异常类 AgeException，判断年龄是否在 18 到 80 之间，如果年龄小于 18 或大于 80，则抛出异常。

（2）在 AgeException 类中，使用 toString()方法返回“年龄应在 18～80 之间”的异常信息。

（3）编写以年龄为参数的 getAge(int i)方法。如果 i 值小于 18 或者大于 80，则抛出异常 AgeException。

（4）编写 main 方法，以 15 和 35 为参数分别调用 getAge 方法，通过 try-catch 进行异常捕获和处理，并输出相应的信息。

思考与练习

【填空题】

1. Java 中的异常对象是 Error 类或 Exception 类的对象，这两类对象中________类的对象不会被 Java 应用程序捕获和抛出。【2007 年 4 月填空题第 11 题】

2. 抛出异常的语句是______语句。【2009 年 9 月填空题第 15 题】

3. Java 语言中的异常处理包括声明异常、________、捕获异常和处理异常 4 个环节。

4. 在 Java 语言中，所有运行时异常的直接父类是_______ ,所有异常和错误的父类是________。

5. 如果要一个方法声明中说明该方法执行时可能会抛出的异常，需要使用_______关键字。

【选择题】

1. 请阅读下面程序　【2007 年 4 月选择题第 21 题】

```
import java.io.*;
Public class ExceptionCatch{
  Public static void main(String args[]){
        try{
              FileInputStream fis=new FileInputStream("text");
              System.out.println("content of text is:");
        }
        catch(FileNotFoundException e){
              System.out.println(e);
              System.out.println("message:"+e.getMessage());
              e.printStackTrace(System.out);
        }__________{
                System.out.println(e);
        }
  }
}
```

为保证程序正确运行，程序中下划线处的语句应是_______。

（A）catch（FileInputStream fis）

（B）e.printStackTrace()

（C）catch（IOException e）

（D）System.out.println（e）

2. 自定义异常类的父类可以是________。【2009 年 9 月选择题第 25 题】

（A）Error　　（B）VirtuaMachineError

（C）Exception　　　　　　　　（D）Thread

3. 阅读下列程序片段【2009 年 9 月选择题第 26 题】

```
public void test(){
try{
sayHello();
system.out.println("hello");
} catch (ArrayIndexOutOfBoundException e) {
System.out.println("ArrayIndexOutOfBoundException");
}catch(Exception e){
System.out.println("Exception");
}finally {
System.out.println("finally");
}
}
```

如果 sayHello()方法正常运行，则 test()方法的运行结果将是________。

（A）Hello

（B）ArrayIndexOutOfBondsException

（C）Exception
　　Finally

（D）Hello
　　Finally

【简答题】

1. 简述检查异常与非检查异常的异同。
2. 举例说明 throw 和 throws 在异常处理中的作用。
3. try、catch、finally 在异常处理中各有什么作用？请举例说明。
4. 举例说明自定义异常类的定义和使用方法。

第7章 Java 输入/输出技术

【学习目标】

本章主要介绍 Java 输入/输出操作的基本概念和应用。主要包括流的基本概念，应用字节流实现输入/输出，应用字符流实现输入/输出，利用 File 类进行文件和目录操作，应用 RandomAccessFile 类实现随机文件读写操作，标准输入输出以及对象的序列化等。本章的学习目标如下。

（1）了解 Java 的输入/输出基本概念。

（2）掌握 File 类的应用。

（3）掌握 RandomAccessFile 类的应用。

（4）掌握标准输入/输出。

（5）掌握字节流类的应用。

（6）掌握字符流类的应用。

（7）了解对象序列化。

（8）能应用 Java I/O 操作类编写文件管理程序。

（9）能应用 Java I/O 类实现文件读写操作。

【学习导航】

Java 输入/输出技术对于程序运行过程中信息持久性保存具有非常重要的意义。本章内容在 Java 桌面开发技术中的位置如图 7-1 所示。

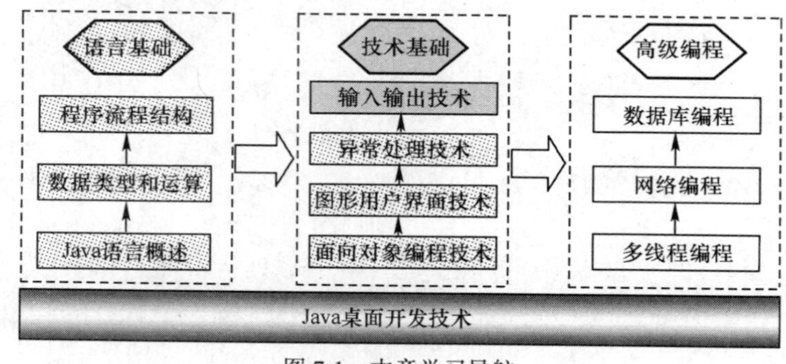

图 7-1 本章学习导航

7.1 Java输入/输出概述

7.1.1 Java I/O简介

输入/输出处理是程序设计中非常重要的环节，如从键盘输入数据，从文件中读取数据或向文件中写数据等。Java把这些不同类型的输入、输出抽象为流，所有的输入/输出以流的形式进行处理。这里的流是指连续的单向的数据传输的一种抽象，即由源到目的地通信路径传输的一串字节。发送数据流的过程称为写，接收数据流的过程称为读。当程序需要读取数据的时候，就会开启一个通向数据源的流，这个数据源可以是文件、内存或网络连接；当程序需要写入数据的时候，就会开启一个通向目的地的流。数据的传输过程，就好像水“流”动一样，如图7-2所示。我们可以把家里的热水器想象为一个程序，从进水管流入冷水，经过加热处理后，从出水管中流出热水。我们可以通过阀门控制冷水的流入和热水的流出，这里的流入和流出就是文件的输入和输出。

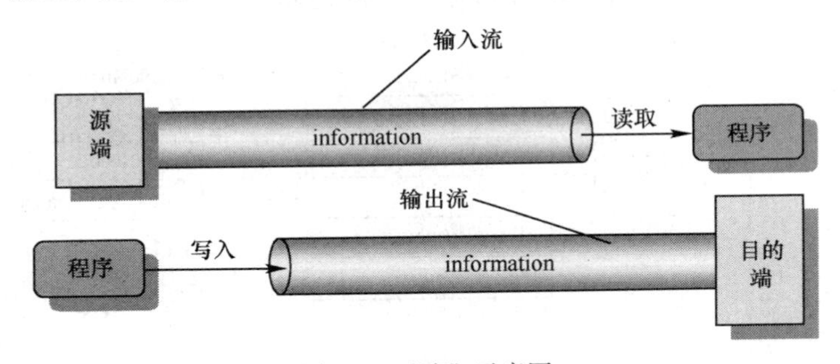

图7-2 “流”示意图

Java中定义了字节流和字符流以及其他的流类来实现输入/输出处理。

（1）字节流。

从InputStream和OutputStream派生出来的一系列类称为字节流类。这类流以字节（byte）为基本处理单位。字节是计算机的一个存储单位，通常以8个二进制位表示一个字节。在ASCII码中，每个英文字母或数字在计算机中就是用一个字节来表示的，使用字节来读取文件要求每个字母读取或写入一次。

（2）字符流。

从Reader和Writer派生出的一系列类称为字符流类，这类流以16位的Unicode编码表示的字符为基本处理单位。

7.1.2 Java I/O类层次结构

Java提供了文件输入/输出的类，其层次结构如图7-3和图7-4所示。

- 如果要在程序中使用这些流类，必须使用“import java.io.*;”引入包。
- 输入/输出的最底层都是字节形式，字符形式的流为处理字符提供更加方便有效的途径。

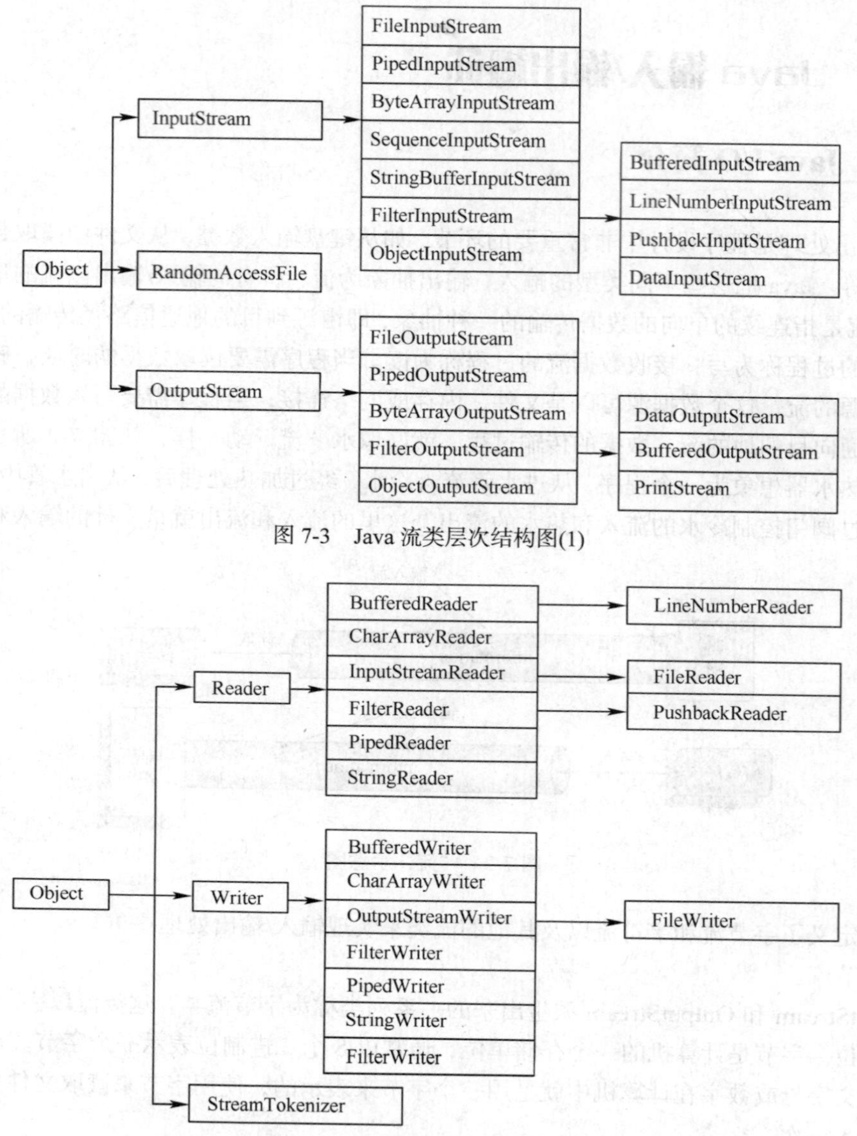

图 7-3　Java 流类层次结构图(1)

图 7- 4　Java 流类层次结构图(2)

7.2 File 类

7.2.1 File 类概述

在了解 Java 的流式操作之前，我们首先了解一下描述文件本身属性的 File 类的用法。File 类提供了一种与机器无关的方式来描述一个文件对象的属性，每个 File 类对象表示一个磁盘文件或目录，其对象属性包含了文件或目录的相关信息，如名称、长度和文件个数等，调用 File 类的方法可以完成对文件或目录的管理操作（如创建和删除等）。File 类的构造方法和常用方法如表 7-1 和表 7-2 所示。

1. 构造方法

表 7–1 File 类构造方法

方 法 名 称	方 法 功 能
File(String path)	如果 path 是实际存在的路径，则该 File 对象表示的是目录；如果 path 是文件名，则该 File 对象表示的是文件
File(String path,String name)	path 是路径名，name 是文件名
File(File dir,String name)	dir 是路径名，name 是文件名

2. 常用方法

表 7–2 File 类常用方法

方 法 名 称	方 法 功 能
String getName()	得到一个文件的名称（不包括路径）
String getPath()	得到一个文件的路径名
String getAbsolutePath()	得到一个文件的绝对路径名
String getParent()	得到一个文件的上一级目录名
boolean exists()	测试当前 File 对象所指示的文件是否存在
boolean canWrite()	测试当前文件是否可写
boolean canRead()	测试当前文件是否可读
boolean isFile()	测试当前文件是否是文件（不是目录）
boolean isDirectory()	测试当前文件是否是目录
String renameTo(File newName)	将当前文件名更名为给定文件的完整路径
long lastModified()	得到文件最近一次修改的时间
long length()	得到文件的长度，以字节为单位
boolean delete()	删除当前文件
boolean mkdir()	根据当前对象生成一个由该对象指定的路径
String list()	列出当前目录下的文件

- File 类不属于进行文件读写操作的流类。
- File 类仅描述文件本身的属性，不具有从文件读取信息或向文件存储信息的能力。

7.2.2 JFileChooser 类

在进行文件操作时，在 Swing 中提供了 JFileChooser 类实现文件对话框的操作。JFileChooser 为用户选择文件提供了一种简单又友好的机制，用户可以通过“打开”文件对话框或“保存”文件对话框进行文件的选择操作。JFileChooser 的构造方法和常用方法如表 7-3 和表 7-4 所示。

表 7-3　　JFileChooser 类构造方法

方 法 名 称	方 法 功 能
JFileChooser()	构造一个指向用户默认目录的 JFileChooser
JFileChooser(File currentDirectory)	使用给定的 File 作为路径来构造一个 JFileChooser
JFileChooser(File currentDirectory, FileSystemView fsv)	使用给定的当前目录和 FileSystemView 构造一个 JfileChooser
JFileChooser(FileSystemView fsv)	使用给定的 FileSystemView 构造一个 JfileChooser
JFileChooser(String currentDirectoryPath)	构造一个使用给定路径的 JfileChooser
JFileChooser(String currentDirectoryPath, FileSystemView fsv)	使用给定的当前目录路径和 FileSystemView 构造一个 FileChooser

表 7-4　　JFileChooser 类常用方法

方 法 名 称	方 法 功 能
File getCurrentDirectory()	返回当前目录
String getName(File f)	返回文件名
File getSelectedFile()	返回选中的文件
File[] getSelectedFiles()	如果将文件选择器设置为允许选择多个文件，则返回选中文件的列表
void setCurrentDirectory(File dir)	设置当前目录
void setDialogTitle(String dialogTitle)	设置显示在 JFileChooser 窗口标题栏的字符串
void setFileFilter(FileFilter filter)	设置当前文件过滤器
void setFileSelectionMode(int mode)	设置 JFileChooser，以允许用户只选择文件、只选择目录，或者可选择文件和目录
void setSelectedFile(File file)	设置选中的文件
int showDialog(Component parent, String approveButtonText)	弹出具有自定义 approve 按钮的自定义文件选择器对话框
int showOpenDialog(Component parent)	弹出一个“Open File”文件选择器对话框
int showSaveDialog(Component parent)	弹出一个“Save File”文件选择器对话框

7.2.3　课堂案例 1——查看文件属性

【案例学习目标】　掌握 File 类的常用方法的应用，掌握 JFileChooser 类的用法，会应用 File 类和 JFileChooser 类编写文件操作程序。

【案例知识要点】　File 类的常用方法、JFileChooser 类的常用方法。

【案例完成步骤】

1. 编写程序

（1）在 Eclipse 环境中创建名称为 chap07 的项目。

（2）在 chap07 项目中新建名称为 FileAttr 的类。

（3）编写完成的 FileAttr.java 的程序代码如下：

```
1   import javax.swing.*;
2   import java.awt.*;
3   import java.awt.event.*;
4   import java.io.*;
5   public class FileAttr extends JFrame implements ActionListener{
6       JPanel pnlMain;
7       JButton btnBrowse;
8       JFileChooser fc;
9       TextArea taFileInfo;
10      JLabel lblFile;
11      JTextField txtFile;
12      public FileAttr(){
13          super("文件浏览器");
14          fc=new JFileChooser();
15          pnlMain=new JPanel();
16          taFileInfo=new TextArea(6,36);
17          taFileInfo.setEditable(false);
18          lblFile=new JLabel("文件:");
19          txtFile=new JTextField(14);
20          btnBrowse=new JButton("浏览...");
21          btnBrowse.addActionListener(this);
22          setContentPane(pnlMain);
23          pnlMain.add(taFileInfo);
24          pnlMain.add(lblFile);
25          pnlMain.add(txtFile);
26          pnlMain.add(btnBrowse);
27          setSize(300,200);
28          setVisible(true);
29      }
30      public void actionPerformed(ActionEvent ae)    {
31          if (ae.getSource()==btnBrowse){
32              int iRetVal=fc.showOpenDialog(this);
33              if (iRetVal==JFileChooser.APPROVE_OPTION){
34  txtFile.setText(fc.getSelectedFile().toString());
35                  String[] fileAttr=getFileAttr(txtFile.getText());
36                  for (int i=0;i<fileAttr.length;i++)
37                      taFileInfo.append(fileAttr[i]+"\n");
38              }
39          }
40      }
41      public String[] getFileAttr(String strName){
42          try{
43              File file=new File(strName);
44              long lTime=file.lastModified();
45              long lSize=file.length();
46              boolean bRead=file.canRead();
```

```
47            boolean bWrite=file.canWrite();
48            boolean bHidden=file.isHidden();
49            String[] sTemp=new String[5];
50            sTemp[0]="上次修改时间:"+String.valueOf(lTime);
51            sTemp[1]="文件大小:"+String.valueOf(lSize);
52            sTemp[2]="是否可读:"+String.valueOf(bRead);
53            sTemp[3]="是否可写:"+String.valueOf(bWrite);
54            sTemp[4]="是否隐藏:"+String.valueOf(bHidden);
55            return sTemp;
56        }catch(Exception e){
57            return null;
58        }
59    }
60    public static void main(String args[]){
61        new FileAttr();
62    }
63 }
```

【程序说明】

- 第 4 行：引入 java.io.*，以便使用 File 对象。
- 第 5 行：实现 ActionListener 接口，以便对按钮的动作事件进行处理。
- 第 14 行：构造 JFileChooser（文件对话框）对象。
- 第 32 行：使用 JFileChooser 类的 showOpenDialog（this）打开文件对话框。
- 第 34 行：使用 JFileChooser 类的 getSelectedFile()方法获得打开的文件名，并将打开的文件名显示在文本框中。
- 第 35 行：以打开文件名为参数调用 getFileAttr 方法，将获得的文件属性保存到字符串数组 fileAttr 中。
- 第 36 行～第 37 行：使用 JTextArea 的 append 方法将文件属性从保存的字符串数组中读取到文本域中。
- 第 41 行～第 59 行：用于获得文件属性的方法 getFileAttr，以文件名为参数，返回保存属性值的字符串数组。
- 第 44 行：获得文件上次修改时间。
- 第 45 行：获得文件长度信息。
- 第 46 行：获得文件是否可读信息。
- 第 47 行：获得文件是否可写信息。
- 第 48 行：获得文件是否隐藏信息。
- 第 50 行～第 54 行：将获得的属性值保存至字符串数组，并返回到调用该方法的程序。

2. 编译并运行程序

保存并修正程序错误后，运行程序，单击窗体上的“浏览...”按钮，会打开文件对话框，用户可以进行文件选择。图 7-5 显示的是用户选择当前程序（D:\javademo\chap07\src）文件后显示的文件属性信息。

图 7-5　FileAttr 运行结果

7.3　随机读写文件和标准输入/输出

7.3.1　RandomAccessFile 类概述

使用流类可以实现对磁盘文件的顺序读写，而使用 RandomAccessFile 则可以实现随机读写。所谓随机读写，是指读写上一个字节后，不仅能读写其后继的字节，还可以读写文件中任意的字节，就好像文件中有一个随意移动的指针一样。Java 语言提供了 RandomAccessFile 类来进行随机文件的读取。从图 7-3 所示的 I/O 类层次结构图中可以看到，RandomAccessFile 类直接继承于 Object，不属于 InputStream 或 OutputStream。但 RandomAccessFile 类实现了 DataInput 和 DataOutput 接口。

随机存取文件的行为类似存储在文件系统中的一个大型字节数组。存在指向该隐含数组的光标或索引，称为文件指针；输入操作从文件指针开始读取字节，并随着对字节的读取而前移此文件指针。如果随机存取文件以读取/写入模式创建，则输出操作也可用；输出操作从文件指针开始写入字节，并随着对字节的写入而前移此文件指针。写入隐含数组的当前末尾之后的输出操作导致该数组扩展。该文件指针可以通过 getFilePointer 方法读取，并通过 seek 方法设置。

通常，如果所有读取程序在读取所需数量的字节之前已到达文件末尾，则抛出 EOFException（一种 IOException）。如果在读取过程中，由于某些原因无法读取任何字节，则抛出 IOException，而不是 EOFException。需要特别指出的是，如果流已被关闭，再对流进行操作则可能抛出 IOException。

RandomAccessFile 类的构造方法和常用方法如表 7-5 所示。

表 7-5　RandomAccessFile 类构造方法和常用方法

类　型	名　称	功　能
构造方法	RandomAccessFile(String name,String mode)	创建从中读取和向其中写入（可选）的随机存取文件流，该文件具有指定名称。其中 name 是文件名，mode 是打开方式，如"r"表示只读，"rw"表示可读写
	RandomAccessFile(File file,String mode)	创建从中读取和向其中写入（可选）的随机存取文件流，该文件由 File 参数指定
指针控制方法	long getFilePointer()	用于得到当前的文件指针
	void seek(long pos)	用于移动文件指针到指定的位置
	int skipBytes(int n)	使文件指针向前移动指定的 n 个字节

续表

类　型	名　称	功　能
文件长度方法	long length()	返回文件长度
读取数据方法	boolean readBoolean()	读入一个布尔值
	int readInt()	读入一个整数
	string readLine()	读入一行字符串
写数据方法	void write(byte b[])	把数组内容写入文件
	void writeBoolean(boolean v)	写入一个布尔值
	void writeInt(int v)	写入一个整数

使用 RandomAccessFile 类写文件的关键代码为：

```
RandomAccessFile logFile=new RandomAccessFile("student.txt","rw");
String strRecord="1234:wangym";
logFile.seek(logFile.length());
logFile.writeBytes(strRecord);
```

使用 RandomAccessFile 类读文件的关键代码为：

```
RandomAccessFile logFile=new RandomAccessFile("student.txt","r");
logFile.seek(0);
logFile.readLine();//读取一行
```

7.3.2 课堂案例 2——读写学生记录信息

【案例学习目标】 进一步熟悉 GUI 技术，理解随机文件读写操作特点，熟悉 RandomAccessFile 类的使用，能编写应用 RandomAccessFile 读写文件的程序。

【案例知识要点】 随机文件读写操作特点、RandomAccessFile 类构造方法、RandomAccessFile 类常用方法、Java I/O 类的层次结构。

【案例完成步骤】

1. 编写程序

（1）在 Eclipse 环境中打开名称为 chap07 的项目。

（2）在 chap07 项目中新建名称为 StuInfo 的类。

（3）编写完成的 StuInfo.java 的程序代码如下：

```
1   import javax.swing.*;
2   import java.awt.*;
3   import java.awt.event.*;
4   import java.io.*;
5   public class StuInfo extends JFrame implements ActionListener{
6       //声明 GUI 组件
7       JFileChooser fc;
8       RandomAccessFile rafUser;
```

```
9    public StuInfo(){
10       //构造 GUI 界面，注册事件监听程序，请参照运行结果图
11   }
12   public boolean loadFile(String fname){
13       try{
14           rafUser=new RandomAccessFile(fname,"r");
15           rafUser.seek(0);
16           txtName.setText(rafUser.readLine());
17           txtGender.setText(rafUser.readLine());
18           txtAge.setText(rafUser.readLine());
19           txtAddress.setText(rafUser.readLine());
20           rafUser.close();
21           return true;
22       }
23       catch(Exception e){
24           JOptionPane.showMessageDialog(null,"学生记录读取失败！");
25           return false;
26       }
27   }
28   public boolean saveFile(String fname){
29       if (txtName.getText().equals("")){
30           JOptionPane.showMessageDialog(null,"姓名不能为空");
31           return false;
32       }
33       try{
34           rafUser=new RandomAccessFile(fname,"rw");
35           rafUser.seek(0);
36           rafUser.writeBytes(txtName.getText()+"\r\n");
37           rafUser.writeBytes(txtGender.getText()+"\r\n");
38           rafUser.writeBytes(txtAge.getText()+"\r\n");
39           rafUser.writeBytes(txtAddress.getText());
40           rafUser.close();
41           reset();
42           return true;
43       }
44       catch(Exception e){
45           JOptionPane.showMessageDialog(null,"学生记录保存失败！");
46           return false;
47       }
48   }
49   public void reset(){
50       txtName.setText("");
51       txtGender.setText("");
52       txtAge.setText("");
53       txtAddress.setText("");
54   }
```

```
55      public void actionPerformed(ActionEvent ae){
56          if (ae.getSource()==btnSave)
57              if (saveFile("student.txt"))
58                  JOptionPane.showMessageDialog(null,"学生信息保存成功!");
59          if (ae.getSource()==btnLoad)
60              if (loadFile("student.txt"))
61                  JOptionPane.showMessageDialog(null,"学生信息读取成功!");
62          if (ae.getSource()==btnClear)
63          reset();
64          if (ae.getSource()==btnExit)
65          System.exit(0);
66      }
67      public static void main(String args[]){
68          new StuInfo();
69      }
70  }
```

【程序说明】

- 第 6 行：声明 GUI 组件，代码略，请参阅所附源资源。
- 第 10 行：在构造方法中完成 GUI 界面的构造，代码略，请参阅所附源资源。
- 第 12 行～第 27 行：读取文件方法，以文件名为参数，返回是否读取成功的逻辑值。
- 第 14 行：以文件名为参数，创建只读 RandomAccessFile 对象。
- 第 15 行：利用 seek 方法将文件指针定位到文件开始处。
- 第 16 行～第 19 行：利用 readLine 读取指定文件内容到相应 GUI 组件中（读取方式应该与存储方式对应）。
- 第 20 行：记取完毕，使用 close 方法关闭打开的随机文件。
- 第 31 行：如果读取过程出现异常，返回 false 值。
- 第 28 行～第 48 行：保存文件方法，以文件名为参数，返回是否保存成功的逻辑值。
- 第 34 行：以文件名为参数，创建可读写的 RandomAccessFile 对象。
- 第 35 行：使用 seek 方法将文件指针指向打开的随机文件中的开始位置。
- 第 36 行～第 39 行：利用 writeBytes 方法将 GUI 组件中相应内容写入到文件，每行信息写入后借助于"\r\n"换行。
- 第 41 行：保存成功后，清空 GUI 组件中的内容。
- 第 49 行～第 54 行：清空 GUI 组件中的内容的 reset 方法。
- 第 55 行～第 66 行：重写 ActionListener 接口中的 actionPerformed 方法，实现各按钮的功能。

2. 编译并运行程序

保存并修正程序错误后，运行程序，在文本框中输入某一学生的信息，如图 7-6 所示。单击“保存”按钮，将学生信息保存到 student.txt 文件中；

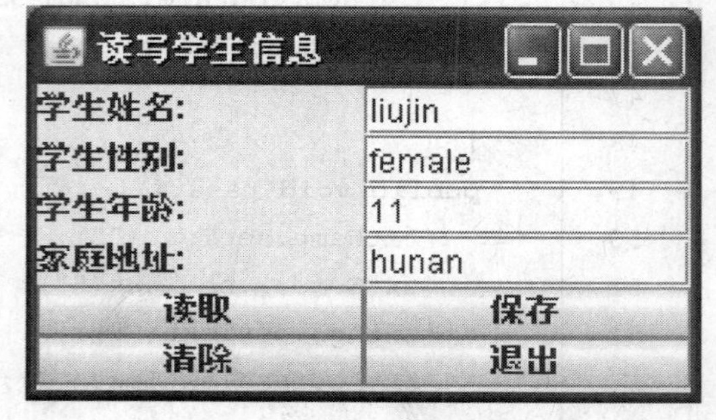

图 7-6　StuInfo 运行结果

单击“读取”按钮，从 student.txt 文件中将信息读取到窗口中显示；输入学生信息过程中，单击“清除”按钮，可以清空文本框中的内容；单击“退出”按钮，将退出该程序。

- 在生成一个 RandomAccessFile 对象时，不仅要说明文件对象或文件名，同时还需指明访问模式，即“只读方式”（r）或“读写方式”（rw）。
- 本例中演示的是读写文件中的第 1 条学生信息，读者可以自行对程序加以改进，实现对文件中的所有学生信息读取的功能。
- 本例只能实现对 ASCII 字符的正常读写，如果要实现对汉字的读写操作，请使用 writeUTF 方法写入，采用 readUTF 方法进行读取。
- 文件的路径可以使用绝对路径（如 d:\\liuzc\\demo.txt），也可以使用相对路径（要求文件在当前项目的根文件夹中）。

7.3.3　标准输入输出

计算机的标准输入设备是键盘，对键盘的输入操作称为标准输入操作；标准输出设备是显示器，对显示器的输出操作称为标准输出操作。Java 通过 java.lang 包中的 System 类提供标准输入和输出，System 类包括 In、Out 和 Err 几个成员方法。其中 In 方法提供标准的输入流的方法；Out 方法提供标准的输出流的方法；Err 方法提供标准的错误信息输出流。同时 Java 提供 InputStreamReader 和 BufferedReader 类改变默认的标准输入输出设备。下面的代码实现了从键盘读入字节数据：

```
public static void main(String args[]) throws IOException{
   byte data[]=new byte[20];
   System.out.println("请输入字符:");
   System.in.read(data);
   System.out.print("您输入的内容为:");
   for (int i=0;i<data.length;i++)
       System.out.print((char)data[i]);
}
```

- System.in 经常与后面介绍的字符流类联合使用。
- 使用 System.out.write 方法也可以实现控制台输出。

7.4　字节流类

Java 中的所有有关顺序输入的类都是从 InputStream 类继承的，所有有关顺序输出的类都是从 OutputStream 类继承的。把能够读取一个字节序列的对象称作一个输入流，而把能够写一个字节序列的对象称作一个输出流，它们分别由抽象类 InputStream 类和 OutputStream 类表示，由于 InputStream 类和 OutputStream 类为抽象类，所以不能直接生成对象，要通过这两个类的继承类来生成程序中所需要的对象。由于这类流以字节（byte）为基本处理单位，所以把它们称为字节流类。

字节流类包括顺序输入流、管道输入输出流和过滤输入输出流等。

7.4.1 InputStream 和 OutputStream

1. InputStream

InputStream 类是最基本的输入流，它提供了所有输入流都要用的方法，如表 7-6 所示。

表 7-6　InputStream 类的常用方法

方法名称	方法功能
int read ()	从输入流读出一个字节的数据
int read(byte[ ] b)	从输入流读出字节数据并存储在数组 b 中
int read(byte[ ] b，int off，int len)	从输入流的指定位置 off 读出指定长度为 len 的数据，并存储在数组 b 中
int available ()	从输入流返回可读的字节数
void close()	关闭输入流并释放与它有关的所有资源
boolean marksupported()	若返回真，则流支持标记和复位操作
void mark(int readlimit)	在流上标记位置，识别在标记变成无效前能被读出的字节数
void reset()	返回流中标记过的位置
long skip(long n)	跳过流中指定数目的字节

- read()方法返回读过的字节数，如果它遇到文件尾，就返回-1。
- marksupported、mark、reset、skip 4 种方法，提供了对流进行标记和复位的功能。使得流可从标记位置被读出。当流被标记，它需要有一些与它有关的内存来跟踪位于标记和流当前位置之间的数据。

2. OutputStream

与 InputStream 相对应，最基本的输出流是 OutputStream。同样，它提供了所有输出流要用到的方法，如表 7-7 所示。

表 7-7　OutputStream 类的常用方法

方法名称	方法功能
void write(int n)	向输出流写入指定字节数据
void write(byte[] b)	向输出流中写入一个字节数组
void write(byte[] b，int off，int len)	向输出流中写入数组 b 中从 off 位置开始且长度为 len 的数据
void flush()	强制缓冲区中的所有数据写入输出流
void close()	关闭当前输出流

7.4.2 FileInputStream 和 FileOutputStream

FileInputStream 类和 FileOutputStream 类分别直接继承于 InputStream 类和 OutputStream 类，

它们重写了父类中的所有方法，通过这两个类可以打开本地机器的文件，进行顺序读/写操作。在进行文件的读/写操作时，会产生 IOException 异常，因此，需要捕获或声明抛出该异常。

1. FileInputStream

FileInputStream 类是从 InputStream 基类中派生出来的一个输入流类，它可以处理简单的文件输入操作。在生成 FileInputStream 类的对象时，如果找不到指定的文件，会抛出 FileNotFoundException 异常，该异常必须被捕获或声明抛出。FileInputStream 类的构造方法如表 7-8 所示。

表 7-8 FileInputStream 类的构造方法

构造方法	参数说明
FileInputStream(File file)	File 为一个指定对象
Fi1eInputStream(FileDescriptor FdObj)	FdObj 为一个指定文件描述符
FileInputStream(String name)	Name 是一个指定文件的文件名

构造文件输入流对象以从文件读取的一般格式为：

```
FileInputstream inputFile =new FileInputstream("student.dat");
```

2. FileOutputStream

FileOutputStream 类则是 OutputStream 类派生出来的一个输出流类，用于处理简单的文件写入操作。默认情况下，在生成 FileOutputStream 类的对象时，如果指定的文件不存在，就会创建一个新文件，如果文件已存在，则清除文件中的原有内容。FileOutputStream 类的构造方法如表 7-9 所示。

表 7-9 FileOutputStream 类的构造方法

构造方法	参数说明
FileOutputStream(File file)	File 为一个指定对象
Fi1eOutputStream(FileDescriptor FdObj)	FdObj 为一个指定文件描述符
FileOutputStream(String name)	name 是一个指定文件的文件名
FileOutputStream(String name，boolean append)	append 指定是覆盖原来文件的内容还是在文件尾部添加内容

构造文件输出流对象以写入到文件的一般格式为：

```
FileOutputStream outputFile = new FileOutputStream("student.dat");
```

说明

- FileInputStream 类重写了父类的 read()、skip()、available()和close()方法，但不支持 mark()和 reset()方法。
- 使用 FileOutputStream（String name，boolean append）创建一个文件输出流对象时，如果 append 参数指定为 true，数据将附加到现有文件末尾。

7.4.3 BufferedInputStream 和 BufferedOutputStream

BufferedInputStream 和 BufferedOutputStream 类是从 FilterInputStream 类和 FilterOutputStream 类派生的子类，因此也称为过滤流，这两个类实现了带缓冲的过滤，当反复操作一个输入/输出流时，可以避免重复连接对象。其中 BufferedInputStream 是输入缓存流，BufferedOutputStream 是输出缓存流。

通过 BufferedInputStream 读取数据时，第一次读取时数据块被读入缓冲区，后续的读操作则直接访问缓冲区。通过 BufferedOutputStream 写数据时，数据不直接写入输出流，而是先写入缓冲区。当缓冲区的数据满时，数据才会写入 BufferedOutputStream 所连接的输出流，而缓冲区未满时，可以用该类的方法 flush()将缓冲区的数据强制全部写入输出流。

7.4.4 课堂案例 3——实现文件的复制

【案例学习目标】 了解字节流的含义，掌握字节流类的层次结构，了解 InputStream 和 OutputStream 常用方法，掌握 FileInputStream 和 FileOutputStream 常用方法，掌握 BufferedInputStream 和 BufferedOutputStream 常用方法，能够应用 FileInputStream 和 FileOutputStream 流类完成文件的读/写操作。

【案例知识要点】 InputStream 和 OutputStream、FileInputStream 和 FileOutputStream、BufferedInputStream 和 BufferedOutputStream。

【案例完成步骤】

1. 编写程序

（1）在 Eclipse 环境中打开名称为 chap07 的项目。

（2）在 chap07 项目中新建名称为 CopyByByte 的类。

（3）编写完成的 CopyByByte.java 的程序代码如下：

```
1   import java.io.*;
2   public class CopyByByte {
3       //定义源文件和目标文件常量
4       static final String INPUT = "student.txt";
5       static final String OUTPUT = "stubak.txt";
6       public static void main(String args[]){
7           int iResult;
8           try{
9               FileInputStream fisIn = new FileInputStream(INPUT);
10              FileOutputStream fosOut = new FileOutputStream(OUTPUT);
11              do{
12                  iResult=fisIn.read();
13                  if (iResult!=-1) fosOut.write(iResult);
14                  System.out.println("正在复制...");
15              }while (iResult!=-1);
```

```
16            System.out.println("student.txt已成功复制到stubak.txt!");
17            fisIn.close();
18            fosOut.close();
19        }
20        catch (IOException e){
21            e.printStackTrace();
22        }
23    }
24 }
```

【程序说明】

- 第4行～第5行：定义读/写的源文件和目标文件常量，这里以“课堂案例2”中生成的student.txt为源文件。
- 第9行：以“student.txt”文件为参数创建文件读入流对象fisIn，要求放入try块进行异常处理。
- 第14行：以“stubak.txt”文件为参数创建文件写出流对象fosOut。
- 第11行～第15行：使用一个do-while循环完成文件内容的读入（从student.txt）和写出（到stubak.txt），结束的标志是到文件尾（iResult=-1）。
- 第17行～第18行：关闭fisIn流和fosOut流，释放资源。

2. 编译并运行程序

保存并修正程序错误后，程序运行结果如图7-7所示，其中显示的“正在复制...”的次数与源文件中的内容有关。复制成功后源文件和目标文件的内容相同，读者可以自行比较两个文件的内容。

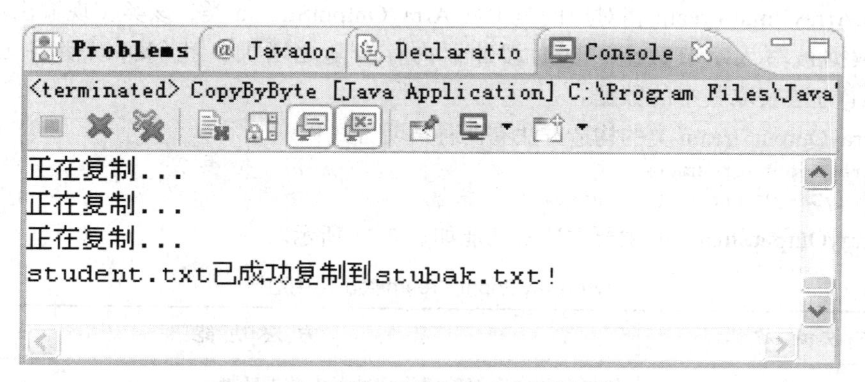

图7-7　利用文件输入/输出流复制文件

- 使用缓冲流也可以完成文件的复制，请读者自行修改程序代码。
- 虽然都能够实现文件读写功能，在大量的读写操作时使用缓冲流，可以提高读写效率。
- 除BufferedInputStream类和BufferedOutputStream类外，还有DataInputStream和DataOutputStream过滤流等，在此不再详细介绍，读者请自行参考API。

7.4.5 ByteArrayInputStream 和 ByteArrayOutputStream

ByteArrayInputStream 和 ByteArrayOutputStream 称为字节数组输入和字节数组输出流。

1. ByteArrayInputStream

ByteArrayInputStream 是由 InputStream 类派生出来的，它包含内部缓冲器，而该缓冲器含有从数据流中读取的字节。ByteArrayInputStream 类用于从数据流读出字节数组。ByteArrayInputStream 类的构造方法两种声明方式：

```
ByteArrayInputStream (byte[] buf )
ByteArrayInputStream (byte[] buf, int offset, int length)
```

其中 buf 为字节数组，offset 表示偏移量，即从第 offset 字节位置开始输入，length 为输入字节的长度。ByteArrayInputStream 的主要方法及功能如表 7-10 所示。

表 7-10　ByteArrayInputStream 类的常用方法

方 法 名 称	方 法 功 能
available()	从输入数据流返回可读的字节数
read()	从输入数据流读取下一字节
read(byte[ ] b，int off，int len)	从输入数据流中读取至少 len 个字节，并存入缓冲器数组 b 中

2. ByteArrayOutputStream

与 ByteArrayInputStream 相对应的是 ByteArrayOutputStream 类，该类实现输出流，在输出数据流中数据被写入字节数组，同时缓冲器内存会随之增加，我们可以使用 toString()和 toByteArray()方法获取其中的数据。

ByteArrayOutputStream 类的构造方法有两种声明方式：

```
ByteArrayOnputStream ()
ByteArrayOnputStream (int size)
```

ByteArrayOutputStream 的主要方法及功能如表 7-11 所示。

表 7-11　ByteArrayOnputStream 类的常用方法

方 法 名 称	方 法 功 能
toString()	依平台预定字符编码将缓冲器中数据转换为字符串
toString(String enc)	依指定的字符编码将缓冲器的数据转换为字符串
write(int b)	将指定 b 的 ASCII 字符写入字节数组输出流
write(char[ ] b，int off，int len)	从指定字节数组 b 的第 off 位置开始，将 len 个字节写入字节数组输出流
toByteArray()	返回输出数据流的当前内容

应用 ByteArrayInputStream 和 ByteArrayOutputStream 实现文件复制的关键代码如下：

```
    public static void main(String args[]) {
        int bChar;
        byte ArrayOut[];
        String sTest="Test of ByteArrayInputStream";
        //将 sTest 转换成字节形式，存入数组 ArrayIn
        byte ArrayIn[]=sTest.getBytes();
        //创建 ByteArrayInputStream 类对象
        ByteArrayInputStream baisIn=new ByteArrayInputStream(ArrayIn,0,7);
        ByteArrayOutputStream baisOut=new ByteArrayOutputStream();
        System.out.println("从输入流中读取的字符数: "+baisIn.available());
        System.out.println("读取的内容为:");
        //读取 baisIn 中的每个字节
        while((bChar=baisIn.read())!=-1){
            System.out.println((char)bChar);
            baisOut.write(bChar);
        }
        ArrayOut = baisOut.toByteArray();
        System.out.println("ArrayOut 的内容: " + new String(ArrayOut));
        System.out.print("直接由 ByteArray 输出 ArrayOut: ");
        try{
            baisOut.writeTo(System.out);  //输出至屏幕
            System.out.println();
        }
        catch(Exception e){
            e.printStackTrace();
        }
    }
```

7.4.6　PrintStream

PrintStream 称为打印流。PrintStream 类是继承 OutputStream 的子类，也是一种输出数据流，是一种将字符转换成字节的输出数据流（如把文本框中的字符串写到文件中）。PrintStream 类的构造方法和常用方法如表 7-12 所示。

表 7-12　　PrintStream 类的构造方法和常用方法

类　型	名　称	功　能
构造方法	PrintStream(OutputStream out)	以输出流对象为参数创建 PrintStream 对象
	PrintStream(OutputStream out, boolean autoFlush)	以输出流和 autoFlush（是否自动输出）对象为参数创建 PrintStream 对象
常用方法	print(char c)	输出字符
	print(char[] s)	输出字符数组
	print(int i)	输出整数值
	print(Object obj)	输出对象
	write(int b)	将指定的字节写到当前输出数据流

使用 PrintStream 的关键代码如下：

```
FileOutputStream outFile=new FileOutputStream("test.txt", true);
PrintStream pstr=new PrintStream(outFile);
String str=textField.getText();
Pstr.write(str);
```

7.5 字符流类

尽管 Java 的字节流类功能十分强大，它几乎可以直接或间接处理任何类型的输入/输出操作，但利用字节流不能直接处理存储为 16 位的 Unicode（每个字符使用两个字节）字符。所以 Java 引入了用来处理 Unicode 字符的类层次，这些类派生自抽象类 Reader 和 Writer，它们用于读/写双字节的 Unicode 字符，而不是单字节字符。

从 Reader 和 Writer 派生出的一系列类，这类流以 16 位的 Unicode 码表示的字符为基本处理单位，可以用于不同情况的字符数据的输入和输出。下面对这些字符类进行详细介绍。

7.5.1 Reader 和 Writer

1. Reader

Reader 类继承自 java.lang.Object 类。Reader 是抽象类，用来读取字符数据流。它的子类有 BufferedReader、CharArrayReader、FilterReader、InputStreamReader、PipedReader、StringReader。Reader 类的构造方法和常用方法如表 7-13 所示。

表 7-13　Reader 类的构造方法和常用方法

方法类型	方法名称	方法功能
构造方法	Reader()	使用默认的构造方法构造 Reader 对象
	Reader(Object lock)	lock 代表字符数据流的对象
常用方法	read ()	读取一个字符
	read(char[ ] cbuf)	读取字符写入数组 cbuf
	read(char[ ] cbuf,int off, int len)	读取字符，并存入数组中指定位置
	markSupported()	判断是否支持 mark()功能

2. Writer

与 Reader 类相对应的 Writer 类也是一个抽象类，其主要功能是写入字符数据流。Writer 类的子类有 BufferedWriter，CharArmyWriter，FilterWriter，OutputStreamWriter，PipedWriter，PrintWriter，StringWriter。Writer 类的构造方法和常用方法如表 7-14 所示。

表 7-14　Writer 类的构造方法和常用方法

方法类型	方法名称	方法功能
构造方法	Writer()	使用默认的构造方法构造 Writer 对象
	Writer(Object lock)	lock 表示用于同步的对象
常用方法	write(int c)	写一个字符
	write(char[] cbuf)	将字符写入数组 cbuf

续表

方法类型	方法名称	方法功能
常用方法	write(char[] cbuf，int off, int len)	将 cbuf 字符数组从 off 位置开始，写 len 个字符
	write(String str)	写一个字符串
	write(String str,int off, int len)	将 str 字符串从 off 位置开始，写 len 个字符
	markSupported()	判断是否支持 mark()功能

7.5.2 FileReader 和 FileWriter

由图 7-4 可知，FileReader 和 FileWriter 类是由 InputStreamReader 和 OutputStreamWriter 派生的子类，其方法也是大同小异。FileReader 类使用字符方法创建文件输入流；FileWriter 类使用字符方式创建文件输出流。

应用 FileReader 类和 FileWriter 类复制文件的关键代码如下：

```
try{
   FileReader rdFile = new FileReader(INPUT);
   FileWriter wrFile=new FileWriter(OUTPUT);
   int intResult ;
   while ((intResult=rdFile.read())!=-1)
        wrFile.write(intResult);
   System.out.println("student.txt已成功复制到stubak.txt!");
   rdFile.close();
   wrFile.close();
}
Catch (IOException e){
   e.printStackTrace();
}
```

7.5.3 BufferedReader 和 BufferedWriter

由图 7-4 可知，BufferedReader 和 BufferedWriter 是由 Reader 和 Writer 派生的子类。它们是字符方式缓冲流，前者是输入缓存，后者是输出缓存，使用缓冲流可以避免频繁地从物理设备中读取信息。BufferedReader 和 BufferedWriter 与 FileReader 和 FileWriter 类配合使用以提高读写效率。

1. BufferedReader

BufferedReader 是 java.io.Reader 的一个子类，在读取数据流的过程中起到缓冲器的作用。从字符输入数据流读取文本，使用 BufferedReader 以缓冲方式，能有效读取字符、字符数组以及文字行(lines)，提高输入的效率。

通常，Reader 提出读取的要求将引发另一个读取的要求，例如，读一个文件，每次使用 read( )或 readLine( )输入，将引起从文件读取字节，并且转换成字符后返回，这种输入方式效率很低。

可以使用 BufferedReader 类包装 Reader 的一些对象（FileReader 和 InputStreamreader），以提高 I/O 的效率。例如，声明对指定文件 Test.doc 使用缓冲器输入：

```
BufferedReader ko=new BufferedReader(new FileReader("Test.doc")
```

前面我们提到 DataInputStream 读取数字类型的输入数据流，假如程序中需要对输入数据流中

的文字进行读取，可使用 BufferedReader 取代 DatalnputStream。

BufferedReader 类构造方法和常用方法如表 7-15 所示。

表 7-15　　BufferedReader 类的构造方法和常用方法

方法类型	方法名称	方法功能
构造方法	BufferedReader(Reader in)	以 Reader 对象为参数创建 BufferedReader 对象
	BufferedReader(Reader in，int size)	以 Reader 对象和指定长度为参数创建 BufferedReader 对象
常用方法	Read()	读取一个字符的方法
	read(char[] cbuf, int off, int len)	读取字符数组的一部分内容的方法
	readLine()	读取一行文本的方法

2. BufferedWriter

BufferedWriter 是从 java.io.Writer 类派生而来，用于将文本写到字符输出数据流。使用 BufferedWriter 可以有效提高字符、数组及字符串的输出效率。缓冲器大小可以用默认值（通常使用默认值），也可以指定缓冲器的容量大小。

BufferedWriter 类构造方法和常用方法如表 7-16 所示。

表 7-16　　BufferedWriter 类的构造方法和常用方法

方法类型	方法名称	方法功能
构造方法	BufferedWriter(Writer out)	创建一个使用默认大小输出缓冲区的缓冲字符输出流
	BufferedWriter(Writer out，int size)	创建一个使用给定大小输出缓冲区的新缓冲字符输出流
常用方法	write(int c)	写入单个字符
	write(char[]cbuf，int off，int len)	写入字符数组的某一部分
	write(String s，int off, int len)	写入字符串的某一部分

与 Reader 相类似，用 Writer 将输出写到字符或字节数据流中，为了提高写入的效率，可以使用 BufferedWriter 包装 Writer 类子类，包括 FileWriters 类和 OuroutStreamWriters 类的对象。例如，我们要将 PrintWriter 类的对象写至 test.txt 文件中，就可声明为：

```
PrintWriter pWriter=new PrintWriter(new BufferedWriter(new FileWriter("test.txt")));
```

上述过程是首先通过将 PrintWriter 输出写到缓冲器，然后又写到 test.txt 文件中。除非有必要，一般使用 BufferedWriter 类就可以满足程序的要求。

应用 BufferedReader 类和 BufferedWriter 类读写文件的关键代码如下：

```
// main 方法声明抛出 IOException（可以不使用 try-catch 进行异常处理）
public static void main(String args[ ]) throws IOException{
   String sLine;
   String sTest="Welcome to the Java World!";
//创建字符缓冲（BufferedWriter）写出对象 bwFile
   BufferedWriter bwFile=new BufferedWriter(new  FileWriter("demo.txt"));
//使用 BufferedWriter 的 write 方法将测试字符串写入到 bwFile
   bwFile.write(sTest,0,sTest.length());
//使用 BufferedWriter 的 flush 方法刷新输出流，强制输出
   bwFile.flush( );
   System.out.println("成功写入 demo.txt!\n");
```

```
//创建字符缓冲(BufferedReader)读取对象 brFile
   BufferedReader bwReader=new BufferedReader(new FileReader("demo.txt"));
//使用 readLine 方法从指定文件中读取一行字符到 strLine 变量中
   sLine=bwReader.readLine( );
   System.out.println("从 demo.txt 读取的内容为:");
   System.out.println(sLine);
}
```

7.5.4 InputStreamReader 和 OutputStreamWriter

由图 7-4 可知，InputSteamReader 和 OutputStreamWriter 是由 Reader 和 Writer 派生的子类，是建立在 InputStream 和 OutputStream 类基础上的，相当于字符流和字节流之间的转换器。InputSteamReader 从输入流中读取字节数据，并按照一定的编码方式将其转换为字符数据；而 OutputStreamWriter 则将字符数据转换成字节数据，再写入到输出流。

1. InputStreamReader

InputStreamReader 是 Reader 类的一个重要子类。InputStreamReader 用于在字节与 Unicode 字符流间的数据转换，也就是说，可以将 InputStream 子类对象（字节数据流）转换为 Unicode 字符流。

InputStreamReader 类的构造方法形式有以下两种：

```
InputStreamReader(InputStream in)
InputStreamReader(InputStream in, String enc)
```

其中 enc 表示字符的编码名称。

InputStreamReader 类的 read()方法，可以实现从字节输入数据流读取一个或多个字节。为了提高输入输出的效率，可用 BufferReader 来包装 InputStream 类的对象。

InputStreamReader 的 read() 方法的每次调用，可能促使从基本字节输入流中读取一个或多个字节。为了达到更高效率，考虑用 BufferedReader 封装 InputStreamReader，例如：

```
BufferedReader in = new BufferedReader(new InputStreamReader(System.in));
```

2. OutputStreamWriter

OutputStreamWriter 类派生于 Writer 类，是其一个重要的子类。OutputStreamWriter 用于将字符写入输出数据流，并可根据指定的字符编码，将字符数据转换成字节形式。

OutputStreamWriter 类的构造方法和常用方法如表 7-17 所示。

表 7–17　　OutputStreamWriter 类的构造方法和常用方法

类　型	名　称	功　能
构造方法	OutputStreamWriter(OutputStream out)	以输出流字节流为参数创建 OutputStreamWriter 对象
	OutputStreamWriter(OutputStream out,String enc)	以输出流字节流和指定的编码为参数创建 OutputStreamWriter 对象
常用方法	write(int c)	输出整数
	write(char[] cbuf)	输出字符数组
	write(char[] cbuf，int off, int len)	从指定的位置开始输出指定长度的字符数组
	write(String str,int off, int len)	从指定的位置开始输出指定长度的字符串

OutputStreamWriter 类功能与 Writer 类相同，为了提高 I/O 效率，同样可考虑用 BufferedWriter 类来实现 OutputStreamWriter。

每次调用 write()方法都会针对给定的字符（或字符集）调用编码转换器。在写入基础输出流之前，得到的这些字节会在缓冲区累积。可以指定此缓冲区的大小，不过，默认的缓冲区对多数用途来说已足够大。注意，传递到此 write()方法的字符是未缓冲的。为了达到最高效率，可考虑将 OutputStreamWriter 包装到 BufferedWriter 中以避免频繁调用转换器。例如：

```
Writer out = new BufferedWriter(new OutputStreamWriter(System.out));
```

7.5.5 课堂案例 4——字符流类读写操作

【案例学习目标】 了解字符流类的含义，掌握 Reader 和 Writer 的常用方法，掌握 FileReader 和 FileWriter 的常用方法，掌握 BufferedReader 和 BufferedWriter 的常用方法，掌握 InputStreamReader 和 OutputStreamWriter 的常用方法，会利用 IutputStreamReader 类和 OutputStreamWriter 字符流类完成读写操作。

【案例知识要点】 FileReader 和 FileWriter、BufferedReader 和 BufferedWriter、InputStreamReader 和 OutputStreamWriter。

【案例完成步骤】

1. 编写程序

（1）在 Eclipse 环境中打开名称为 chap07 的项目。

（2）在 chap07 项目中新建名称为 ReadString 的类。

（3）编写完成的 ReadString.java 的程序代码如下：

```
1   import java.io.*;
2   public class ReadString {
3       public static void main(String args[]){
4           char temp[];
5           String sInput;
6           InputStreamReader isrIn = new InputStreamReader(System.in);
7           BufferedReader brIn = new BufferedReader(isrIn);
8           OutputStreamWriter oswOut = new OutputStreamWriter(System.out);
9           BufferedWriter bwOut= new BufferedWriter(oswOut);
10          try{
11              System.out.print("输入字符串,按<Enter>结束:\n" );
12              sInput = brIn.readLine();  //读入字符串
13              System.out.println("将字符串转换成字符数组中...");
14              temp = sInput.toCharArray();  //转换字符串
15              System.out.println("转换完成!!!");
16              bwOut.write(temp,0,sInput.length());
17              bwOut.write((int)('\n') );
18              bwOut.flush();  //强制输出到屏幕
```

19	`        }`
20	`        catch(IOException ex){`
21	`            System.out.println("发生 I/O 错误!!!");`
22	`        }`
23	`    }`
24	`}`

【程序说明】

- 第 4 行～第 5 行：声明数组 temp 和 String 类对象 sInput。
- 第 6 行：创建 InputStreamReader 类对象 isrIn，接收屏幕输入。
- 第 7 行：创建 BufferedReader 类对象 brIn，包装对象 isrIn。
- 第 8 行：创建 OutputStreamWriter 类对象 oswOut，进行屏幕输出。
- 第 9 行：创建 BufferedWriter 类对象 bwOut，包装对象 oswOut。
- 第 12 行：使用 BufferedReader 类的 readLine()方法读入一行字符串。
- 第 14 行：使用 String 类的方法 toCharArray()，转换字符为字节形式，存于数组 temp 中。
- 第 16 行：使用 BufferedWriter 类的 write 方法，将数组内数据写入对象 bwOut。
- 第 17 行：使用 BufferedWriter 类的 write 方法，将回车符写入 bwOut。
- 第 18 行：使用 OutputStreamWriter 类的 flush 方法，强制输出到屏幕上。

2. 编译并运行程序

保存并修正程序错误后，程序运行结果如图 7-8 所示。

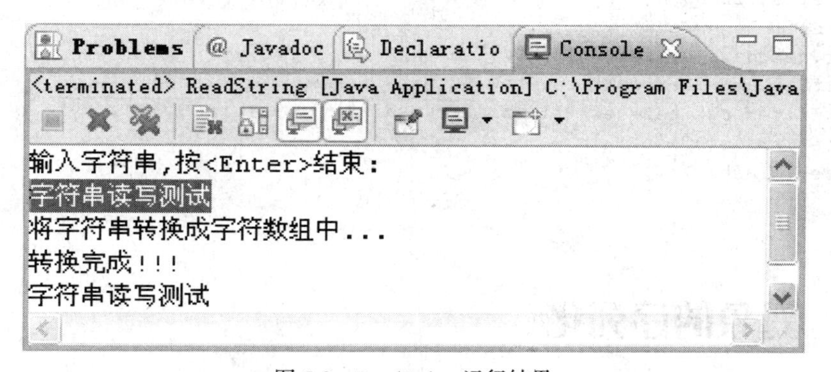

图 7-8　ReadString 运行结果

7.5.6　PrintWriter

打印输出流类 PrintWriter 是建立在 Writer 基础上的流，可以实现按 Java 基本数据类型为单位进行文本文件的写入。与 DataOutputStream 类似，PrintWriter 也是有输出方法但无目的地，PrintWriter 必须与一个输出流（如 OutputStreamWriter，FileOutputStream）结合使用。例：

```
FileOutputStream fout=new FileOutputStream("Test.txt");
PrintWriter pWriter=new PrintWriter(fout);
```

PrintWriter 类的构造方法和常用方法如表 7-18 所示。

表 7-18 PrintWriter 类的构造方法和常用方法

方法类型	方法名称	方法功能
构造方法	PrintWriter（OutputStream out）	以输出字节流为参数创建 PrintWriter 对象
	PrintWriter（Writer out）	以 Write 对象为参数创建 PrintWriter 对象
	PrintWriter（OutputStream out，boolean autoFlush）	AutoFlush 指明是否自动输出数据流，若是，则用 true，如果不是，则用 false
	PrintWriter(Writer out, boolean autoFlush）	AutoFlush 指明是否自动输出数据流，若是，则用 true，如果不是，则用 false
常用方法	print（char c）	输出字符
	print（char[] s）	输出字符数组
	print（Object obj）	输出对象
	print（String s）	输出字符串
	write（char[] buf）	将字符数组写入输出流
	write（String str）	将字符串写入输出流

PrintWriter 类使用的关键代码如下：

```
public static void main(String args[]) throws IOException{
   int iLen;
   String sTest="PrintWriter Demo\n";
   iLen=sTest.iLength( );
   char buf[ ]=new char[iLen];
   sTest.getChars(0,iLen, buf, 0);
   OutputStreamWriter osWriter=new OutputStreamWriter(System.out);
   PrintWriter pWriter=new PrintWriter(osWriter);
   pWriter.write(sTest);
   pWriter.flush( );
}
```

7.6 对象的序列化

7.6.1 对象序列化概述

对象的寿命通常随着生成该对象的程序的终止而终止。在有些情况下，可能需要将对象的状态保存下来，在需要时再将对象恢复。我们把对象的这种能够记录自己的状态以便将来再生的能力，叫做对象的持续性。对象通过写出描述自己状态的值来记录自己的这个过程叫对象的序列化。

为了使一个对象能够被读取或者写入，这个对象的定义类必须实现 java.io.Serializable 接口或者 java.io.Externalizable 接口。Serializable 接口是一个指示器接口，其中没有定义任何成员，只表示一个对象可以被序列化。Java 的序列化机制可以使对象和数组的存储过程自动化。要实现序列化时，使用 ObjectOutputStream 类存储对象，使用 ObjectInputStream 类恢复对象。

7.6.2　课堂案例 5——序列化登录用户信息

【案例学习目标】　理解对象序列化的含义，掌握 ObjectInputStream 和 ObjectOutputStream 的常用方法，能应用对象序列化保存对象信息。

【案例知识要点】　对象序列化、ObjectInputStream 类、ObjectOutputStream 类。

【案例完成步骤】

1. 编写程序

（1）在 Eclipse 环境中打开名称为 chap07 的项目。

（2）在 chap07 项目中新建名称为 SerialDemo 的类。

（3）编写完成的 SerialDemo.java 的程序代码如下：

```
1   import java.io.*;
2   import java.util.*;
3   public class SerialDemo implements Serializable{
4       Date date = new Date();
5       String sUser;
6       transient String sPass;
7       public SerialDemo(String name, String pwd){
8           sUser = name;
9           sPass = pwd;
10      }
11      @Override
12      public String toString() {
13          String pwd = (sPass == null) ? "未知" : sPass;
14          return "登录信息: \n"+"用户名: "+sUser + "\n 登录时
    间:"+date.toLocaleString()+"\n 密码: "+pwd;
15      }
16      public static void main(String[] args) throws IOException,
    ClassNotFoundException{
17       SerialDemo sd=new SerialDemo("liuzc","liuzc518");
18          System.out.println(sd);
19          ObjectOutputStream oosLogin=new ObjectOutputStream( new
    FileOutputStream("user.dat"));
20          oosLogin.writeObject(sd);
21          oosLogin.close();
22          long lngTime= System.currentTimeMillis()+10000;
23          while(System.currentTimeMillis()<lngTime);
24          ObjectInputStream oisLogin=new ObjectInputStream( new
    FileInputStream("user.dat"));
25          System.out.println( "--重新读入登录信息...("+(new
    Date()).toLocaleString()+")");
26          sd=(SerialDemo)oisLogin.readObject();
27          System.out.println(sd);
```

```
28        }
29    }
```

【程序说明】

- 第 3 行：当前类实现 Serializable 接口，以便实现对象序列化。
- 第 4 行：通过 Date()获得当前系统时间。
- 第 5 行～第 6 行：声明用户名和密码两个成员变量（序列化的内容），其中 sPass 之前使用 transient 关键字，说明该成员不参加序列化。
- 第 7 行～第 10 行：通过构造方法给用户名和密码赋值。
- 第 12 行～第 15 行：重写 toString 方法，返回用户登录信息（用户名＋日期＋密码）。
- 第 16 行：main 方法声明抛出 IOException 异常和 ClassNotFoundException 异常。
- 第 17 行：创建 SerialDemo 对象 sd，初始化用户名和密码成员。
- 第 18 行：输出 sd 对象的信息。
- 第 19 行：创建对象输出流 ObjectOutputStream 对象 oosLogin。
- 第 20 行：将对象写入到对象输出流 oosLogin。
- 第 22 行～第 23 行：实现延时 10 秒。
- 第 24 行：创建对象输入流 ObjectInputStream 对象 oisLogin。
- 第 25 行：提示重新读入登录信息并显示当前时间。
- 第 26 行：通过 ObjectInputStream 类 readObject 方法读取登录信息，并强制转化为 SerialDemo 类型。
- 第 27 行：输出重新读入的 sd 对象的信息。

2. 编译并运行程序

保存并修正程序错误后，程序运行并延时 10 秒后，运行结果如图 7-9 所示。

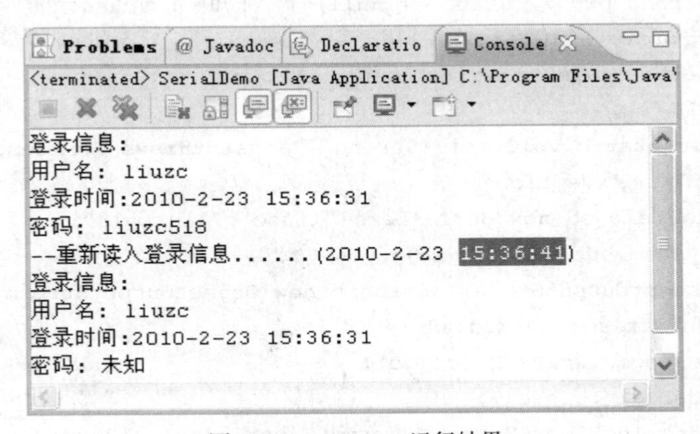

图 7-9 SerialDemo 运行结果

- 对象的序列化没有实现信息的持久性保存（没有写入到外部文件），但可以实现信息的持续性保存（以对象方式保存在内存中）。
- 由于之前密码使用了 transient 修饰，在重新读入时显示“未知”，实现了保护。
- 序列化过程只能保存对象的非静态成员变量，不能保存类的静态成员变量。

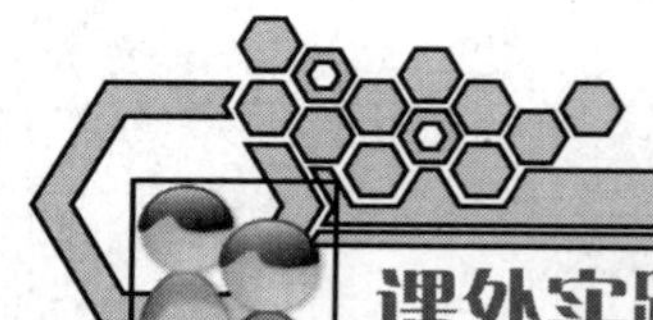

课外实践

【任务 1】

在“课堂案例 2”的基础上，完成下列操作。

（1）将学生信息以“罗华：女：22：南昌”的格式保存在 student.txt 文件中（每位学生占一行）。

（2）可以保存多个学生记录到 student.txt 文件。

（3）可以循环读取保存在 student.txt 文件中的学生记录。

【任务 2】

设计一个程序，模拟 Windows 资源管理器的功能，实现目录和文件的复制功能。

（1）选择源文件和目标文件后，使用字节流或字符流的方式完成文件的复制操作。

（2）使用递归算法完成目录（含子目录和文件）的复制。

（3）程序的参考界面如图 7-10 所示。

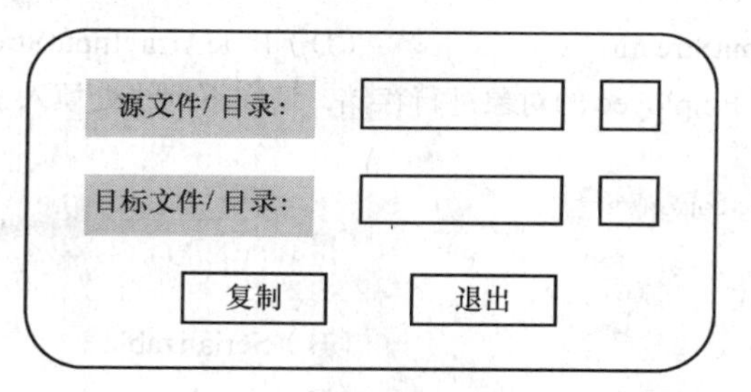

图 7-10　目录和文件复制参考界面

思考与练习

【填空题】

1. 在 java.io 包中，字符输出流类都是______类的子类。【2007 年 4 月填空题第 12 题】

2. Java 输入/输出流中包括字节流、______、文件流、对象流及管道。【2008 年 4 月填空题第 9 题】

3. 在 Java 中，对象流以______方式传送和存储。【2008 年 4 月填空题第 10 题】

4. 文件类 File 是______包中的一个重要的非流类。【2008 年 9 月填空题第 8 题】

5. “流”（stream）可以看作一个流动的____缓冲区。【2009 年 3 月填空题第 10 题】

【选择题】

1. 下列叙述中，错误的是______。【2007 年 4 月选择题第 22 题】

（A）所有的字节输入流都从 InputStream 类继承

（B）所有的字节输出流都从 OutputStream 类继承

（C）所有的字符输出流都从 OutputStreamWriter 类继承

（D）所有的字符输入流都从 Reader 类继承

2. Java 对 I/O 访问所提供的同步处理机制是______。【2007 年 4 月选择题第 25 题】

（A）字节流　（B）过滤流

（C）字符流　（D）压缩文件流

3. Java 对文件类提供了许多操作方法，能获得文件对象父路径名的方法是______。【2007 年 4 月选择题第 26 题】

（A）getAbsolutePath（）　（B）getParentFile（）

（C）getAbsoluteFile（）　（D）getName（）

4. 下列类中属于字节输入抽象类的是______。【2007 年 9 月选择题第 24 题】

（A）FileInputStream　（B）ObjectInputStream

（C）FilterInputStream　（D）InputStream

5. 能向内存直接写入数据的流是______。【2007 年 9 月选择题第 25 题】

（A）FileOutputStream　（B）FileInputStream

（C）ByteArrayOutputStream　（D）ByteArrayInputStream

6. 下面程序中需要对 Employee 的对象进行存储，请在下划线处填入正确选项。【2007 年 9 月选择题第 26 题】

```
class  Employee  implements  _______{
...
}
```

（A）Comparable　（B）Serializable

（C）Cloneable　（D）DataInput

7. RandomAccessFile 是 java.io 包中一个兼有输入/输出功能的类，由于它是随机访问，所以文件读/写一个记录的位置是______。【2008 年 4 月选择题第 31 题】

（A）起始　（B）终止　（C）任意　（D）固定

8. 在 Java 中，“目录”被看作是。【2008 年 4 月选择题第 33 题】

（A）文件　（B）流　（C）数据　（D）接口

9. 下列关于对象串行化的说法中错误的是______。【2008 年 4 月选择题第 35 题】

（A）Java 中，默认所有类的对象都可串行化

（B）在对象串行化是，不保存对象所属类的构造方法

（C）在实现 Serializable 接口的类中，用 transient 关键字可使某些数据不被串行化

（D）ObjectInputStream 和 ObjectOutputStream 类都支持对象的读和写

10. Reader 类所处理的是______。【2008 年 9 月选择题第 15 题】

（A）字符流　（B）字节流　（C）文件流　（D）管道流

11. 阅读下列代码段。【2008 年 9 月选择题第 16 题】

```
ByteArrayOutputStream bout=new ByteArrayOutputStream();
```

```
ObjectOutputStream out=new ObjectOutputStream(bout);
out.writeObject(this);
out.close();
```

以上代码段的作用是______。

（A）将对象写入内存　　（B）将对象写入硬盘

（C）将对象写入光盘　　（D）将对象写入文件

12. Java 类库中，将信息写入内存的类是______。【2009 年 3 月选择题第 27 题】

（A）java.io.FileOutputStream

（B）java.io.ByteArrayOutputStream

（C）java.io.BufferedOutputStream

（D）java.io.DataOutputStream

13. 阅读下列 Java 语句。【2009 年 3 月选择题第 28 题】

```
ObjectOutputStream out
New ObjectOutputStream {new_____(“employee.dat”)};
```

在下划线处，应填的正确选项是______。

（A）File　　（B）FileWriter

（C）FileOutputStream　　（D）OutputStream

14. Java 中类 ObjectOutputStream 支持对象的写操作，这是一种字节流，它的直接父类是______。【2009 年 9 月选择题第 33 题】

（A）Writer　　（B）DataOutput

（C）OutputStream　　（D）ObjectOutput

【简答题】

1. 举例说明应用 RandomAccessFile 类进行随机文件读写的一般步骤。
2. 什么是对象的序列化？举例说明实现对象序列化的步骤。

第8章 多线程编程

【学习目标】

本章主要介绍了Java线程的基本概念和应用。主要包括线程的基本概念、Java语言实现多线程的两种机制（继承Thread类和实现Runable接口）、线程的4种状态（新建、运行、不可运行和死亡）、线程的调度和优先级等。本章的学习目标如下。

（1）理解线程的概念，理解线程与进程的区别。

（2）掌握线程的状态及改变线程状态的方法。

（3）能应用Thread类创建线程。

（4）能应用Runnable接口创建线程。

（5）了解线程的优先级和线程的调度。

（6）能编写多线程程序。

【学习导航】

使用多线程的价值在于避免CPU周期的浪费，以提高效率，应用多线程技术，程序员可以编写出非常高效的程序，以最大限度地利用CPU。本章内容在Java桌面开发技术中的位置如图8-1所示。

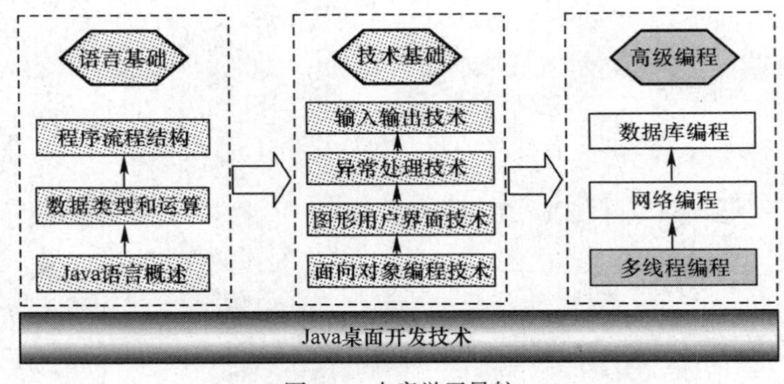

图8-1　本章学习导航

8.1 线程概述

进程是操作系统资源分配和独立运行的基本单位。也就是说，一个进程既包括它要执行的指令，也包括了执行指令时所需要的各种系统资源。Java 作为一门主流的程序设计语言，其重要特点就是多线程。

8.1.1 线程相关概念

首先，我们看一下与线程相关的几个名词的基本含义。

- 进程。进程是指程序的动态执行过程，每个进程都有独立的代码和数据空间（进程上下文），进程切换的开销大。
- 线程。轻量的进程，同一类线程共享代码和数据空间，每个线程有独立的运行栈和程序计数器（PC），线程切换的开销小。
- 多进程。在操作系统中，同时运行的多个任务程序。
- 多线程。在同一应用程序中，同时执行的多个顺序流。

线程与进程很相像，它们都是程序的一个顺序执行序列，但两者又有区别。进程是一个实体，每个进程有自己独立的状态，并有自己的专用数据段。创建进程时，必须建立和复制其专用数据段；线程则互相共享数据段，同一个程序中的所有线程只有一个数据段，所以，创建线程时不必重新建立和复制数据段。但是，由于多个线程共享一个数据段，所以，也出现了数据访问过程的互斥和同步问题，这使系统管理功能变得相对复杂。

概括来说，线程和进程的区别表现在以下几个方面。

（1）每个进程都有独立的代码和数据空间（进程上下文），进程切换的开销大。而多线程由于是共享一块内存空间和一组系统资源,有可能互相影响。

（2）线程本身的数据通常只有寄存器数据，以及一个程序执行时使用的堆栈，所以线程的切换比进程切换的负担要小。

（3）线程自身不能够自动运行，必须栖身于某一进程中，由进程触发。

对线程的支持是 Java 技术的一个重要特色。它提供了 thread 类、监视器和条件变量的技术。虽然 Macintosh、Windows 系列操作系统支持多线程，但若要用 C 或 C++编写多线程程序是很困难的，因为它们对数据同步的支持不充分。

线程包含虚拟 CPU、CPU 执行的代码和代码操作的数据 3 个主要部分，如图 8-2 所示。在 Java 中，虚拟 CPU 部分体现于 Thread 类中，当一个线程被构造时，它由构造方法参数、执行代码、操作数据来初始化。但这 3 方面是各自独立的，一个线程所执行的代码与其他线程可以相同也可以不同；一个线程所访问的数据与其他线程可以相同也可以不同。

Code
Data
Virtual CPU
线程

图 8-2　线程结构示意图

如果一个程序是单线程的，那么，任何时刻都只有一个执行点。这种单线程执行方法使系统的运行效率较低，而且，由于必须依靠中断来处理 I/O，当出现频繁 I/O 或者有优先级较低的中断请求时，实时性就变得很差。多线程系统可以避免这个缺点。

8.1.2 线程的状态

一个线程在它的完整的生命周期中有 4 种状态：New（新建状态）、Runnable（运行状态）、Not Running（不可运行状态）和 Dead（死亡状态）。

（1）New 状态：当线程被创建并还未调用 start 方法时，线程处于新建（New）状态。

（2）Runnable 状态：对于新创建的线程，调用 start 方法之后，会自动调用 run 方法，这时，线程进入运行（Runnable）状态。

（3）Not Running 状态：由于某些原因，线程被临时暂停，则进入不可运行（Not Running）状态。处于这种状态的线程，对于用户而言仍然有效，仍然可以重新进入"runnable"状态。

（4）Dead 状态：当线程不再需要时则进入死亡（Dead）状态，死亡的线程不能再恢复和执行。让线程进入"Dead"状态可以有下面两种方法：一是 run 方法运行结束引起线程的自然死亡，这是线程死亡最普通的方式；二是调用 stop 方法，以异步的方式停止线程。

线程各状态及状态间的转换如图 8-3 所示。

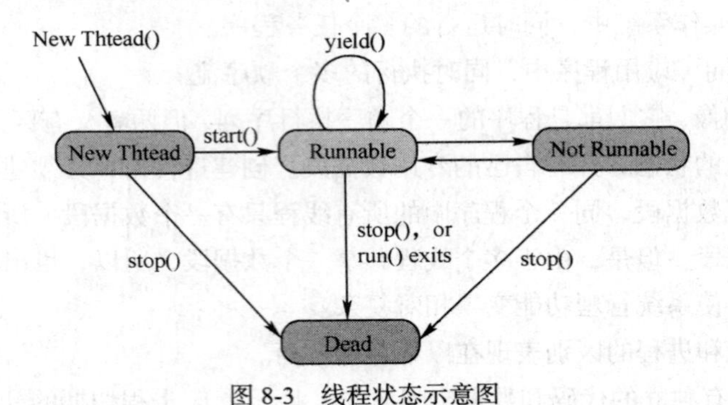

图 8-3　线程状态示意图

8.2 创建线程

Java 语言通过 Runnable 接口和 Thread 类、ThreadDeath 类、ThreadGroup 类和 Object 类（所有这些类包含在 java.lang 包中）提供了对线程的支持。通过继承 Thread 类和实现 Runnable 接口的方法可以编写多线程程序。

8.2.1 继承 Thread 类创建线程

Thread 类是负责向其他类提供线程功能的最主要的类，为了让某一个类具备线程功能，可以简单地从 Thread 类派生一个类，并重写 run 方法。Thread 类是 Java 语言包中的一个可重用类，Thread 对象代表 Java 程序中单个的运行线程。run 方法是线程发生的地方，它常常被称为线程体，该方法中包含了运行时执行的代码。一个类继承 Thread 类，就继承了 Thread 类的所有方法，只要重写其 run() 方法，该类就可以以多线程的方式运行。

Thread 类是一个具体的类（非抽象类），该类封装了线程的行为。该类提供了丰富的线程控

制方法，为灵活的控制线程提供了方便。要创建一个线程，程序员必须创建一个从 Thread 类继承的新类。程序员可以重写 Thread 类的 run() 方法来完成有用的工作。但用户并不直接调用 run 方法，而是调用 Thread 的 start() 方法来启动 run 方法。

Thread 类的构造方法有很多种，Thread 类的常用方法如表 8-1 所示。

表 8-1　　Thread 类的常用方法

方 法 名 称	方 法 功 能
Thread currentThread()	返回当前活动线程的引用
void yield()	使当前执行线程暂时停止执行而让其他线程执行
void sleep()	使当前活动线程睡眠指定的时间
void start()	开始运行当前线程
void stop()	强制当前线程停止运行
void run()	线程对象被高度后执行的操作，由系统自动调用
void destroy()	撤销当前线程
boolean isAlive()	测试当前线程是否在活动
void suspend()	临时挂起当前线程
void resume()	恢复运行挂起的线程
void setPriority()	设置线程的优先级（1，5，10）
void setName()	设置线程名
String getName()	得到当前线程名

继承 Thread 实现线程的典型代码如下：

```
class CurrentTime extends Thread{
  Date dateDisplay;
  GregorianCalendar gcCalendar;
  String sTime;
  public CurrentTime(){}
  public void run(){
       while(true){
            displayTime();
            try{
                this.sleep(1000);
            }
            catch(InterruptedException e){
                JOptionPane.showMessageDialog(null,"线程中断!");}
       }
  }
  public void displayTime(){
       dateDisplay=new Date();
       gcCalendar=new GregorianCalendar();
       gcCalendar.setTime(dateDisplay);
       sTime="   当前时间:"+gcCalendar.get(Calendar.HOUR)+":"
       +gcCalendar.get(Calendar.MINUTE)+":"+gcCalendar.get(Calendar.SECOND);
       ExtendThread.lblMove.setText(sTime);
  }
}
```

- 每个线程都是通过某个特定 Thread 对象的方法 run() 来完成其操作的，方法 run() 称为线程体。
- 继承 Thread 类，必须重写其中的 run 方法。
- 继承 Thread 类创建线程类的方法详见所附资源中的 ExtendThread.java。

8.2.2 实现 Runnable 接口创建线程

虽然通过继承 Thread 类可以创建线程类，但由于 Java 是单一继承语言，所以 Java 不直接支持多重继承。如果一个类已经从其他类派生而来，就不能使用继承 Thread 类的方式让该类成为线程类，即不能出现“extends JFrame, Thread”这种格式。

Java 语言提供了一个线程接口 Runnable 来创建线程，Runnable 接口只有一个方法 run()，run() 方法完成由特定线程所完成的功能，实现 Runnable 接口的类必须重写该方法。因此，多线程机制的另一种方式是实现 Runnable 接口。一个类声明实现了 Runnable 接口就可以充当线程体。

8.2.3 课堂案例 1——实现线程类

【案例学习目标】 进一步理解线程的概念，掌握 Thread 类和 Runnable 接口的常用方法，能编写实现 Runnable 接口创建线程类的程序。

【案例知识要点】 线程的概念、Thread 类及其常用方法、Runnable 接口及其常用方法。

【案例完成步骤】

1. 编写程序

（1）在 Eclipse 环境中创建名称为 chap08 的项目。

（2）在 chap08 项目中新建名称为 ImpRunnable 的类。

（3）编写完成的 ImpRunnable.java 的程序代码如下：

```
1   import java.awt.*;
2   import java.awt.event.*;
3   import javax.swing.*;
4   import java.lang.*;
5   import java.util.*;
6   public class ImpRunnable extends JFrame implements Runnable,ActionListener{
7       JPanel pnlMain;
8       JLabel lblTime;
9       JButton btnControl;
10      Thread thdDisplayTime;
11      Date dateDisplay;
12      GregorianCalendar gcCalendar;
13      String sDate,sTime;
14      public ImpRunnable(){
15          super("实现 Runnable 接口线程演示");
16          pnlMain=new JPanel(new GridLayout(2,1));
17          setContentPane(pnlMain);
18          lblTime=new JLabel("");
19          btnControl=new JButton("挂起");
```

```
20          btnControl.addActionListener(this);
21          pnlMain.add(lblTime);
22          pnlMain.add(btnControl);
23          thdDisplayTime=new Thread(this);
24          thdDisplayTime.start();
25          setSize(350,150);
26          setVisible(true);
27          setResizable(false);
28          setDefaultCloseOperation(EXIT_ON_CLOSE);
29      }
30      public void run(){
31          while (thdDisplayTime!=null)
32          {
33              displayTime();
34              try {
35                  thdDisplayTime.sleep(1000);
36              }
37              catch(InterruptedException e){
38                  JOptionPane.showMessageDialog(null,"线程中断!");
39              }
40          }
41      }
42      public void actionPerformed(ActionEvent ae){
43          if (ae.getActionCommand()=="挂起"){
44              btnControl.setText("重启");
45              thdDisplayTime.suspend();
46          }
47          if (ae.getActionCommand()=="重启"){
48              btnControl.setText("挂起");
49              thdDisplayTime.resume();
50          }
51      }
52      public void displayTime(){
53          dateDisplay=new Date();
54          gcCalendar=new GregorianCalendar();
55          gcCalendar.setTime(dateDisplay);
56          sTime="    当前时间:"+gcCalendar.get(Calendar.HOUR)+":"
    +gcCalendar.get(Calendar.MINUTE)+":"+gcCalendar.get(Calendar.SECOND);
57          sDate="今天日期:"+gcCalendar.get(Calendar.YEAR)+"-"
    +(gcCalendar.get(Calendar.MONTH)+1)+"-"+gcCalendar.get(Calendar.DATE);
58          lblTime.setText(sDate+sTime);
59      }
60      public static void main(String args[]){
61          ImpRunnable rd=new ImpRunnable();
62      }
63  }
```

【程序说明】

- 第 4 行：引入“java.lang.*”以便使用线程相关类。
- 第 5 行：引入“java.util.*”以便使用时间相关类。
- 第 6 行：通过实现 Runnable 接口创建线程类。
- 第 10 行：声明一个用于显示时间的线程。

- 第 23 行～第 24 行：构造线程对象并让它处于运行状态。
- 第 30 行～第 41 行：实现 Runnable 接口必须实现的 run 方法。
- 第 33 行：调用显示时间函数显示当前时间。
- 第 42 行～第 51 行：实现 ActionListener 接口必须实现的方法。
- 第 44 行和第 48 行：通过判断按钮上的文字进行相应处理。
- 第 52 行～第 59 行：显示当前日期和时间的函数。
- 第 55 行：通过时间类获得当前时间。
- 第 56 行～第 57 行：从当前时间中提取日期段和时间段。
- 第 58 行：在标签中显示当前日期和时间。

2. 编译并运行程序

保存并修正程序错误后，程序运行结果如图 8-4 所示。单击“挂起”按钮，调用线程的 suspend 方法，线程处于挂起状态，按钮上的文字变为“重启”。如果单击“重启”按钮，调用线程的 resume 方法，线程重新进入运行状态。

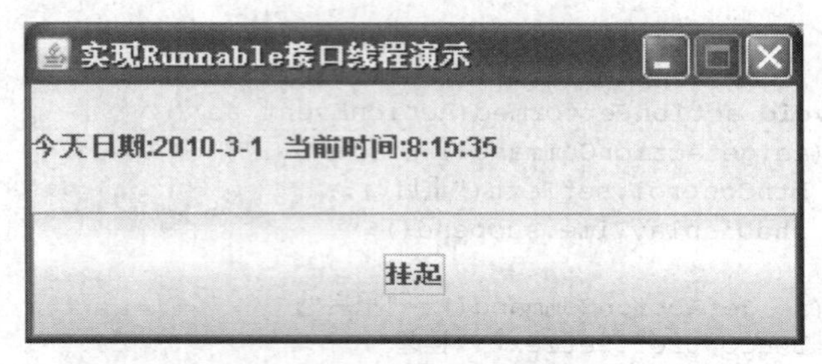

图 8-4　ImpRunnable 运行结果

- 用 Thread 继承而来的线程，一个线程序对象只能启动一次，无论调用多少遍 start()方法，结果都只有一个线程。
- 实现 Runnable 接口可以突破 Java 单一继承机制，以更灵活的方式创建线程。实现 Runnable 接口相对于继承 Thread 类来说，有如下优点：
  - 适合多个相同程序代码的线程去处理同一资源的情况；
  - 可以避免由于 Java 单继承特性带来的局限；
  - 有利于程序的健壮性，代码能够被多个线程共享；
  - 要实现 Runable 接口，必须实现 run() 方法，否则不能通过编译。而继承 Thread 类的线程机制不一定要重写其 run() 方法，线程类将自动调用其基类的 run() 方法。

8.3 实现多线程

当 Java 程序启动时，一个线程立即开始运行：这个线程通常称为主线程，因为它是程序启动后所执行的第一个线程。主线程是很重要的线程，因为主线程是产生其他子线程的线程；同时，主线程必须是最后一个结束执行的线程，它完成各种关闭其他子线程的操作。

尽管主线程在程序开始时自动创建，它也可以通过 Thread 类对象来控制。通过调用 currentThread() 方法可以获得当前线程的引用。这是 Thread 类公共的静态的方法，它的一般格式如下：

```
static Thread  currentThread()
```

它的返回值为当前正在执行的线程对象的一个引用。一旦获得了对主线程的引用，就能像其他线程一样控制它。

8.3.1　课堂案例 2——创建多线程程序

【案例学习目标】　进一步理解多线程的概念，会编写多线程应用程序。

【案例知识要点】　多线程的概念、多线程程序的编写、多线程程序的运行。

【案例完成步骤】

1. 编写程序

（1）在 Eclipse 环境中打开名称为 chap08 的项目。

（2）在 chap08 项目中新建名称为 MultiThread 的类。

（3）编写完成的 MultiThread.java 的程序代码如下：

```
1   public class MultiThread{
2       public static void main(String args[]){
3           new NewThread("线程 1");
4           new NewThread("线程 2");
5           new NewThread("线程 3");
6           try{
7               Thread.sleep(10000);
8           }
9           catch(InterruptedException e){
10              System.out.println("主线程中断");
11          }
12          System.out.println("主线程正在退出…");
13      }
14  }
15  class NewThread implements Runnable
16  {
17      String sName;
18      Thread thdNew;
19      NewThread(String th){
20          sName=th;
21          thdNew=new Thread(this,sName);
22          System.out.println("创建新线程： "+thdNew);
23          thdNew.start();
24      }
25      public void run(){
26          try{
27              for(int i=3;i>=0;i--){
28                  System.out.println(sName+":"+i);
```

```
29                  Thread.sleep(1000);
30              }
31          } catch(InterruptedException e){
32              System.out.println(sName+"中断");
33          }
34          System.out.println(sName+"正在退出...");
35      }
36  }
```

【程序说明】

- 第 3 行～第 5 行：创建 3 个新的线程。
- 第 7 行：主线程暂停 10000 毫秒。
- 第 29 行：子线程暂停 1000 毫秒。

2. 编译并运行程序

保存并修正程序错误后，程序运行后将依次创建 3 个新的进程。控制台显示的结果如图 8-5 所示。

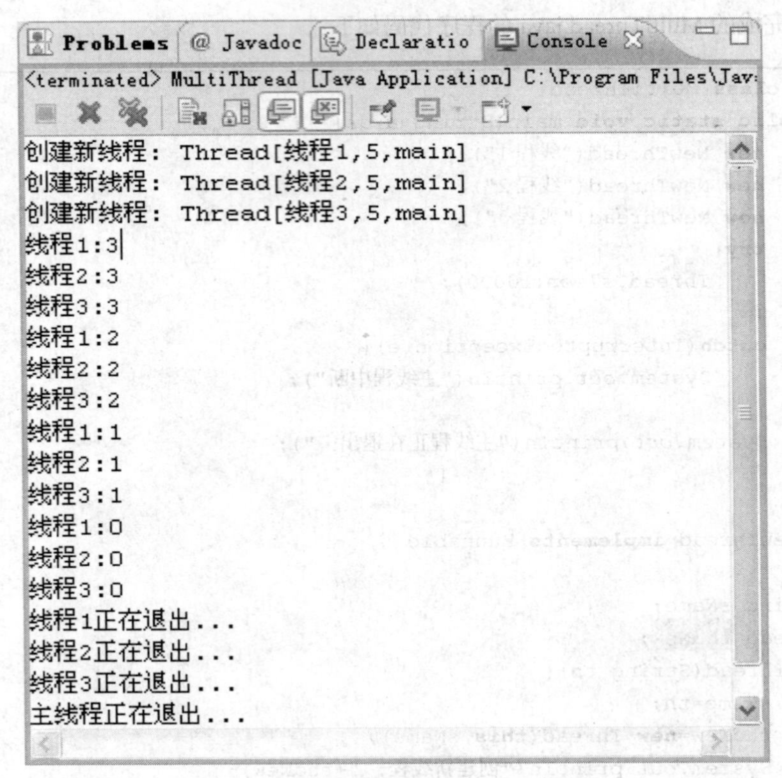

图 8-5　MultiThread 运行结果

在此程序中，线程类 NewThread 中的子线程每一次循环都暂停 1000 毫秒，这样在主程序中创建线程名为“线程 1”的第一个子线程并执行和暂停后，继续创建线程名为“线程 2”的第二个子线程，执行和暂停后，又继续创建线程名为“线程 3”的第三个子线程并执行它，以后在 CPU 的控制下 3 个线程分别轮流执行直至所有线程执行完毕。

8.3.2　使用 isAlive 和 join 方法

在 MultiThread.java 中为了保证主线程最后结束，在 main() 方法中调用 sleep() 方法，主线程休眠足够长的时间（10000 毫秒），以确保子线程先终止，但这并不是令人满意的解决方法，应该让主线程知道子线程是否终止。Thread 类提供了方法，通过它可以知道另一个线程是否终止。

第一种方法是在线程中调用 isAlive() 方法。这个方法由 Thread 类定义，它的一般格式如下：

```
final Boolean isAlive()
```

如果它调用的线程仍在运行，isAlive() 方法返回 true；否则，返回 false。

第二种方法是调用 join() 方法等待另一个线程的结束，它的一般格式如下：

```
final void join() throws InterruptedException
```

这个方法一直等待，直到调用它的线程终止。

下面的代码使用了 join() 方法来确保主线程最后结束，同时也说明了 isAlive() 方法的用法：

```
public static void main(String args[]){
    MyThread mt1=new MyThread("线程 1");
    MyThread mt2=new MyThread("线程 2");
    MyThread mt3=new MyThread("线程 3");
    System.out.println("IsAlive(线程 1):"+mt1.t.isAlive());
    System.out.println("IsAlive(线程 2):"+mt2.t.isAlive());
    System.out.println("IsAlive(线程 3):"+mt3.t.isAlive());
    try{
        System.out.println("等待线程结束.");
        mt1.t.join();
        mt2.t.join();
        mt3.t.join();
    }
    catch(InterruptedException e){
        System.out.println("Main thread Interrupted");
    }
    System.out.println("IsAlive(线程 1):"+mt1.t.isAlive());
    System.out.println("IsAlive(线程 2):"+mt2.t.isAlive());
    System.out.println("IsAlive(线程 3):"+mt3.t.isAlive());
    System.out.println("主线程正在退出...");
}
```

读者可以将以上代码替代 MultiThread.java 中的 main 方法进行观察，isAlive() 和 join() 方法的详细用法请参阅所附资源中的 AliveAndJoin.java 程序。

8.3.3　线程的暂停和恢复

我们知道，可以使用 sleep() 方法使线程临时停止执行（即“休眠”）指定的时间。同样，有时要让线程停止无限长时间，通常直到符合某个条件为止，这可以使用在 Object 类中定义的 wait()

方法完成。但是，在线程调用对象的 wait() 方法之前，它要拥有这个对象的监控器，否则会抛出 IllegalMonitorStateException 异常。调用 wait() 方法的线程处于暂停状态，此时调用 wait() 方法的线程释放对对象监控器的控制，即其他线程可以取得这个对象的监控器。

wait() 方法有两种形式：一是不带参数的 wait() 方法；二是有一个参数指定等待的时间，这时的 wait() 方法等同于 sleep() 方法。

由于不带参数的 wait() 方法使线程无限期地等待，因此要想办法恢复线程的执行。只要让另一进入同一对象监控器的线程调用 notify() 或 notifyAll() 方法，就可以唤醒处于暂停状态的线程，这两个方法都在 Object 类中定义。和 wait() 方法一样，如果线程不拥有对象监控器而调用 notify() 或 notifyAll() 方法，则会抛出 IllegalMonitorStateException 异常。notify() 或 notifyAll() 方法将唤醒被 wait() 方法暂停的线程。

notify() 和 notifyAll() 方法是有差别的。调用 notify() 方法时，从等待（暂停）队列中随机地唤醒一个线程，使其离开等待队列恢复其运行，由于无法使用 notify() 恢复特定线程，因此只能在只要唤醒一个等待线程而不管唤醒哪一个等待线程时使用；调用 notifyAll() 方法时所有在等待队列中的线程全部被唤醒，等待控制同步锁。另外，调用 notify() 和 notifyAll() 方法时并不使等待线程立即恢复执行，还要取得同步对象监控器，只有获得同步对象监控器的线程才能执行，哪个线程先执行和线程的优先级有关。

这些方法在 Object 中的定义如下：

```
public final void wait() throws InterruptedException
public final void wait(long timeout) throws
InterruptedException
public final void notify()
public final void notifyAll()
```

sleep() 方法和 wait() 一样，都能使线程由运行状态转换到不可运行状态，但这两个方法是有区别的，wait() 方法在放弃 CPU 资源的同时交出了资源管程的控制权，而 sleep() 方法无法做到这一点。

8.3.4 线程的优先级

Java 提供一个线程调度器来监控程序启动后进入就绪状态的所有线程。线程调度策略为固定优先级调度(抢先式)，级别相同时由操作系统按照时间片来分配，线程的级别可以由线程的优先级来表示。

1. 线程的优先级

每一个线程都有一个优先级，缺省情况下线程的优先级为 5，最高的优先级为 10，最低的优先级为 1。线程的优先级用数字来表示，范围从 1 到 10，即 Thread.MIN_PRIORITY 到 Thread.MAX_PRIORITY。一个线程的缺省优先级是 5，即 Thread.NORM_PRIORITY。优先级高的线程先执行，优先级低的线程后执行。当线程中运行的代码创建一个新线程对象时，这个新线程拥有与创建它的线程一样的优先级。使用下述方法可以对优先级进行操作：

```
int getPriority(); //得到线程的优先级
void setPriority(int newPriority); //当线程被创建后，可通过此方法改变线程的优先级
```

2. 当前线程放弃 CPU 的情况

在下面几种情况下，当前线程会放弃 CPU。

- 线程调用了 yield()，suspend() 或 sleep() 方法。
- 由于当前线程进行 I/O 访问，外存读写，等待用户输入等操作，导致线程阻塞。
- 为等候一个条件变量，线程调用 wait() 方法。

线程调度的一般代码如下：

```
public class CallThread{
public static void main(String args[]){
    Thread t1=new ChildThread("线程 1:");
    t1.setPriority(Thread.MIN_PRIORITY); //设置线程为最低优先级
    t1.start();
    Thread t2=new ChildThread("线程 2:");
    t2.setPriority(Thread.NORM_PRIORITY); //设置线程为普通优先级
    t2.start();
    Thread t3=new ChildThread("线程 3:");
    t3.setPriority(Thread.MAX_PRIORITY); //设置线程为最高优先级
    t3.start();
}
}
```

- 并不是在所有系统中运行 Java 程序时都采用时间片策略调度线程，所以一个线程在空闲时应该主动放弃 CPU，以使其他同优先级和低优先级的线程得到执行。
- 通过合理的线程调度可以更合理、有效地使用 CPU 的资源。
- CallThread.java 的详细代码请参阅所附资源。

8.4 线程的应用

8.4.1 线程的同步

前面所提到的线程都是独立的，而且是异步执行的，也就是说每个线程都包含了运行时所需要的数据或方法，而不需要外部的资源或方法，也不必关心其他线程的状态或行为。但是经常有一些同时运行的线程需要共享数据，此时就需考虑其他线程的状态和行为，否则就不能保证程序的运行结果的正确性。

为解决操作的不完整性问题，在 Java 语言中，引入了对象互斥锁的概念，来保证共享数据操作的完整性。每个对象都对应于一个可称为“互斥锁”的标记，这个标记用来保证在任一时刻，只能有一个线程访问该对象。关键字 synchronized 用来与对象的互斥锁联系以实现同步。当某个对象用 synchronized 修饰时，表明该对象在任一时刻只能由一个线程访问。当多个线程对同一数据或对象进行读写操作时，就需要协调它们对数据的访问，这种协调机制就称为线程的同步。

除了可以对代码块进行同步外，也可以对函数实现同步，只要在需要同步函数定义前加上

synchronized 关键字即可。凡是带有 synchronized 关键字的方法或者代码段，系统运行时就会为之分配一个管程，这样可以保证在同一时间，只有一个线程在享有这一资源。

8.4.2 课堂案例 3——模拟窗口售票

【案例学习目标】 理解线程的优先级，了解线程同步的概念，能利用线程同步解决实际问题。

【案例知识要点】 线程同步的概念、synchronized 关键字的使用。

【案例完成步骤】

1. 编写程序

（1）在 Eclipse 环境中打开名称为 chap08 的项目。

（2）在 chap08 项目中新建名称为 SaleTicket 的类。

（3）编写完成的 SaleTicket.java 的程序代码如下：

```
1   public class SaleTicket{
2       public static void main(String aregs[]){
3           ThreadTest tt = new ThreadTest() ;
4           new Thread(tt).start();
5           new Thread(tt).start();
6           new Thread(tt).start();
7           new Thread(tt).start();
8       }
9   }
10  class ThreadTest implements Runnable{
11      private int iCount = 8 ;
12      boolean bValue=true;
13      public void run(){
14          while (bValue){
15              sale();
16          }
17      }
18      synchronized public void sale(){
19          if(iCount>0){
20              try{
21                  Thread.sleep(10) ;
22              }
23              catch(Exception e){
24                  System.out.println(e.getMessage());
25              }
26              System.out.println(Thread.currentThread().getName()+" 正 在 卖
27  票:"+iCount);
28              iCount--;
29          }
30          else{
31              bValue=false;
32          }
33      }
34  }
```

【程序说明】

- 第 3 行：构造线程类 ThreadTest 对象 tt。
- 第 4 行～第 7 行：启动 4 个线程模拟 4 个售票窗口。
- 第 10 行～第 34 行：线程类 ThreadTest 用于实现售票。
- 第 11 行：设置总票数为 8 张。
- 第 12 行：定义标志变量，为 true 表示票还没有卖完，线程继续调用售票方法 sale()，为 false 表示票已卖完。
- 第 15 行：调用 sale() 方法实现售票操作。
- 第 18 行：售票方法 sale() 前面加上 synchronized 关键字表示同步，否则不实现同步。
- 第 31 行：当票全部售完，修改标志变量的值为 false。

2. 编译并运行程序

保存并修正程序错误后，程序运行结果如图 8-6 所示。

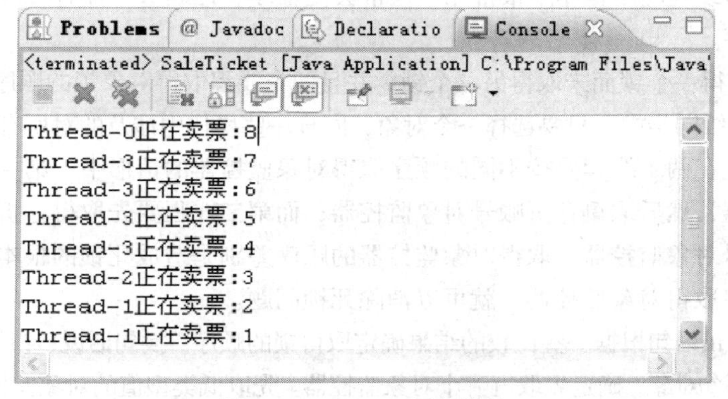

图 8-6　SaleTicket 运行结果

如果将售票方法 sale() 前面的 synchronized 关键字去掉，则表示不实现同步，不实现同步的运行结果如图 8-7 所示。

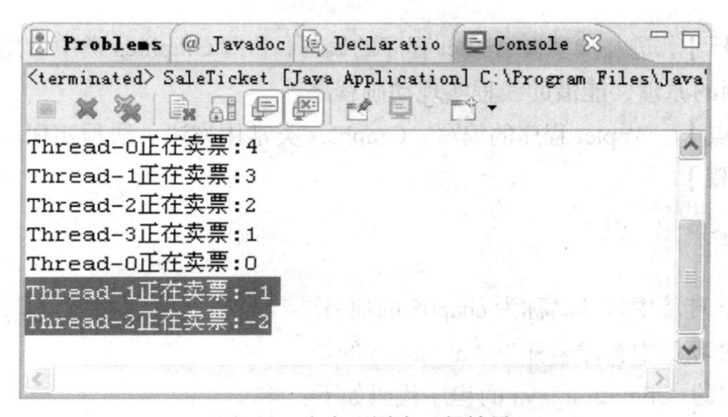

图 8-7　未实现同步运行结果

为了解决好上述的线程同步问题，Java 语言提供了 wait() 和 notify() 两个方法，这两个方法不能被重载，并且只能在同步方法中被调用。执行 wait() 方法将使得当前正在运行的线程暂时被

挂起，从运行状态转换到不可运行状态。而被 wait() 挂起的线程将在管程队列中排队等候 notify() 方法唤醒它。

8.4.3 线程的死锁

如果程序中有多个线程竞争同一个资源，就可能会产生死锁。当一个线程等待由另一个线程持有的锁，而后者正在等待已被第一个线程持有的锁时，就会发生死锁。死锁就是多个线程互相等待对方释放对象锁，在得到对方对象锁之前不释放自己的对象锁，造成多个线程无法继续执行的情况。

例如，在一个将钱从支票账号转到存折账号或从存折账号转到支票账号的线程中，假设第一个线程在 run() 方法期间取得支票账号的对象监控器之后和取得存折账号的对象监控器之前中断。这里第二个线程开始执行，则它能顺利取得存折账号的对象监控器，但在想取得支票账号的对象监控器时被挂起。这时每个线程都成功地取得了一个对象监控器，都要无限期等待另一个对象监控器，从而形成死锁。死锁是一种很难调试的错误。

死锁条件在多线程应用程序中很常见，通常会使程序“挂起”，有两种常用解决死锁的方法：高级同步和锁排序。

如果线程只取得一个锁而未取得另一个锁，并且两个线程取得对象锁的顺序正好相反时，则可能形成死锁。在高级同步中，只要选择一个对象，同步一些操作中涉及的对所有共享资源的访问。

死锁条件发生在两个线程要按不同的顺序取得对象监控器的情形中。第一个线程要先取得支票账号对象监控器，然后取得存折账号对象监控器；而第二线程要先取得存折账号对象监控器，然后取得支票账号对象监控器。取得对象监控器的顺序差别是造成死锁的根本原因。只要保证所有线程按相同顺序取得对象监控器，就可以消除死锁问题。

为此，可以用 if 语句根据一些比较的结果确定取得锁的顺序。换句话说，锁住两个对象时，要有某种方法比较这两个对象，确定先取得哪个对象监控器。先取低类型值的对象监控器还是先取高类型值的对象监控器并不重要，重要的是保证两个线程按相同的顺序取得对象监控器就可以避免死锁。

8.4.4 课堂案例 4——利用线程实现动画

【案例学习目标】 进一步掌握 Applet 程序的编写，掌握 Graphics 类中常用方法的使用，理解应用线程实现动画的原理，能借助线程实现动画程序。

【案例知识要点】 Applet 程序的编写、Graphics 类常用方法、线程实现动画的原理。

【案例完成步骤】

1. 编写程序

（1）在 Eclipse 环境中打开名称为 chap08 的项目。

（2）在 chap08 项目中新建名称为 Animation 的类。

（3）编写完成的 Animation.java 的程序代码如下：

```
1   import java.awt.*;
2   import java.awt.event.*;
3   import javax.swing.*;
```

```
4    public class Animation extends JApplet implements Runnable{
5        Graphics gg = null;
6        Image imgScreen = null;
7        private Thread runner;
8        private int intX = 5;
9        private int intMove = 1;
10       public void init(){
11           imgScreen = createImage (230, 160 );
12           gg = imgScreen.getGraphics ();
13       }
14       public void start ()
15       {
16           if (runner == null){
17               runner = new Thread(this );
18               runner.start();
19           }
20       }
21       public void run(){
22           Thread circle = Thread.currentThread ();
23           while (runner == circle )
24           {
25               intX += intMove;
26               if ((intX > 130 ) || (intX < 5 ))
27                   intMove *= -1;
28               try {
29                   Thread.sleep(100);
30                   repaint();
31               }
32               catch(Exception e){}
33           }
34       }
35       public void drawCircle(Graphics gc ){
36           Graphics2D g2D = (Graphics2D ) gc;
37           g2D.setColor (Color.blue );
38           g2D.fillRect (0,0,100,100 );
39           g2D.setColor (Color.yellow );
40           g2D.fillRect (100,0,100,100 );
41           g2D.setColor (Color.red );
42           g2D.fillOval (intX,20,60,60 );
43       }
44       public void paint(Graphics g ){
45           g.setColor (Color.white );
46           g.fillRect (0,0,96,60);
47           drawCircle (g);
48           g.drawImage (imgScreen,30,50,this);
49       }
50   }
```

【程序说明】

- 第 5 行：定义创建绘图区变量。

- 第 6 行：定义创建图像缓冲区变量。
- 第 11 行：创建图像缓冲区。
- 第 12 行：创建绘图区。
- 第 25 行：改变图像的 X 坐标。
- 第 26 行：判断图像的 X 坐标是否超出了绘图区的最右边或最左边。
- 第 27 行：通过改变位移量的符号（正号或负号）来改变图像的 X 坐标，从而达到改变图像运动方向的效果。
- 第 29 行：使线程处于中断状态（否则程序将全速运行，画面闪烁速度会太快）。
- 第 30 行：使用 repaint 方法实现重绘。
- 第 47 行：将图像先画到缓冲区。
- 第 48 行：将缓冲区的图像画出。

2. 编译并运行程序

保存并修正程序错误后，程序运行结果如图 8-8 所示。

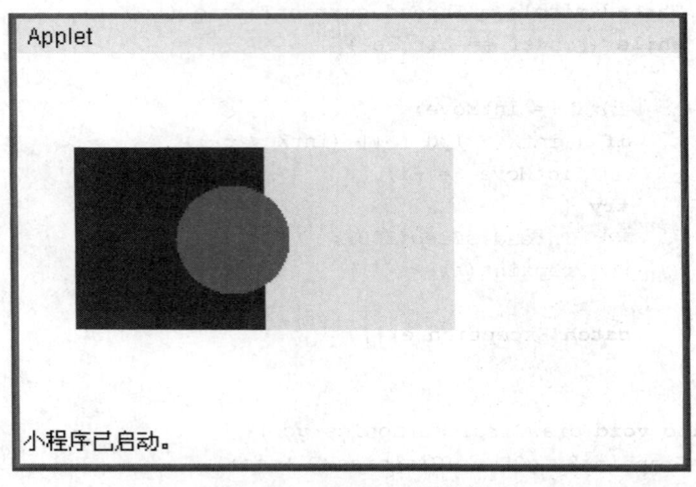

图 8-8 Animation 运行结果

从运行结果可以看出，红色的圆不停地在蓝色与黄色构成的区域内左右移动，这是因为使用了 move 变量来改变“圆”图像的位置，因为 X 坐标值的不断变化，所以看起来图像在移动，实现了动画效果。

课外实践

【任务 1】

应用线程技术，结合 GUI 编程编写模拟龟兔赛跑的程序。

【任务 2】

应用多线程技术，模拟实现生产者和消费者问题。

【填空题】

1. 在 Java 线程中，共享数据的所有访问都必须作为临界区，使用_______进行加锁控制。【2007 年 4 月填空题第 13 题】

2. Java 中的线程体是由线程类的______方法进行定义的，线程运行时，也是从该方法开始执行。【2007 年 9 月填空题第 13 题】

3. Java 中线程模型由虚拟的 CPU，代码与数据构成。该模型是由 java.lang.________类进行定义和描述的。【2007 年 9 月填空题第 15 题】

4. Java 中，可以通过建立 java.lang.______类或其子类的实例创建和控制线程。【2008 年 4 月填空题第 14 题】

5. 如果一个线程调用______() 方法，将使该线程进入休眠状态。【2008 年 4 月填空题第 15 题】

6. 线程是程序运行时的一个执行流，是由 CPU 运行程序代码并操作______所形成的。【2008 年 9 月填空题第 15 题】

7. 实现线程交互的 wait() 和 notify() 方法在_____类中定义。【2009 年 3 月填空题第 14 题】

8. 请在下划线处填入代码，是程序正常运行并且输出“Hello!”【2009 年 3 月填空题第 15 题】

```
class Test{
    public static void main (String[] arge){
    Test t = new Test() ;
    t.start() ;
}
public void run() {
    System.out.println ( “Hello!” ) ;
    }
}
```

9. 按照 Java 的线程模型，代码和______构成了线程体。【2009 年 9 月填空题第 6 题】

10. 在多线程程序设计中，如果采用继承 Thread 类的方式创建线程，则需要重写 Thread 类的_______() 方法。【2009 年 9 月填空题第 7 题】

【选择题】

1. 下列叙述中，正确的是_______。【2007 年 4 月选择题第 23 题】

（A）线程与进程在概念上是不相关的

（B）一个线程可包含多个进程

（C）一个进程可包含多个线程

（D）Java 中的线程没有优先级

2. 下列叙述中，错误的是_______。【2007 年 4 月选择题第 27 题】

（A）Java 中没有检测和避免死锁的专门机制

（B）程序中多个线程互相等待对方持有的锁，可能形成死锁

（C）为避免死锁，Java 程序中可先定义获得锁的顺序，解锁是按加锁的反序释放

（D）为避免死锁，Java 程序中可先定义获得锁的顺序，解锁是按加锁的正序释放

3. 阅读下面程序【2007 年 9 月选择题第 32 题】

```
class  Test  implements  Runnable{
  public  static  void  main(String[]  args){
        Test  t=new  Test() ;
        t.start() ;
  }
  public  void  run() {}
}
```

下列关于上述程序的叙述正确的是_______。

（A）程序不能通过编译，因为 start() 方法在 Test 类中没有定义

（B）程序编译通过，但运行时出错，提示 start() 方法没有定义

（C）程序不能通过编译，因为 run() 方法没有定义方法体

（D）程序编译通过，且运行正常

4. 如果使用 Thread t=new Test() 语句创建一个线程，则下列叙述正确的是_______。【2007 年 9 月选择题第 33 题】

（A）Test 类一定要实现 Runnable 接口

（B）Test 类一定是 Thread 类的子类

（C）Test 类一定是 Runnable 的子类

（D）Test 类一定是继承 Thread 类并且实现 Runnable 接口

5. 下列方法中，声明抛出 InterruptedException 类型异常的方法是_______。【2007 年 9 月选择题第 34 题】

（A）suspend()　　（B）resume()　　（C）sleep()　　（D）start()

6. 如果线程正处于运行状态，可使该线程进入阻塞状态的方法是_______。【2007 年 9 月选择题第 35 题】

（A）yield()　　（B）start()　　（C）wait()　　（D）notify()

7. 阅读下面程序【2008 年 4 月选择题第 27 题】

```
Public class Test2 ______ {
   public static void main(String[] args) {
          Thread t=new Test2();
          t.start();
   }
   public void run() {
          System.out.println("How are you.");
   }
}
```

在程序下划线处应填入的正确选项是_______。

（A）implements Thread　　（B）extends Runnable

（C）implements Runnable　　（D）extends Thread

8. 阅读下面程序【2008 年 4 月选择题第 28 题】

```
Public class Test implements Runnable {
   public static void main(String[] args) {
          ______________
          t.start();
   }
   public  void  run()  {
          System.out.println("Hello!");
   }
}
```

在程序下划线处应填入的正确选项是_______。

（A）Test t=new Test();

（B）Thread t=new Thread();

（C）Thread t=new Thread(new Test());

（D）Test t=new Thread();

9. 下列方法中可用于定义线程体的是_______。【2008 年 9 月选择题第 23 题】

（A）start()　　（B）init()　　（C）run()　　（D）main()

10. 下列方法能够用来实现线程之间通信的是_______。【2008 年 9 月选择题第 30 题】

（A）notify()　　（B）run()　　（C）sleep()　　（D）join()

11. 下列关于线程的说法中，正确的是_______。【2008 年 9 月选择题第 31 题】

（A）一个线程一旦被创建，就立即开始运行

（B）使用 start() 方法可以使一个线程成为可运行的，但是它不一定立即开始运行

（C）当运行状态的线程因为调用了 yield() 方法而停止运行，它一定被放在可运行线程队列的前面

（D）当因等待对象锁而被阻塞的线程获得锁后，将直接进入运行状态

12. 阅读下列代码【2008 年 9 月选择题第 34 题】

```
Public class Test implements Runnable{
       public void run(Thread t){
              System.out.println("Running.");
       }
       public static void main(String[] args){
            Thread tt=new Thread(new Test() );
            tt.start() ;
       }
}
```

代码运行结果是______。

（A）将抛出一个异常　　（B）没有输出并正常结束

（C）输出“Running”并正常结束　　（D）程序将出现一个编译错误

13. 使新创建的线程参与运行调度的方法是______。【2009 年 3 月选择题第 29 题】

（A）run ()　　（B）start ()　　（C）init ()　　（D）resume ()

14. Java 中的线程模型由 3 部分组成，与线程模型组成无关的是______。【2009 年 3 月选择题第 30 题】

（A）虚拟的 CPU　　（B）程序代码

（C）操作系统的内核状态　　　　　　　　　　（D）数据

15. 如果线程调用下列方法，不能保证使该线程停止运行的是______。【2009 年 3 月选择题第 35 题】

（A）sleep ()　　（B）stop ()　　（C）yield ()　　（D）wait ()

16. 如果线程正处于运行状态，则它可能到达的下一个状态是______。【2009 年 9 月选择题第 19 题】

（A）只有终止状态　　　　　　　　　　（B）只有阻塞状态和终止状态

（C）可运行状态，阻塞状态，终止状态　　（D）其他所有状态

17. 在一个线程中调用下列方法，不会改变该线程运行状态的是________。【2009 年 9 月选择题第 21 题】

（A）yield 方法　　　　　　　　　　（B）另一个线程的 join 方法

（C）sleep 方法　　　　　　　　　　（D）一个对象的 notify 方法

18. 在多线程并发程序设计中，能够给对象 x 加锁的语句是___________。【2009 年 9 月选择题第 32 题】

（A）x.wait()　　　　　　　　　　（B）synchronized(x)

（C）x.notify()　　　　　　　　　（D）x.synchronized()

【简答题】

1. 线程有哪些基本状态？这些状态通过哪些方法实现转换？
2. 举例说明同步的概念。什么时候需要同步？什么情况会造成死锁？

第9章 网络编程

【学习目标】

本章主要介绍网络编程模型和Java网络编程基础。主要包括网络编程概述、C/S网络编程模型、利用UDP进行网络编程、利用Socket进行网络编程和Java中常用网络类的使用等。通过本章的学习，读者应能编写简单的网络通信程序。本章的学习目标如下。

（1）了解C/S网络编程模型。

（2）掌握网络编程相关概念。

（3）了解UDP网络编程的基本方法和步骤。

（4）了解Socket网络编程的基本方法和步骤。

（5）能编写基于UDP的网络程序。

（6）能编写基于Socket的网络程序。

【学习导航】

Java网络编程的主要目的是通过相关协议实现网络使用者与远程的服务器进行交互式对话。本章内容在Java桌面开发技术中的位置如图9-1所示。

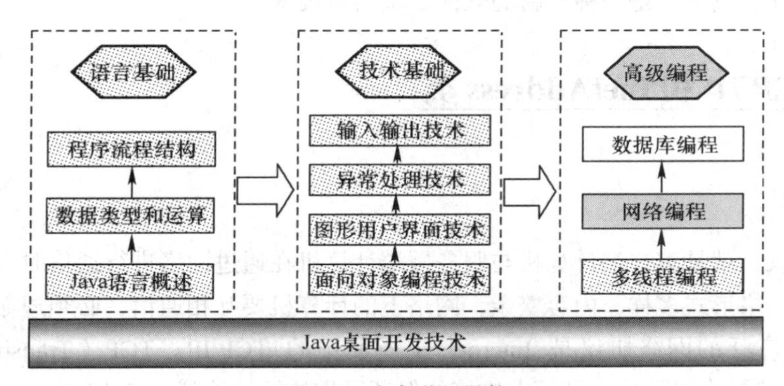

图9-1 本章学习导航

9.1 网络编程基础

9.1.1 C/S 网络编程模式

目前较为流行的网络编程模型是客户机/服务器（Client/Server）结构，简称 C/S 结构。这里的 C/S 结构是指前端的客户机部分（通常是指终端用户）以及后端的服务器部分。客户机在需要服务时向服务器提出申请，服务器一般作为守护进程始终运行，监听网络端口，一旦有客户请求，就会启动一个服务进程来响应该客户，同时自己继续监听服务端口，使后来的客户也能及时得到服务。在 C/S 系统中，其中提出服务请求的一方，称为“客户机”，而提供服务的一方称为“服务器”。典型的客户机/服务器（Client/Server）结构如图 9-2 所示。

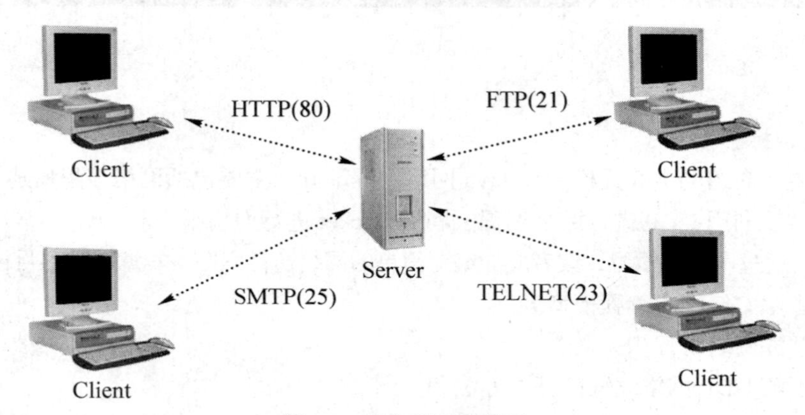

图 9-2　客户/服务器模型

B/S 结构即浏览器/服务器（Browser/Server）结构，采用了人们普遍使用的浏览器作为客户机。B/S 结构是随着 Internet 技术的兴起，对 C/S 体系结构的一种变化或者改进。在 B/S 体系结构下，用户界面完全通过 WWW 浏览器实现，一部分事务逻辑在前端实现，但是主要事务逻辑在服务器端实现。B/S 结构利用不断成熟和普及的浏览器技术实现原来需要复杂专用软件才能实现的强大功能，并节约了开发成本，是一种全新的软件系统构造技术。

9.1.2 TCP/IP 和 InetAddress 类

1. TCP/IP

所谓通信协议，就是客户端计算机与服务器端计算机在通过网络进行通信时应该遵循的规则和约定。计算机网络形式多样，内容繁杂，网络上的计算机要互相通信，必须遵循一定的协议。

目前使用最广泛的网络协议是 Internet 上所使用的 TCP/IP。TCP（Transmission Control Protocol）即传输控制协议，是一种面向连接的保证可靠传输的协议；IP（Internet Protocol）即网际协议，是一种面向无连接的协议。通过 TCP 传输，得到的是一个顺序的无差错的数据流。发送方和接收方成对的两个 socket（即端口）之间必须建立连接，以便在 TCP 的基础上进行通信，当

一个 socket（通常都是 server socket）等待建立连接时，另一个 socket 可以要求进行连接，一旦这两个 socket 连接起来，它们就可以进行双向数据传输，双方都可以进行发送或接收操作。

UDP（User Datagram Protocol）即用户数据报协议，是一种面向无连接的协议。每个数据报都是一个独立的信息，包括完整的源地址和目的地址，它在网络上以任何可能的路径传往目的地，因此能否到达目的地，到达目的地的时间以及内容的正确性都是不能被保证的。

使用 UDP 时，每个数据报中都给出了完整的地址信息，因此不需要建立发送方和接收方的连接。对于 TCP，由于它是一个面向连接的协议，在 socket 之间进行数据传输之前必然要建立连接，所以在 TCP 中多了一个连接建立的时间。

使用 UDP 传输数据时是有大小限制的，每个被传输的数据报必须限定在 64KB 之内。而 TCP 没有这方面的限制，一旦连接建立起来，双方的 socket 就可以按统一的格式传输大量的数据。UDP 是一个不可靠的协议，发送方所发送的数据报并不一定以相同的次序到达接收方。而 TCP 是一个可靠的协议，它确保接收方完全正确地获取发送方所发送的全部数据。

2. IP 地址和 InetAddress 类

在 TCP/IP 中 IP 层主要负责网络主机的定位和数据传输的路由，由 IP 地址可以唯一地确定 Internet 上的一台主机。

Internet 上的计算机都有一个地址，这个地址是一个点分十进制数字，称为 IP 地址，它唯一地标识了网络上的一台计算机。最初所有的 IP 地址都由 32 位二进制来表示，这种地址的格式称为 IPv4（Internet Protocol，version 4），IPv4 表示的 IP 地址格式如 192.168.0.3 和 172.16.12.178。随着 Internet 的发展，IPv4 格式的地址已不能满足需要，因此一种称为 IPv6（Internet Protocol，version 6）的地址方案已经开始使用，IPv6 使用 128 位二进制值来表示一个 IP 地址。目前 Internet 中 IP 地址使用的都是 IPv4，但随着时间的推移 IPv6 将会取代 IPv4 成为 IP 地址的主要方案，幸运的是 IPv6 是向下兼容 IPv4 的。

在 Internet 上都是通过 IP 地址来访问主机的，但数字格式的 IP 地址不容易记忆，我们通常利用域名来访问 Internet 上的主机，如通过 www.hnrpc.com 访问湖南铁道职业技术学院的网站。TCP/IP 中提供 DNS(域名服务)，实现将 IP 地址解释为相应域名的服务。

另外，在进行网络通信时同一机器上的不同进程使用端口进行标识，如 80、21、23 和 25 等，其中 1～1024 为系统保留的端口号。

java.net 包中的 InetAddress 类创建的对象包含一个 Internet 主机地址的域名和 IP 地址。InetAddress 类没有提供构造方法，所以不能用 new()方法来创建它的对象，而只可以调用静态方法 getLocalHost()、getByName()、getByAddress()等来获得 InetAddress 类的属性。InetAddress 类的常用方法如表 9-1 所示。

表 9-1　InetAddress 类的常用方法

方法名称	方法功能
String getHostAddress()	获取 InetAddress 所含的 IP 地址
String getHostName()	获取 InetAddress 所含的域名
static InetAddress getLocalHost()	获取本地机的地址
String getByName()	通过域名获取 IP 地址或通过 IP 地址获取域名

续表

方 法 名 称	方 法 功 能
getAddress()	返回 IP 地址的字节形式
getAllByName()	返回指定主机名的 IP 地址
getbyAddress()	返回指定字节数组的 IP 地址形式
hastCode()	返回 InetAddress 对象的哈希码
toString()	返回地址转换成的字符串

9.1.3 课堂案例 1——获取网络服务器信息

【案例学习目标】 了解 C/S 网络编程模式，了解 TCP/IP 相关概念，熟悉 InetAddress 类的使用，会应用 InetAddress 类获取网络服务器相关信息。

【案例知识要点】 C/S 网络编程模式、TCP/IP 相关概念、InetAddress 类的常用方法。

【案例完成步骤】

1. 编写程序

（1）在 Eclipse 环境中创建名称为 chap09 的项目。

（2）在 chap09 项目中新建名称为 ServerInfo 的类。

（3）编写完成的 ServerInfo.java 的程序代码如下：

```
1   import java.net.*;
2   import java.util.Scanner;
3   public class ServerInfo {
4       public static String getHost() throws Exception{
5           System.out.println("请输入主机名称:");
6           Scanner sc=new Scanner(System.in);
7           String sHost=sc.nextLine();
8           return sHost;
9       }
10      public static void dispHost(InetAddress ia)  {
11          System.out.println("主机:"+ia);
12          System.out.println("主机名称为:"+ia.getHostName());
13          System.out.println("IP 地址为:"+ia.getHostAddress());
14      }
15      public static void main(String[] args)   throws Exception{
16          String sTemp=getHost();
17          try{
18              InetAddress ia=InetAddress.getByName(sTemp);
19              dispHost(ia);
20          }catch(UnknownHostException uhe){
21              System.err.println("名称有误或网络不通!");
22          }
23      }
24  }
```

【程序说明】

- 第 2 行：通过“import java.net.*”引入网络编程相关的包。
- 第 4 行～第 9 行：获得主机的静态方法 getHost ()。
- 第 10 行～第 14 行：获得主机地址和 IP 地址信息的静态方法 dispHost ()。
- 第 12 行：通过 getHostName()获得主机名信息。
- 第 13 行：通过 getHostAddress()获得 IP 地址信息。
- 第 16 行：在 main 方法调用 getHost 方法获得用户输入的主机信息。
- 第 18 行：以指定的主机名得到 InetAddress 对象。
- 第 19 行：在 main 方法调用 dispHost 方法获得指定主机的相关信息。

2. 编译并运行程序

保存并修正程序错误后，程序运行结果如图 9-3 所示。

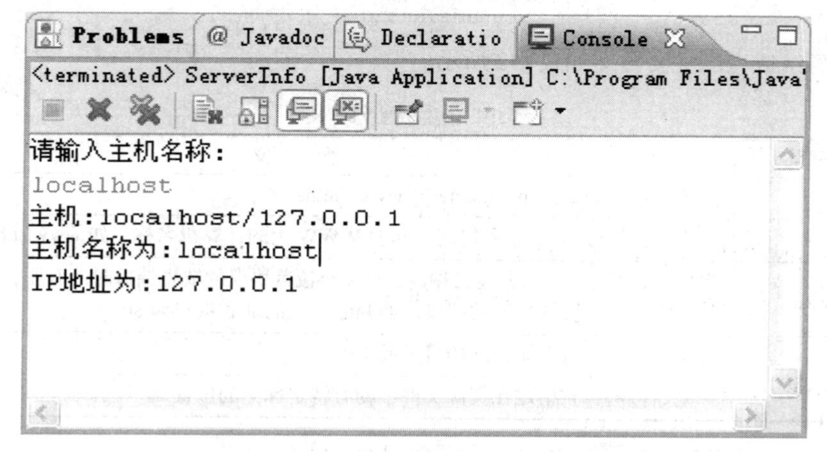

图 9-3 ServerInfo 运行结果

9.2 URL 编程

Java 语言提供了 java.net.URL 类和 java.net.URLConection 类。这两个类提供给我们一种简便的方法编写网络程序，实现一些较高级的协议访问 Internet。

9.2.1 URL 的概念

URL 即统一资源定位器，是 Internet 的关键部分，它表示 Internet 上某一资源的地址。它提供了人和机器的导航，其功能是指向计算机里的资源(即定位)。URL 可以分成 3 个部分：通信协议、计算机地址和文件。URL 常见的通信协议有 3 种：http、ftp 和 file。通过 URL 我们可以访问 Internet 上的各种网络资源，如常见的 WWW 和 FTP 站点。浏览器通过解析给定的 URL 可以在网络上查找相应的文件或其他资源。

URL 是指通过一个资源对象在 Internet 上确切的位置来标识资源的规范。统一资源名（URN）

是一个引用资源对象的方法，它不需要指明到达对象的完整路径，而是通过一个别名来引用资源。统一资源名（URN）和统一资源定位符（URL）的关系类似于主机名和 IP 地址。尽管 URN 很有前途，由于实现起来更为困难，因此多数软件都不支持 URN，目前 URL 规范已被广泛的应用。

URL 类封装了使用统一资源定位器访问 WWW 上的资源的方法。这个类可以生成一个寻址或指向某个资源的对象。URL 类对象指向 WWW 资源(Web 页、文本文件、图形文件、声频片段等)。

9.2.2 URL 的组成

1. URL 的基本格式

URL 的一般格式如下：

```
protocol://hostname:port/resourcename#anchor
```

URL 中各组成项的主要含义如表 9-2 所示。

表 9-2 URL 各组成部分含义

符　号	含　义
protocol	协议，包括 http、ftp、gopher、news、telnet 等
hostname	主机名，指定 DNS 服务器能访问的 WWW 上的计算机名称，如 www.sun.com
port	端口号，可选，表示所连的端口，只在要覆盖协议的缺省端口时才有用，如果忽略端口号，将连接到协议缺省的端口，如 http 协议的缺省端口为 80
resourcename	资源名，是主机上能访问的目录或文件
anchor	标记，可选，它指定在资源文件中的有特定标记的位置

常见的 URL 的形式如下：

（1）http://www.hnrpc.com/index.htm

（2）http://www.hnrpc.com:85/oa/index.htm

（3）http://local/demo/information#myinfo

（4）ftp://local/demo/readme.txt

第 2 个 URL 把标准 Web 服务器端口 80 改成不常用的 85 端口，第 4 个 URL 加上符号“#”，用于指定在文件 information 中标记为 myinfo 的部分。

2. URL 构造方法和常用方法

URL 类的构造方法和常用方法如表 9-3 所示。

表 9-3 URL 类的构造方法和常用方法

方法名称	方法功能
URL（String url）	建立指向 url 资源的 URL 对象
URL（URL baseURL，String relativeURL）	通过 URL 基地址和相对于该基地址的资源名建立 URL 对象
URL（String protocol，String host，String file）	通过给定的协议、主机和文件名建立 URL 对象

续表

方法名称	方法功能
URL（String protocol，String host，int port，String file）	通过给定协议、主机、端口号和文件名建立 URL 对象
getPort()	获得端口号
getProtocol()	获得协议
getHost()	获得主机名
getFile()	获得文件名
getRef()	获得连接
getDefaultPort()	获得默认的端口号
getUserInfo	获得用户信息
getContent()	不必显式指定寻找的资源类型，就可以取回资源并返回相应的形式（如 GIF 或 JPEG 图形资源会返回一个 Image 对象）
openStream()	打开一个输入流，返回类型是 InputStream，这个输入流的起点是 URL 实体对象的内容所代表的资源位置处，终点则是使用了该 URL 实体对象及方法 openStream() 的程序。在输入流建好了之后，我们就可以从输入流中读取数据了，而这些信息数据的实际来源，则是作为输入流起点的网上资源文件

9.2.3 课堂案例 2——从 URL 读取 WWW 网络资源

【案例学习目标】 进一步理解 C/S 网络编程模式，了解 URL 的概念，进一步理解 I/O 流类的应用，熟悉 URL 类的使用，会应用 URL 类编写网络程序。

【案例知识要点】 I/O 流类在网络编程中的应用、URL 类的概念、URL 类的常用方法。

【案例完成步骤】

1. 编写程序

（1）在 Eclipse 环境中打开名称为 chap09 的项目。

（2）在 chap09 项目中新建名称为 URLInfo 的类。

（3）编写完成的 URLInfo.java 的程序代码如下：

```
1   import java.net.*;
2   import java.io.*;
3   public class URLInfo {
4       public static void main(String args[]) throws Exception{
5           try{
6               URL url=new URL("http://www.163.com");
7               InputStreamReader isr=new
    InputStreamReader(url.openStream());
8               BufferedReader br=new BufferedReader(isr);
9               String sInfo;
10              while((sInfo=br.readLine())!=null)
11                  System.out.println(sInfo);
12              br.close();
```

```
13            isr.close();
14        }
15        catch(Exception e){
16            System.out.println(e);
17        }
18    }
19 }
```

【程序说明】

- 第 6 行：由“http://www.163.com”构造 URL 对象 url。
- 第 7 行：使用 URL 的 openStream 方法构造输入流对象 InputStreamReader。
- 第 8 行：创建缓冲流 BufferedReader 对象 br。
- 第 10 行：从 br 中读取数据即可得到 url 所指定的资源文件。
- 第 11 行：显示读取的指定的 URL 的信息。
- 第 21 行：输出捕获的异常，如网络不通，则会出现“java.net.UnknownHostException:www.163.com”的异常信息。

2. 编译并运行程序

保存并修正程序错误后，在命令提示符下运行程序，结果如图 9-4 所示。

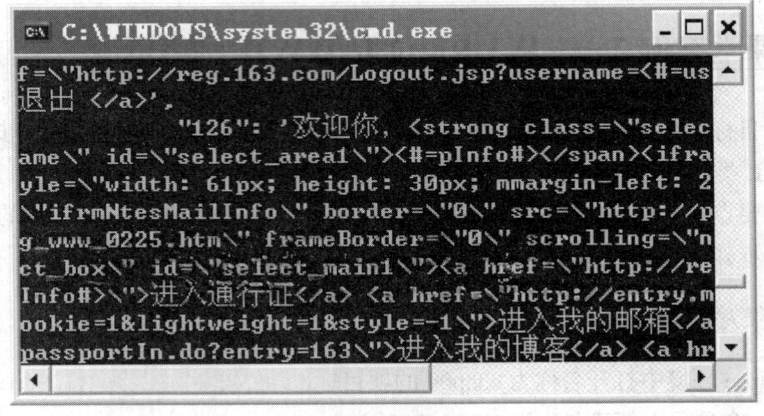

图 9-4 URLInfo 运行结果

从 URLInfo.java 可以看出，一个 URL 对象对应一个网址，生成 URL 对象后，就可以调用 URL 对象的 openStream()方法读取网址中的信息。调用 openStream() 方法获取的是一个 InputStream 输入流对象（参阅第 7 章），通过 read() 方法只能从这个输入流中逐字节读取数据，也就是从 URL 网址中逐字节读取信息。为了能更方便地从 URL 中读取信息，通过将原始的 InputStream 输入流转变成其他类型的输入流（如 BufferedReader 等）。

- 本例中的 openStream() 方法只能读取网络资源。
- 若要既能读取又能发送数据，可以使用 URL 类的 openConnection() 方法来创建一个 URLConnection 类的对象，该对象在本地机和 URL 指定的远程节点建立一条 HTTP 的数据通道，可进行双向数据传输。

9.2.4 通过 URLConnection 连接 WWW

1. URLConnection 类概述

利用 URL 类只能简单地读取网址中的信息，如果还要向服务器发送信息，就要使用 java.net 包的 URLConnection 类。通过建立 URLConnection 对象可以自动完成通信的连接过程，通信需要的一些附加信息也由系统提供，大大简化了编程工作。

对一个已建立的 URL 对象调用 openConnection() 方法，就可以返回一个 URLConnection 对象，一般格式如下：

```
URL url=new URL("http://www.163.com");
URLConnection myurl=url.openConnection();
```

建立了 myurl 对象也就是在本机和网址"www.163.com"之间建立了一条 HTTP 的连接通路，就像在 Web 浏览器中输入网址连接网站一样。

2. URLConnection 类的方法

URLConnection 类的常用方法如表 9-4 所示。

表 9-4　　URLConnection 类的常用方法

方法名称	方法功能
void setAllowUserInteraction（boolean flag）	访问网站时是否出现一个交互界面，flag 为 true 表示出现
void setDoInput（boolean flag）	如果要从 URLConnection 读出信息，则将 flag 设为 true
void setDoOutput（boolean flag）	如果要从 URLConnection 发送信息，则将 flag 设为 true
URL getURL()	获得 URLConnection 对象对应的 URL 对象
Object getContent()	获得 URL 的内容，返回一个 Object 对象
InputStream getInputStream()	获得可以从 URL 网址读取数据的输入流
OutputStream getOutputStream()	获得可以向 URL 网址发送数据的输出流
String getContentType()	获得 URL 内容的数据类型
int getContentLength()	获得 URL 内容的长度
String getHeaderFieldKey（int）	获得某个报头字段的名称
String getHeaderField（String or int）	获得某个报头字段的内容

9.2.5 课堂案例 3——使用 URLConnection 实现网络连接

【案例学习目标】 进一步理解I/O流类的应用，进一步掌握URL类的使用，熟悉URLConnection类的使用，会应用 URLConnection 类编写网络程序。

【案例知识要点】 I/O 流类在网络编程中的应用、URLConnection 类的概念、URLConnection 类的常用方法。

【案例完成步骤】

1. 编写程序

（1）在 Eclipse 环境中打开名称为 chap09 的项目。

（2）在 chap09 项目中新建名称为 URLInfo2 的类。

（3）编写完成的 URLInfo2.java 的程序代码如下：

```
1   import java.net.*;
2   import java.io.*;
3   public class URLInfo2{
4       public static void main(String args[]) throws Exception{
5           try{
6               URL url=new URL("http://www.163.com");
7               URLConnection urlconn=url.openConnection();
8               String sInput="";
9               InputStreamReader isr=new
    InputStreamReader(urlconn.getInputStream());
10              BufferedReader br=new BufferedReader(isr);
11              String sInfo;
12              while ((sInfo=br.readLine())!=null)   {
13                  System.out.println(sInfo);
14              }
15              System.out.println(sInput);
16              br.close();
17          }
18          catch(Exception e){
19              System.out.println(e);
20          }
21      }
22  }
```

【程序说明】

- 第 6 行：由“http://www.163.com”构造 URL 对象 url。
- 第 7 行：创建一个 URLConnection 类对象 urlconn。
- 第 9 行：使用 URLConnection 的 getInputStream 方法读取信息。

2. 编译并运行程序

保存并修正程序错误后，在命令提示符下运行程序，结果如图 9-5 所示。

```
C:\WINDOWS\system32\cmd.exe
<!-- END WRating v1.0 -->
<!-- START NetEase Devilfish 2006 -->
<script src="http://analytics.163.com/ntes.js" t
<script type="text/javascript">
_ntes_nacc = "www";
neteaseTracker();
neteaseClickStat();
</script>
<!-- END NetEase Devilfish 2006 -->
</body>
</html>
```

图 9-5　URLInfo2 运行结果

从 URLInfo.java 和 URLInfo2.java 来看，URL 和 URLConnection 的用法基本相同。两者最大的区别在于：

- URLConnection 类提供了对 MIME 首部的访问及 HTTP 的响应。
- URLConnection 可运行用户配置发向服务器的请求参数。
- URLConnection 可以获取从服务器发来的数据，同时也可以向服务器发送数据。

9.3 Socket 编程

9.3.1　Socket 概述

Socket 为网络通信程序提供了一套丰富的方法，应用程序可以利用 Socket 提供的 API 实现底层网络通信。套接字相对 URL 而言是在较低层次上进行通信。

套接字是 TCP/IP 中的基本概念，它的含义类似于日常使用的插座，主要用来实现将 TCP/IP 包发送到指定的 IP 地址。通过 TCP/IP Socket 可以实现可靠、双向、一致、点对点、基于流的主机和 Internet 之间的连接。使用 Socket 可以用来连接 Java 的 I/O 系统到其他程序，这些程序可以在本地计算机上，也可以在 Internet 的远程计算机上。

利用套接字实现数据传送原理的基本原理是：服务器程序启动后，服务器应用程序侦听特定端口，等待客户的连接请求。当一个连接请求到达时，客户和服务器建立一个通信连接。在连接过程中，客户被分配一个本地端口号并且与一个 Socket 连接，客户通过写 Socket 来通知服务器，以读 Socket 来获取信息。类似地，服务器也获取一个本地端口号，它需要一个新的端口号来侦听原始端口上的其他连接请求。服务器也给它的本地端口连接一个 Socket 并读写它来与客户通信。

应用程序一般仅在同一类的套接字之间通信。不过只要底层的通信协议允许，不同类型的套接字之间也可以通信。

有两种套接字类型：流套接字和数据报套接字。其中流套接字提供双向的、有序的、无重复并且无记录边界的数据流服务，TCP 是一种流套接字协议。而数据报套接字也支持双向的数据流，但并不保证是可靠、有序、无重复的。数据报套接字的一个重要特点是它保留了记录边界，UDP 即是一种数据报套接字协议。

9.3.2　Socket 类和 ServerSocket 类

1. Socket 类和 ServerSocket 类

在套接字通信中客户端的程序使用 Socket 类建立与服务器套接字连接，Socket 类的构造方法如表 9-5 所示。

表 9-5　Socket 类的构造方法

方 法 名 称	方 法 功 能
Socket()	建立未连接的 Socket
Socket（SocketImpl impl）	通过 SocketImpl 类对象建立未连接的 Socket

续表

方法名称	方法功能
Socket（String host，int port）	建立 Socket 并连接到指定的主机和端口号
Socket（InetAddress address，int port）	建立 Socket 并连接到指定的 IP 和端口号
Socket（String host，int port，InetAddress localAddr，intlocalPort）	建立一个约束于给定 IP 地址和端口的流式 Socket 并连接到指定的主机和端口
Socket（InetAddress address，int port，InetAddress localAddr，int localPort）	建立一个约束于给定 IP 地址和端口的流式 Socket 并连接到指定的主机和端口
Socket（String host，int port，boolean stream）	建立一个 Socket 并连接到指定的 IP 地址和端口号，其通信方式由 stream 给出
Socket（InetAddress address，nt port，boolean stream）	建立一个 Socket 并将它连接到指定的 IP 地址和端口号，其通信方式由 stream 给出

在套接字通信中客户端的程序使用 Socket 类建立与服务器套接字连接，即客户向服务器发出连接请求。因此服务器必须建立一个等待接收客户请求的服务器套接字，以响应客户端的请求。服务器端程序使用 ServerSocket 类建立接收客户套接字的服务器套接字。ServerSocket 类的构造方法和常用方法如表 9-6 所示。

表 9-6　ServerSocket 类的构造方法和常用方法

方法类型	方法名称	方法功能
构造方法	ServerSocket（int port）	在本地机上的指定端口（int）处创建服务器套接字，客户使用此端口与服务器通信。如果端口指定为 0，那么可在本地机上的任何端口处创建服务器套接字
	ServerSocket（int port，int backlog）	在本地机上的指定端口（int）处创建服务器套接字，第 2 个参数指出在指定端口处服务器套接字支持的客户连接的最大数
	ServerSocket（int port，int backlog，InetAddress bind-Addr）	在指定端口（int）处创建服务器套接字。第 3 个参数用来创建多个宿主机上服务器套接字。服务器套接字只接收指定 IP 地址上的客户请求
常用方法	Socket accept()	在服务器套接字监听客户连接并接收它。此后，客户建立与服务器的连接，此方法返回客户的套接字
	void close()	关闭服务器套接字
	String toString()	返回作为串的服务器套接字的 IP 地址和端口号

客户端和服务器端通过套接字进行通信时，要进行读写端口和取地址操作。读写端口和取地址的方法如表 9-7 所示。

表 9-7　读写端口和取地址的方法

方法名称	方法功能
InetAddress getInetAddress()	返回该套接口所连接的地址
int getPort()	返回该套接口所连接的远程端口
synchronized void close()	关闭套接口
InputStream getInputStream()	获得从套接口读入数据的输入流
OutputStream getOutputStream()	获得向套接口进行写操作的输出流

说明

- DataInputStream 为 InputStream 的子类，PrintStream 为 OutputStream 的子类。
- 有关输入/输出流类的详细内容，请参阅第 7 章。

2. Socket 程序通信过程

客户端 Socket 的工作过程通常包含以下 4 个基本的步骤。

（1）创建 Socket。根据指定的 IP 地址或端口号构造 Socket 类对象，如服务器端响应，则建立客户端到服务器的通信线路。

（2）打开连接到 Socket 的输入/出流。使用 getInputStream() 方法获得输入流，使用 getOutputStream() 方法获得输出流。

（3）按照一定的协议对 Socket 进行读/写操作。通过输入流读取服务器放入线路的信息（但不能读取自己放入通信线路的信息），通过输出流将信息写入线路。

（4）关闭 Socket。断开客户端到服务器的连接，释放线路。

对于服务器而言，将上述第一步改为构造 ServerSocket 类对象，监听客户端的请求并进行响应。基于 Socket 的 C/S 通信如图 9-6 所示。

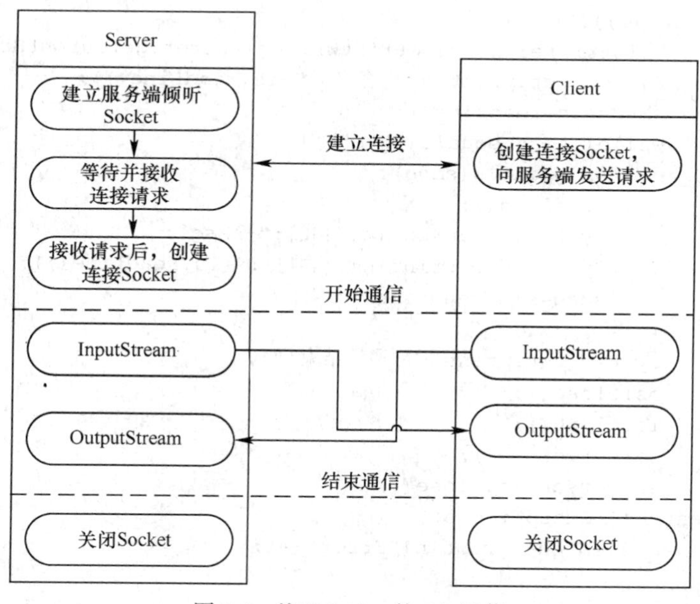

图 9-6 基于 Socket 的 C/S 通信

9.3.3 课堂案例 4——Server 和一个客户的通信

【案例学习目标】 进一步熟悉网络通信相关的 I/O 流类，理解 Socket 编程的基本步骤，掌握 Socket 类的使用，掌握 ServerSocket 类的使用，能编写简单的基于 Socket 的网络服务器程序和客户端程序。

【案例知识要点】 Socket 编程的基本步骤、Socket 类的构造方法、ServerSocket 类的构造方

法和常用方法、网络通信相关的 I/O 流类。

【案例完成步骤】

1. 编写服务端程序

（1）在 Eclipse 环境中打开名称为 chap09 的项目。

（2）在 chap09 项目中新建名称为 ServerToSingle 的类。

（3）编写完成的 ServerToSingle.java 的程序代码如下：

```
1   import java.io.*;
2   import java.net.*;
3   public class ServerToSingle{
4       public static void main(String args[]){
5           try {
6               ServerSocket serversocket=new ServerSocket(4008);
7               System.out.println("服务器已经启动...");
8               Socket server=serversocket.accept();
9               String sMsg;
10              BufferedReader sin=new BufferedReader(new InputStreamReader
    (System.in));
11              BufferedReader is=new BufferedReader(new InputStreamReader(server.
    getInputStream()));
12              PrintWriter os=new PrintWriter(server.getOutputStream());
13              System.out.println("[客户]:"+is.readLine());
14              sMsg=sin.readLine();
15              while(!sMsg.equals("bye")){
16                  os.println(sMsg);
17                  os.flush();
18                  System.out.println("[我]:"+sMsg);
19                  System.out.println("[客户]:"+is.readLine());
20                  sMsg=sin.readLine();
21              }
22              System.out.println("通话结束!");
23              os.close();
24              is.close();
25              server.close();
26              serversocket.close();
27          }catch(IOException e){
28              System.out.println("Error"+e);
29          }
30      }
31  }
```

【程序说明】

- 第 6 行：使用 ServerSocket 类创建 serversocket 对象（4008 端口）。
- 第 8 行：使用 ServerSocket 的 accept 方法在服务器端监听客户端发出请求的 Socket 对象。
- 第 10 行：由系统标准输入创建 BufferedReader 对象。
- 第 11 行：由 Socket 输入流创建 BufferedReader 对象。
- 第 12 行：由 Socket 输出流创建 PrintWriter 对象。

- 第14行：从标准输入设备接收用户输入的信息。
- 第15行～第21行：使用os.flush发出信息，并通过is.readLine显示客户发送的消息，如果输入bye，结束本次会话，否则继续和客户端通信。
- 第18行～第19行：通过标准输出设备输出客户端消息和服务器端消息。
- 第20行：继续从标准输入设备输入。
- 第23行～第24行：关闭输出流和输入流。
- 第25行～第26行：关闭端口。

2. 编写客户端程序

（1）在Eclipse环境中打开名称为chap09的项目。

（2）在chap09项目中新建名称为SingleClinet的类。

（3）编写完成的SingleClinet.java的程序代码如下：

```
1   import java.io.*;
2   import java.net.*;
3   public class SingleClient{
4       public static void main(String args[]){
5           try{
6               Socket client=new Socket("127.0.0.1",4008);
7               BufferedReader sin=new BufferedReader(new
    InputStreamReader(System.in));
8               BufferedReader is=new BufferedReader(new
    InputStreamReader(client.getInputStream()));
9               PrintWriter os=new PrintWriter(client.getOutputStream());
10              String sMsg;
11              sMsg=sin.readLine();
12              while(!sMsg.equals("bye")){
13                  os.println(sMsg);
14                  os.flush();
15                  System.out.println("[我]:"+sMsg);
16                  System.out.println("[服务器]:"+is.readLine());
17                  sMsg=sin.readLine();
18              }
19              System.out.println("通话结束!");
20              os.close();
21              is.close();
22              client.close();
23          }catch(IOException e){
24              System.out.println("Error:"+e);
25          }
26      }
27  }
```

【程序说明】

- 第6行：通过本机地址127.0.0.1和端口4008构造客户端Socket对象。
- 第7行：由系统标准输入创建BufferedReader对象。
- 第8行：由Socket输入流创建BufferedReader对象。

- 第 9 行：由 Socket 输出流创建 PrintWriter 对象。
- 第 11 行：从标准输入设备接收用户输入的信息。
- 第 12 行～第 18 行：发送信息到服务端，并显示来自服务器端的信息，如果用户输入 bye，结束本次会话，否则保持和服务器的通信。
- 第 13 行：将从标准输入设备输入的内容写入到 Server。
- 第 14 行：刷新输出流。
- 第 15 行～第 16 行：通过标准输出设备输出客户端消息和服务端消息。
- 第 17 行：继续从标准输入设备输入。
- 第 20 行～第 21 行：关闭输出流和输入流。
- 第 22 行：关闭端口。

3. 编译并运行服务器端程序

保存并修正 ServerToSingle.java 程序错误后，为了更好地查看程序运行效果，在命令行提示符下运行服务器程序，并与客户端进行通信，程序运行结果如图 9-7 所示。

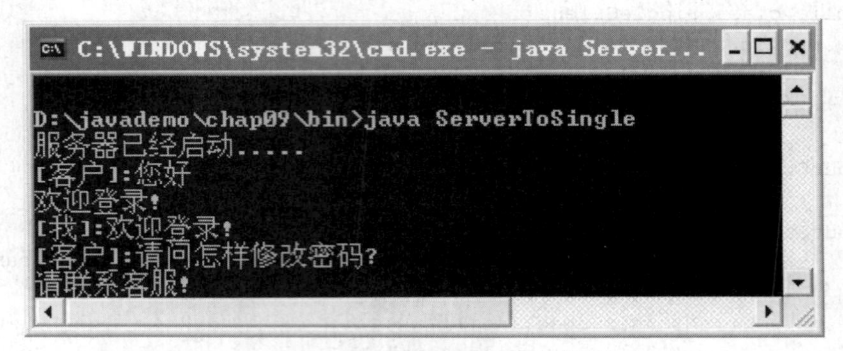

图 9-7 ServerToSingle 运行结果

4. 编译并运行客户端程序

保存并修正 SingleClient.java 程序错误后，为了更好地查看程序运行效果，在命令行提示符下运行客户端程序，并与服务器进行通信，程序运行结果如图 9-8 所示。

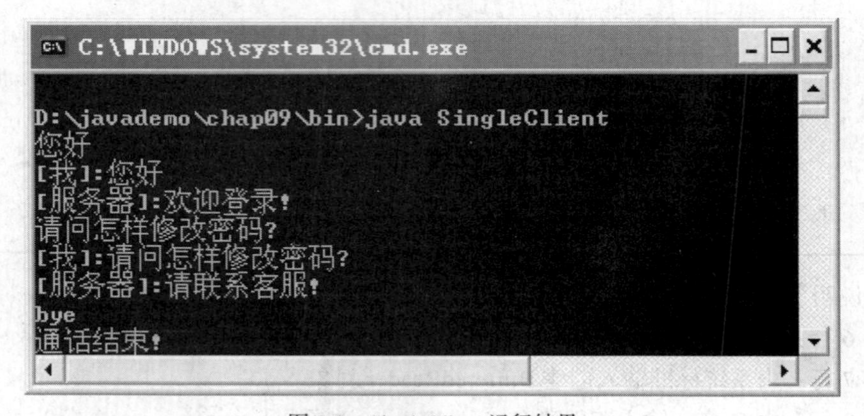

图 9-8 SingleClinet 运行结果

说明

- 服务器端程序要先于客户端程序启动。
- 请结合“图 9-6”的通信过程理解本案例。

“课堂案例 4”实现了一个服务器和指定客户之间的通信，但这种通信是一对一的，即一个服务器程序只能与一个客户进行通信。如果要实现一对多的通信，即一个服务器程序和多个客户进行通信，在服务器端需要借助于线程来实现对多个客户请求的响应。

9.3.4 课堂案例 5——Server 和多个客户的通信

【案例详细描述】 在 C/S 模式的实际应用中，往往是在服务器上运行一个永久的程序，它可以接收来自其他多个客户端的请求，提供相应的服务。为了实现在服务器方给多个客户提供服务的功能，需要对“课程案例 4”中的程序进行改造，在服务器端利用多线程响应多客户请求。服务器总是在指定的端口上监听是否有客户请求，一旦监听到客户请求，服务器就会启动一个专门的服务线程来响应该客户的请求，而服务器本身在启动完线程之后马上又进入监听状态，等待下一个客户的到来。

【案例学习目标】 进一步熟悉网络通信相关的 I/O 流类，理解 Socket 编程的基本步骤，掌握 Socket 类的使用，掌握 ServerSocket 类的使用，进一步掌握线程在网络程序中的应用，能编写基于 Socket 的一对多的 C/S 程序。

【案例知识要点】 Socket 编程的基本步骤、ServerSocket 类的构造方法和常用方法、网络通信相关的 I/O 流类、网络编程中的线程。

【案例完成步骤】

1. 编写服务端程序

（1）在 Eclipse 环境中打开名称为 chap09 的项目。

（2）在 chap09 项目中新建名称为 ServerToMulti 的类。

（3）编写完成的 ServerToMulti.java 的程序代码如下：

```
1   import java.io.*;
2   import java.net.*;
3   public class ServerToMulti{
4       static int iClient=1;
5       public static void main(String args[]) throws IOException{
6           ServerSocket serversocket=null;
7           try{
8               serversocket=new ServerSocket(4008);
9               System.out.println("服务器已经启动");
10          }catch(IOException e){
11              System.out.println("Error"+e);
12          }
13          while(true){
14              ServerThread st=new
    ServerThread(serversocket.accept(),iClient);
```

```
15              st.start();
16  iClient++;
17          }
18      }
19  }
20  class ServerThread extends Thread{
21      Socket server;
22      int iCounter;
23      public ServerThread(Socket socket,int num){
24          server=socket;
25          iCounter=num;
26      }
27      public void run(){
28          try{
29              String msg;
30              BufferedReader sin=new BufferedReader(new InputStreamReader
(System.in));
31              BufferedReader is=new BufferedReader(new InputStreamReader
(server.getInputStream()));
32              PrintWriter os=new PrintWriter(server.getOutputStream());
33              System.out.println("[客户 "+iCounter+"]:"+is.readLine());
34              msg=sin.readLine();
35              while(!msg.equals("bye")){
36                  os.println(msg);
37                  os.flush();
38                  System.out.println("[我]:"+msg);
39                  System.out.println("[客户+iCounter+"]:"+is.readLine());
40                  msg=sin.readLine();
41              }
42              System.out.println("通话结束!");
43              os.close();
44              is.close();
45              server.close();
46          }catch(IOException e){
47              System.out.println("Error:"+e);
48          }
49      }
50  }
```

【程序说明】

- 第 8 行：创建 serversocket 端口在 4008 处监听客户端。
- 第 20 行～第 49 行：负责监听客户端请求的 ServerThread 类。
- 第 14 行：构造 ServerThread 类对象对客户请求进行监听。
- 第 15 行：启动线程实现与特定客户端的通信。

2. 编写客户端程序

多客户与服务器的通信程序中的客户端程序与“课堂案例 4”的客户端程序一样，为区别二者，将 SingleCleint.java 另存为 Client.java。

3. 编译并运行程序

保存并修正程序错误后，首先启动服务器程序，再依次启动两个客户端程序，与服务器进行通信，程序运行结果如图 9-9 所示。

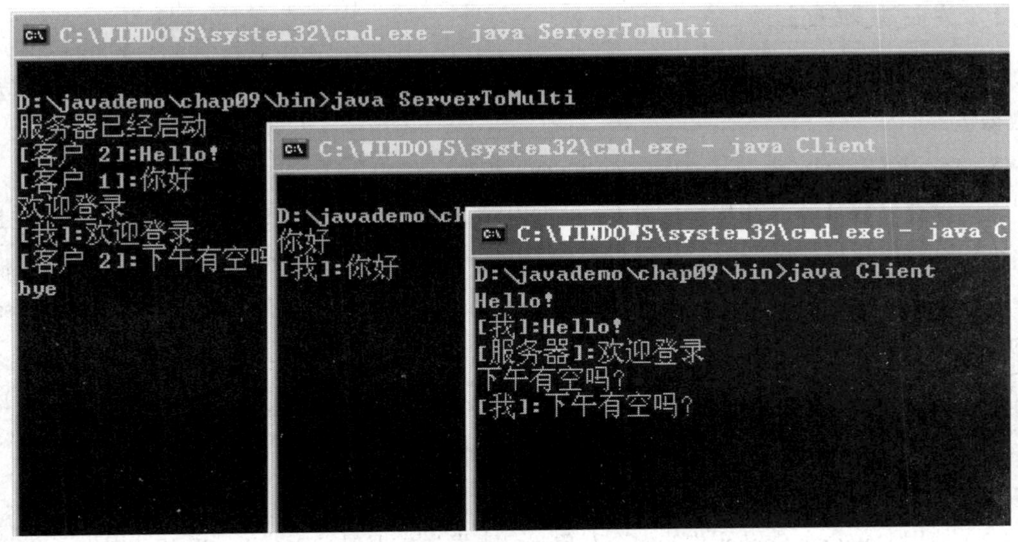

图 9-9 “课堂案例 5”运行结果

“课堂案例 5”虽然实现了基本的服务器对客户端的一对多的通信，但还不能实现类似于 QQ 的群聊功能和网上聊天室的功能。进一步可以通过 Vector 对象等保存各客户的信息，再通过广播的形式进行发送。读者可以参阅所附资源中的聊天室程序进行更深入的学习。

9.4 数据报编程

9.4.1 数据报通讯概述

Java 平台也支持 UDP（User Datagram Protocol，用户数据报协议）编程方式。UDP 可以发送数据报，但它的开销比 TCP 少得多。UDP 的缺点是它不保证数据发送的可靠性，数据接收到的顺序可能和发送的顺序不同，甚至还可能丢失数据报。程序员必须负责整理和验证这些数据和请求重发。UDP 特别适合容忍数据报部分丢失，而对实时性要求更高的应用程序，如语音传输等。UDP 并不刻意追求数据包会完全发送出去，也不能担保它们抵达的顺序与它们发出时一样，因此，这是一种“不可靠协议”。由于其速度比 TCP 快得多，所以还是能够在很多应用中使用。UDP 也有自己的端口，和 TCP 端口是相互独立的。

Java 对数据报的支持与它对 TCP 套接字的支持大致相同，java.net 包提供了 DatagramSocket 和 DatagramPacket 这两个类实现基于 UDP 的网络程序设计。使用 DatagramSocket 类来表示无连接的 socket，接收和发送数据报。接收和要发送的数据报内容保存在 DatagramPacket 对象中。

基于 UDP 通信的基本模式：

（1）将数据打包，形成数据包（类似于将信件装入信封），然后将数据包发往目的地（类似于寄信）。

（2）接收别人发来的数据包（类似于收信），然后查看数据包中的内容（类似于阅读信件内容）。

1. 发送数据包

（1）使用 DatagramPacket 类将数据打包，DatagramPacket 类提供了两种构造方法创建待发送的数据包：

```
DatagramPacket(byte data[],int length,InetAddress address,int port)
```

其含义是：将 data 数组中长度为 length 的内容发送到地址是 address、端口为 port 的主机上。

```
DatagramPacket(byte data[],int offset,int length,InetAddress address,int port):
```

其含义是：将 data 数组中从 offset 位置开始、长度为 length 的内容发送到地址是 address、端口为 port 的主机上。

- 使用 int getPort()方法获取发送数据包目标端口。
- 使用 InetAddress getAddress() 获取发送数据包的目标地址。
- 使用 byte[] getData() 获取发送数据包中的数据。

（2）使用 DatagramSocket 构造一个对象，负责发送数据包。DatagramSocket 提供了两种构造方法发送数据包：

```
DatagramSocket()
```

其含义是：构造默认的 DatagramSocket 对象。

```
DatagramSocket(int port)
```

其含义是：构造指定端口号的 DatagramSocket 对象。

2. 接收数据包

（1）使用 DatagramSocket 类创建一个对象，使得接收端指定的端口号与发送端指定的端口号一致，以等待接收数据包。

（2）调用 receive（DatagramPacket pack）接收数据包。

【课堂案例 6】是使用这两个类的一个 UDP 服务程序。它只是简单地将客户输入的字符显示在服务器窗口中，当客户输入“BYE”字符串后，该应用程序停止并退出。

9.4.2 课堂案例 6——简单聊天吧的实现

【案例学习目标】 进一步熟悉网络编程的概念，理解数据报编程的基本步骤，掌握 DatagramSocket 类的使用，掌握 DatagramPacket 类的使用，能编写简单的基于数据报的网络服务器程序和客户端程序。

【案例知识要点】 数据报编程的基本步骤、DatagramSocket 类的构造方法和常用方法、DatagramPacket 类的构造方法和常用方法。

【案例完成步骤】

1. 编写服务端程序

（1）在 Eclipse 环境中打开名称为 chap09 的项目。

（2）在 chap09 项目中新建名称为 ServerOfUDP 的类。

（3）编写完成的 ServerOfUDP.java 的程序代码如下：

```
1   import java.net.*;
2   import java.io.*;
3   public class ServerOfUDP{
4       static final int PORT = 4000;
5       private byte[] buf = new byte[1000];
6       private DatagramPacket dgp =new  DatagramPacket(buf,buf.length);
7       private DatagramSocket sk;
8       public ServerOfUDP(){
9           try {
10              sk = new DatagramSocket(PORT);
11              System.out.println("服务器已经启动");
12              while(true){
13                  sk.receive(dgp);
14                  String sReceived = "("+ dgp.getAddress()+": "+
    dgp.getPort()+")"+new String(dgp.getData(),0,dgp.getLength());
15                  System.out.println(sReceived);
16                  String sMsg ="";
17                  BufferedReader stdin  = new BufferedReader(new
    InputStreamReader(System.in));
18                  try{
19                      sMsg = stdin.readLine();
20                  }catch(IOException ie){
21                      System.err.println("输入输出错误!");
22                  }
23                  String sOutput = "[服务器]: "+ sMsg;
24                  byte[] buf = sOutput.getBytes();
25                  DatagramPacket out = new
    DatagramPacket(buf,buf.length,dgp.getAddress(),dgp.getPort());
26                  sk.send(out);
27              }
28          }catch(SocketException e){
29              System.err.println("打开套接字错误!");
30              System.exit(1);
31          }catch(IOException e){
32              System.err.println("数据传输错误!");
33              e.printStackTrace();
34              System.exit(1);
35          }
36      }
37      public static void main(String[] args){
38          new ServerOfUDP();
39      }
40  }
```

【程序说明】

- 第 4 行：使用 PORT 常量设置服务端口。
- 第 6 行：构造 DatagramPacket 对象。
- 第 10 行：使用 DatagramSocket（PORT）构造 DatagramSocket 对象。
- 第 13 行：使用 receive 方法等待接收客户端数据。
- 第 14 行～第 15 行：构造接收数据格式，并显示数据。
- 第 19 行：读取标准设备输入。
- 第 24 行：拷贝字符到缓存。
- 第 25 行：构造 DatagramPacket 对象打包数据。
- 第 26 行：发送回复信息。

2. 编写客户端程序

（1）在 Eclipse 环境中打开名称为 chap09 的项目。

（2）在 chap09 项目中新建名称为 ClientOfUDP 的类。

（3）编写完成的 ClientOfUDP.java 的程序代码如下：

```
1   import java.net.*;
2   import java.io.*;
3   public class ClientOfUDP{
4       private DatagramSocket ds;
5       private InetAddress ia;
6       private byte[] buf = new byte[1000];
7       private DatagramPacket dp = new DatagramPacket(buf,buf.length);
8       public ClientOfUDP(){
9           try{
10              ds = new DatagramSocket();
11              ia = InetAddress.getByName("localhost");
12              System.out.println("客户端已经启动");
13              while(true){
14                  String sMsg ="";
15                  BufferedReader stdin = new BufferedReader(new
InputStreamReader(System.in));
16                  try{
17                      sMsg = stdin.readLine();
18                  }catch(IOException ie){
19                      System.err.println("IO 错误!");
20                  }
21                  if(sMsg.equals("bye")) break;
22                  String sOut = "[客户]: "+ sMsg;
23                  byte[] buf = sOut.getBytes();
24                  DatagramPacket out = new
DatagramPacket(buf,buf.length,ia,ServerOfUDP.PORT);
25                  ds.send(out);
26                  ds.receive(dp);
27                  String sReceived = "("+ dp.getAddress() + ":" +
dp.getPort()+")" + new String(dp.getData(),0,dp.getLength());
28                  System.out.println(sReceived);
29              }
30          }catch(UnknownHostException e){
31              System.out.println("未找到服务器!");
```

```
32                      System.exit(1);
33                  }catch(SocketException e)
34                  {
35                      System.out.println("打开套接字错误!");
36                      e.printStackTrace();
37                      System.exit(1);
38                  }catch(IOException e){
39                      System.err.println("数据传输错误!");
40                      e.printStackTrace();
41                      System.exit(1);
42                  }
43          }
44          public static void main(String[] args){
45              new ClientOfUDP();
46          }
47  }
```

【程序说明】

- 第 10 行：使用 DatagramSocket 默认构造方法创建 DatagramSocket 对象 ds。
- 第 11 行：获取主机地址。
- 第 17 行：读取标准设备输入。
- 第 21 行：如果输入“bye”则表示退出程序。
- 第 24 行：构造 DatagramPacket 对象打包数据。
- 第 25 行：使用 DatagramSocke 的 send 方法发送数据。
- 第 26 行：使用 DatagramSocke 的 receive 接收服务器数据。
- 第 27 行～第 28 行：构造接收数据格式，并显示数据。

3. 编译并运行服务器端程序

保存并修正 ServerOfUDP.java 程序错误后，为了更好地查看程序运行效果，在命令行提示符下运行服务器程序，并与客户端进行通信，程序运行结果如图 9-10 所示。

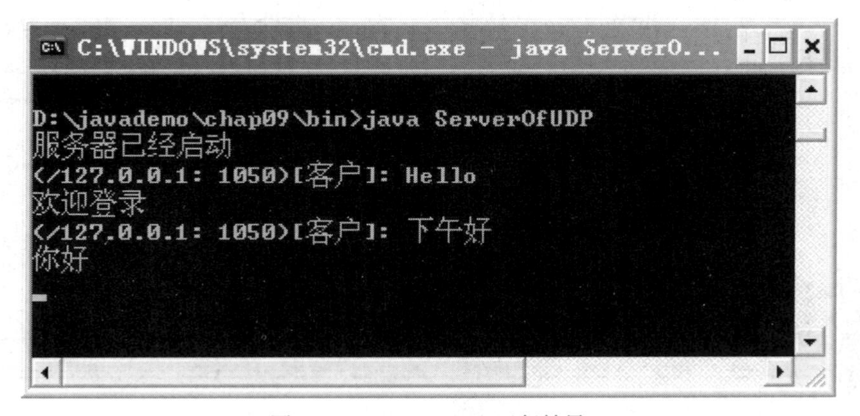

图 9-10 ServerOfUDP 运行结果

4. 编译并运行客户端程序

保存并修正 ClientOfUDP.java 程序错误后，为了更好地查看程序运行效果，在命令行提示符下运行客户端程序，并与服务器进行通信，程序运行结果如图 9-11 所示。

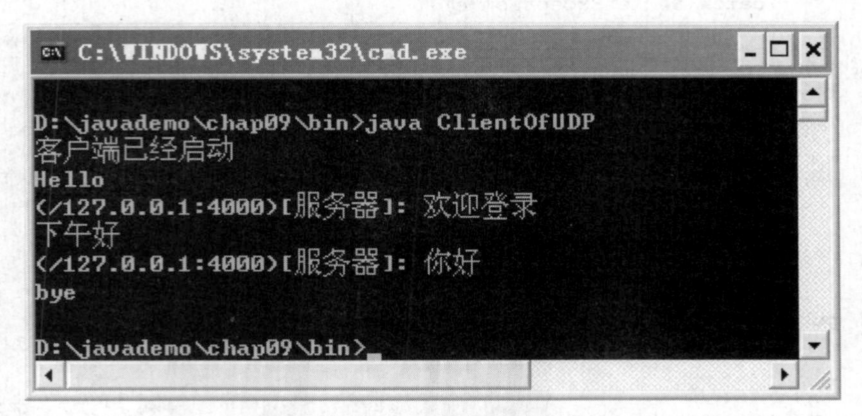

图 9-11　ClientOfUDP 运行结果

- 如果是在同一台计算机上进行测试，请先运行服务程序，后运行客户程序，即可检验 UDP 的通信情况。
- 也可以在两台计算机之间通信，只需将客户程序中指定的服务者主机名改为相应的主机名即可。

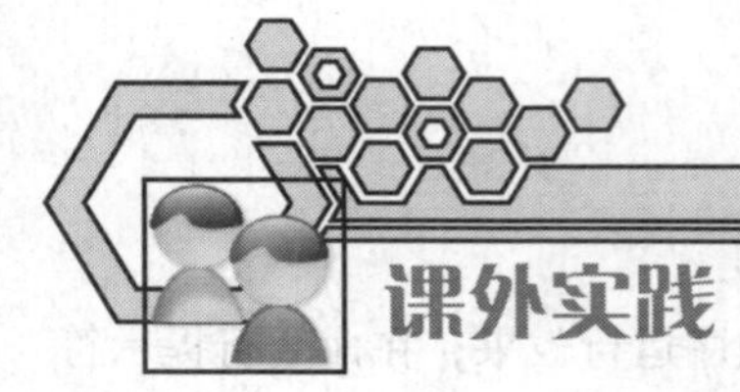

课外实践

【任务 1】

结合 Java GUI 技术编写一个能够实现与多客户通信的 Socket 服务器程序，要求能够方便地启动和停止服务器。

【任务 2】

在“任务 1”的基础上，编写对应的客户端程序，能够向服务器发送信息并能接收服务器发送的信息。

思考与练习

【填空题】

1. UDP 是 User Datagram Protocol 的简称，是一种面向无连接的协议，称为________协议。

2. URL 可以分成 3 个部分：通信协议、计算机地址和__________。

3. InetAddress 类中的______________方法可以返回指定主机名的 IP 地址。

【选择题】

1. 下面有关网络编程模型描述错误的是__________。

（A）C/S 结构是指前端的客户机部分以及后端的服务器部分

（B）C/S 结构中，提出服务请求的一方，称为“客户机”，而提供服务的一方称为“服务器”

（C）B/S 结构是随着 Internet 技术的兴起，全部为三层结构的一种结构

（D）B/S 体系结构下，用户界面完全通过 WWW 浏览器实现，主要事务逻辑在服务器端实现

2. 下列数据通信协议中面向连接、可靠的协议是__________。

（A）IP （B）TCP （C）UDP （D）以上都不是

3. 在 Java 网络编程中，要获取本机的地址可以使用__________方法。

（A）getHostName() （B）getLocalHost()

（C）getByName() （D）getHostAddress()

4. 在 URL 中不包括下列__________部分。

（A）protocol （B）hostname （C）port （D）computername

5. 在基于 Socket 的 C/S 通信中，服务器端监听客户端请求可以使用__________方法。

（A）getPort() （B）getInputStream()

（C）accept() （D）close()

【简答题】

1. 举例说明 URL 包含哪些组成部分。

2. 举例说明应用 Socket 类和 ServerSocket 类进行网络编程的基本步骤。

第10章 数据库编程

【学习目标】

本章主要介绍 Java 数据库编程的基本知识和 JDBC 应用。主要包括 JDBC 概述，编写 JDBC 应用程序基本流程，数据库查询、插入、删除和修改操作。通过本章的学习，读者应能编写简单的数据库访问程序。本章的学习目标如下。

（1）了解 JDBC 的概念。

（2）了解 JDBC 应用程序开发流程。

（3）熟练掌握 JDBC 连接数据库的方法。

（4）熟练掌握 JDBC 操作数据库的方法。

（5）掌握数据库元数据的操作。

（6）能够使用不同方式连接数据库。

（7）能够编写 Java 程序完成对数据库的增、删、改、查操作。

【学习导航】

数据库编程是应用 Java 技术进行信息系统开发的一个重点内容。本章内容在 Java 桌面开发技术中的位置如图 10-1 所示。

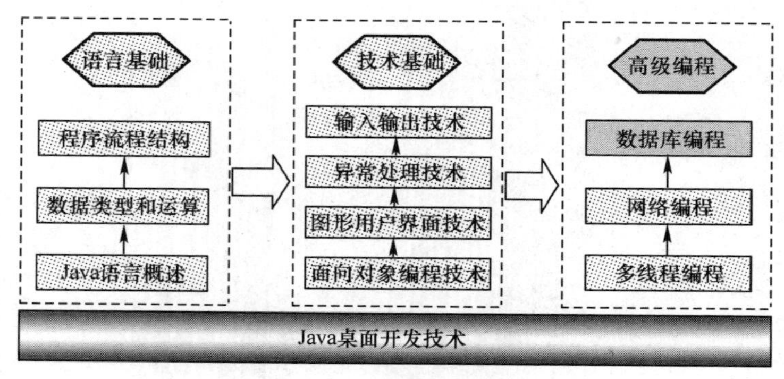

图 10-1　本章学习导航

10.1 JDBC

10.1.1　JDBC 概述

Java 数据库连接(Java Database Connectivity, JDBC),是一种用于执行 SQL 语句的 Java API,它由一组用 Java 编程语言编写的类和接口组成。JDBC 为数据库开发人员提供了一个标准的 API,使他们能够用纯 JDBC API 来编写数据库应用程序。数据库开发人员使用 JDBC API 编写一个程序后，就可以很方便地将 SQL 语句传送给几乎任何一种数据库，如 Sybase、Oracle 或 SQL Server 等。Java 和 JDBC 的结合可以让数据库开发人员在开发数据库应用程序时真正实现“只写一次，随处运行”。

JDBC 驱动程序包含 4 种基本类型。理解各种类型的特征是非常重要的，这样才可以选择出最适合我们需求的那种类型。

1. JDBC−ODBC 桥

JDBC-ODBC 桥是作为 JDK(从 1.1 版开始)的一部分提供的，这个桥是 sun.jdbc.odbc 包的一部分，这个桥要创建本地的 ODBC 方法，所以限制了它的使用。其结构如图 10-2 所示。

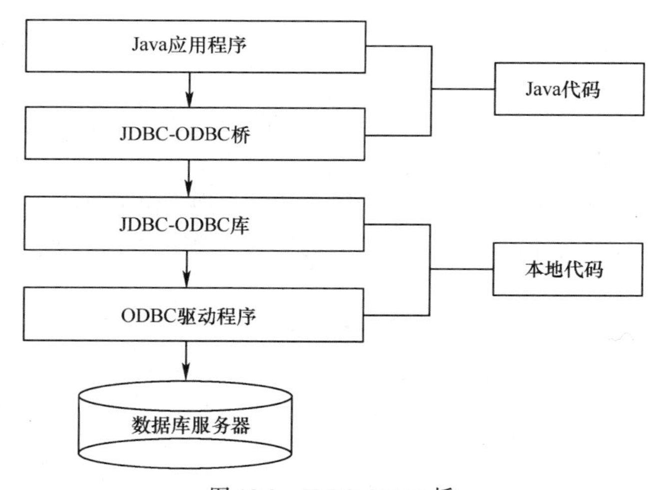

图 10-2　JDBC-ODBC 桥

JDBC-ODBC 桥适用于以下情况。

- 快速的系统原型。
- 第三方数据库系统。
- 提供了 ODBC 驱动程序但没有提供 JDBC 驱动程序的数据库系统，如 ACCESS。
- 已经使用了 ODBC 驱动程序的低成本数据库解决方案。

2. Java 到本地 API

Java 到本地 API 驱动程序利用由开发商提供的本地库来直接与数据库通信，如图 10-3 所示。

由于使用了本地库，所以，这类驱动程序有许多和 JDBC-ODBC 桥一样的限制。最严重的限制是它不能被不可信任的 applet 所使用。另外，由于 JDBC 驱动程序使用了本地库，所以这些库都必须在每一台使用这个驱动程序的机器上安装和配置。大多数主要数据库厂商在他们的产品中提供 JDBC 驱动程序。

Java 到本地 API 驱动程序适用于以下情况。

- 代替 JDBC-ODBC 桥——Java 到本地 API 驱动程序性能会比桥略好，因为它们直接与数据库有接口。
- 使用了一种提供了 Java 到本地 API 驱动程序的主流数据库作为一种低成本的数据库解决方案。

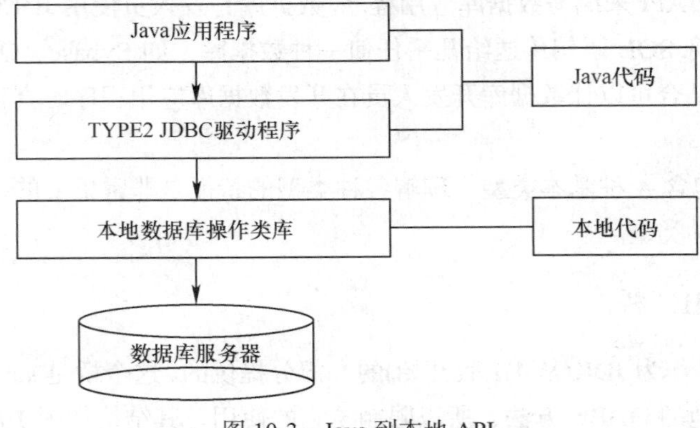

图 10-3　Java 到本地 API

3. Java 到专有网络协议

这种类型的 JDBC 驱动程序具有最大的灵活性，如图 10-4 所示。它可以用在一个第三方的解决方案中，而且可以在 Internet 上使用。这种驱动程序是纯 Java 的，而且可以通过驱动程序厂商所创建的专有网络协议来和某种中间件来通信。这个中间件通常位于 Web 服务器或者数据库服务器上，并且可以和数据库进行通信。这种驱动程序通常是由那些与特定数据库产品无关的公司开发的，价格相对较贵。

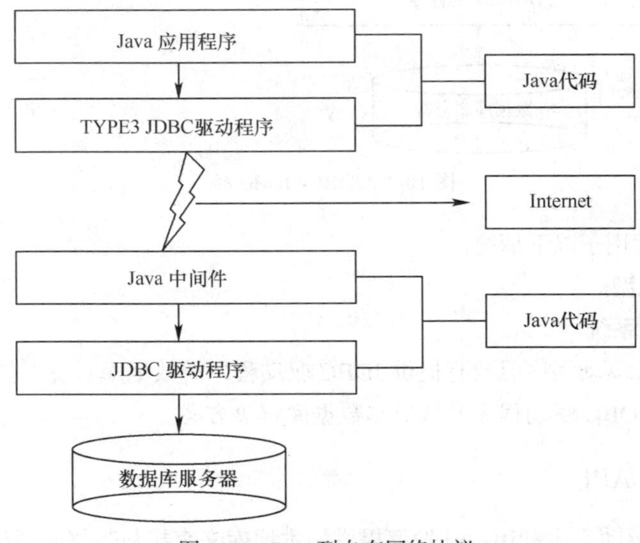

图 10-4　Java 到专有网络协议

Java 到专有网络协议驱动程序适用于以下情况。

➢ 基于 Web 的 Applet，它们不需要任何安装或者软件配置。

➢ 安全的系统，这里数据库被保护在一个中间件后面。

➢ 灵活的解决方案，如果通过 JDBC 使用了许多不同的数据库产品，这个中间件软件通常具有到任何数据库产品的接口。

➢ 用户要求驱动程序比较小，Java 到专有网络协议驱动程序的大小是所有 4 种类型中最小的。

4. Java 到本地数据库协议

Java 到本地数据库协议驱动程序也是纯 Java 驱动程序，它通过自己的本地协议直接与数据库引擎进行通信，如图 10-5 所示。通过本地的通信协议，这种驱动程序可以具备在 Internet 上装配的能力。与其他类型的驱动程序相比，这种驱动程序的优点在于它的性能，在客户和数据库引擎之间没有任何本地代码或者中间件。

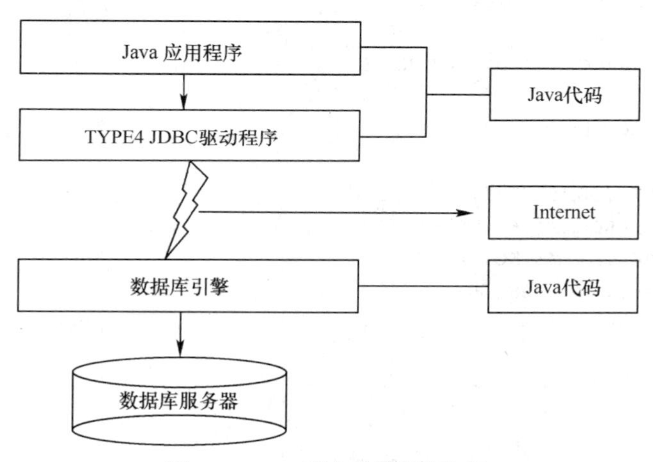

图 10-5　Java 到本地数据库协议

Java 到本地数据库协议驱动程序适用于下列情况。

➢ 严格要求高性能的应用系统。

➢ 只使用一种数据库产品的环境。

10.1.2　课堂案例 1——创建示例数据库

【案例详细描述】

在本章的数据库编程中，使用一个聊天系统中的数据库 HappyChat，该数据库主要包括如下两个表。

（1）Users 表：保存用户注册信息。包括用户名（U_Name）、用户密码（U_Pass）、性别（U_Gender）、年龄（U_Age）和电子邮件地址（U_Email）。

（2）History 表：保存用户聊天信息。包括聊天编号（H_No）、聊天用户（H_User）、聊天时间（H_Time）和聊天内容（U_Content）。

【案例学习目标】 进一步掌握 SQL Server 数据库的创建方法，能为本章数据库编程的需要创建样例数据库。

【案例知识要点】 数据库的设计、SQL 脚本的编写、SQL Server 2005 创建数据库。

【案例完成步骤】

1. 编写创建数据库的脚本

创建数据库和相关对象的脚本如下：

```
1   CREATE DATABASE HappyChat
2   GO
3   USE HappyChat
4   CREATE TABLE users
5   (
6       U_Name VARCHAR(16) PRIMARY KEY,
7       U_Pass VARCHAR(16) NOT NULL,
8       U_Gender CHAR(2) NOT NULL,
9       U_Age INT NOT NULL,
10      U_Email VARCHAR(20) NOT NULL
11  )
12  CREATE TABLE history
13  (
14      H_No INT IDENTITY(1,1),
15      H_User VARCHAR(16) NOT NULL,
16      H_Time DATETIME NOT NULL,
17      U_Content VARCHAR(60)
18  )
19  GO
20  CREATE PROC pr_delRecord
21  @name CHAR(16)
22  AS
23  DELETE FROM Users
24  WHERE U_name=@name
```

【脚本说明】

- 第 1 行：以默认方式创建聊天系统数据库 HappyChat。
- 第 3 行：打开聊天系统数据库 HappyChat（HappyChat 为当前数据库）。
- 第 4 行～第 11 行：创建用户信息表。
- 第 12 行～第 18 行：创建聊天信息表。
- 第 20 行～第 24 行：创建根据输入用户名删除指定记录的存储过程。

2. 运行数据库的脚本

打开 SQL Server 2005 的 SQL Server Management Studio，新建查询后运行上述语句，即可在 SQL Server 2005 服务器上创建数据库 HappyChat，为了测试需要，读者可以自行往数据库的表中添加样例数据。

- 关于 SQL Server 2005 数据库的知识，本书不作详细介绍，读者可以参阅本书作者编写的《SQL Server 2005 实例教程》（电子工业出版社）。
- 本章在介绍 JDBC 数据库编程技术时，使用 HappyChat 作为教学数据库。

10.2 JDBC 数据库编程

10.2.1　数据库 URL

JDBC 驱动器的 URL 提供了一种标识数据库的方法，可以使相应的驱动程序能识别该数据库并与之建立连接。JDBC 驱动器的 URL 由 3 部分组成，各部分间用冒号分隔，其一般格式如下：

```
jdbc：<子协议>：<子名称>
```

JDBC 驱动器的 URL 的 3 个部分含义如下。

（1）jdbc 协议：JDBC 驱动器的 URL 中的协议是 jdbc。

（2）<子协议>：驱动程序名或数据库连接机制（这种机制可由一个或多个驱动程序支持）的名称。子协议名的典型示例是“odbc”，该名称是为用于指定 ODBC 风格的数据资源名称的 URL 专门保留的。例如，为了通过 JDBC-ODBC 桥来访问某个数据库，可以用如下所示的 URL：jdbc:odbc:happychat。本例中，子协议为“odbc”，子名称“happychat”是本地 ODBC 数据源名。

（3）<子名称>：子名称可以依不同的子协议而变化。它还可以有子名称的子名称（含有驱动程序编程员所选的任何内部语法）。使用子名称的目的是为定位数据库提供足够的信息。前例中，因为 ODBC 数据源将提供其余部分的信息，因此用“happychat”就已足够。

10.2.2　加载驱动程序并建立连接

1. JDBC 基本步骤

JDBC 应用程序访问数据库时，通过以下步骤来实施。

（1）向 JDBC 驱动器管理器注册所使用的数据库驱动程序。

（2）通过 JDBC 驱动器管理器获得一个数据库连接。

（3）向数据库连接发送 SQL 语句并执行。

（4）获得 SQL 语句的执行结果，完成对数据库的访问。

2. DriverManager 类

DriverManager 类是 JDBC 的管理层，作用于用户和驱动程序之间。它跟踪可用的驱动程序，并在数据库和相应驱动程序之间建立连接。对于简单的应用程序，一般程序员只需要直接使用该类的方法 DriverManager.getConnection 进行连接。通过调用方法 Class.forName 将显式地加载驱动程序类。使用 JDBC-ODBC 桥驱动程序建立连接的语句如下：

```
Class.forName("sun.jdbc.odbc.JdbcOdbcDriver");
String url = "jdbc:odbc: happychat ";
DriverManager.getConnection(url, "sa", "");
```

3. Connection 接口

Connection 对象代表与数据库的连接。连接过程包括所执行的 SQL 语句和在该连接上返回的结果。一个应用程序可与单个数据库有一个或多个连接，也可以与多个数据库有连接。

与数据库建立连接的标准方法是调用 DriverManager.getConnection 方法。该方法接收含有某个 URL 的字符串。DriverManager 类（即所谓的 JDBC 管理层）将尝试找到可与指定 URL 所代表的数据库进行连接的驱动程序。DriverManager 类存有已注册的 Driver 类的列表。当调用方法 getConnection 时，它检查列表中的每个驱动程序，直到找到可与 URL 中指定的数据库进行连接的驱动程序为止。Driver 的 connect 方法使用这个 URL 来建立实际的连接。

下面的语句打开一个与位于 URL“jdbc:odbc: happychat”的数据库的连接。所用的用户标识符为“sa”，口令为“”。

```
String url = "jdbc:odbc: happychat ";
Connection conn = DriverManager.getConnection(url, "sa", "");
```

4. 注册数据库驱动程序

为建立与数据库的连接，我们需要通过调用 Class 类的 forName()方法来装入数据库特定的驱动器。JDBC-ODBC 桥接驱动器作为 Java 应用的一种常用数据库驱动程序，它随 JDK 一起安装，完整的类名为“sun.jdbc.odbc.JdbcOdbcDriver”。因此，可以通过以下语句完成 JDBC 应用程序注册数据库驱动程序的功能：

```
Class.forName (“sun.jdbc.odbc.JdbcOdbcDriver”);
```

使用 JDBC 直接连接数据库，注册数据库驱动程序的语句如下：

```
Class.forName("com.microsoft.jdbc.sqlserver.SQLServerDriver");
```

5. 获得 ODBC 数据库连接

向驱动器管理器注册驱动程序之后，JDBC 应用程序可通过 JDBC 的驱动器管理器的工具类 DriverManager 提供的静态方法 getConnection()建立与数据库的连接。该方法常用的重载形式有：

```
Static Connection getConnection(String url)
Static Connection getConnection(String url, String user, String password)
```

getConnection() 方法的返回值一个为 Connection 对象，该对象代表与数据库的连接，在应用程序中我们可以有若干个 Connection 对象与一个或多个数据库连接。参数含义如下。

- 参数 url 为提供识别数据库方式的字符串，由 3 部分组成：jdbc：subprotocol：subname：
  - jdbc 表示使用 JDBC 驱动方式。
  - subprotocol 子协议表示数据库连接机制的名称，如对于 ODBC-JDBC 桥接，此子协议必须是 odbc。
  - subname 表示在 ODBC 中配置的数据源名称，以标识数据库。
- 参数 user 表示数据源所对应的登录 ID。

- 参数 password 表示数据源所对应的登录密码。

连接配置的数据源“happychat”的语句表示如下：

```
String url= “jdbc:odbc: happychat”;
String user= “sa”;
String password=” ”;
Connection conn=DriverManager.getConnection(url, user, password);
```

10.2.3　课堂案例 2——利用 JDBC-ODBC 桥连接数据库

【案例学习目标】　进一步了解 JDBC 的概念，了解 JDBC 编程的基本步骤，能创建 ODBC 数据源并能基于 JDBC-ODBC 方式连接到数据库。

【案例知识要点】　JDBC 基本步骤、DriverManager 类、Connection 接口、ODBC 数据源的创建、JDBC-ODBC 连接数据库。

【案例完成步骤】

1. 创建 ODBC 数据源

（1）打开“控制面板”窗口，选择“管理工具”中的“数据源（ODBC）”打开 ODBC 数据源管理器，选择“系统 DSN”选项卡，单击“添加”按钮，如图 10-6 所示。

（2）打开“创建新数据源”对话框，选择“SQL Server”，然后单击“完成”按钮，如图 10-7 所示。

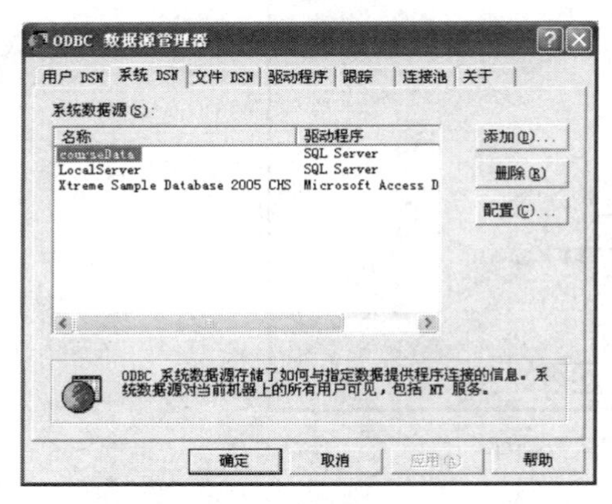

图 10-6　添加系统 DSN

图 10-7　选择驱动程序

（3）打开“创建到 SQL Server 的新数据源”对话框，将数据源的名称设置为“happychat”（该名称是用来连接数据库的数据源名称，但不一定是数据库的名称），同时选择 SQL Server 数据库服务器的名称，这里选择“LIUZC\SQLEXPRESS”（SQL Server 2005），然后单击“下一步”按钮，如图 10-8 所示。

（4）打开选择登录方式对话框，选择登录模式为“使用用户输入登录 ID 和密码的 SQL Server 验证”，设置登录 ID 为“sa”，密码为“123456”，如图 10-9 所示。此处的登录 ID 和密码将会在 JDBC 连接中被指定。若选择“使用网络登录 ID 的 Windows NT 验证”，则在 JDBC 连接中不需要指定登录 ID 和密码。

图 10-8　指定数据源名称

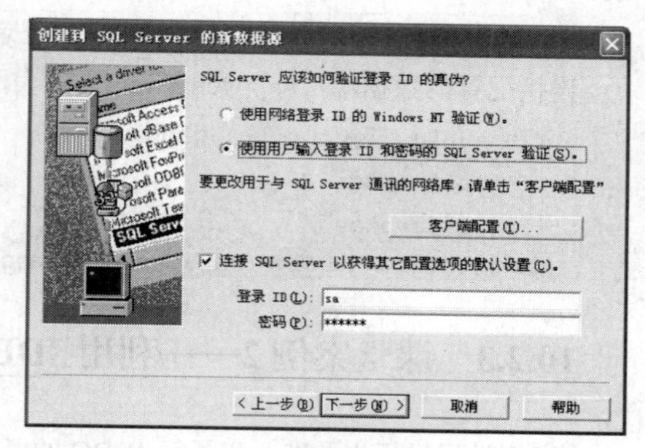

图 10-9　设置登录方式

- 如果要使用 SQL Server 验证方式，必须保证 SQL Server 服务器验证模式为混合登录模式。
- 在 SQL Server 2005 中要使用 sa 用户，必须先启用 sa 用户。

（5）单击“下一步”按钮，从打开的对话框中选中“更改默认的数据库”，从下拉框中选择数据库“HappyChat”，如图 10-10 所示。继续单击“下一步”按钮后，再依次单击“完成”和“确定”按钮完成数据源的配置。

图 10-10　设置默认数据库

2. 编写程序

（1）在 Eclipse 环境中创建名称为 chap10 的项目。

（2）在 chap10 项目中新建名称为 OdbcToJdbc 的类。

（3）编写完成的 OdbcToJdbc.java 的程序代码如下：

```
1   import java.sql.*;
2   public class OdbcToJdbc{
3       public static void main(String args[]){
4           try{
5               Class.forName("sun.jdbc.odbc.JdbcOdbcDriver");//加载驱动程序
6               System.out.println("驱动程序加载成功");
```

```
 7            }
 8            catch(Exception e){
 9                System.out.println("无法载入 JDBC 驱动程序");
10            }
11            try{
12                Connection
conn=DriverManager.getConnection("jdbc:odbc:happychat","sa","123456");
13                //连接数据库
14                System.out.println("数据库连接成功");
15            }
16            catch(SQLException e){
17                System.out.println("SQL 异常");
18            }
19        }
20    }
```

【程序说明】

- 第 2 行：引入“import java.sql.*”包，以便使用 JDBC 相关类和接口。
- 第 5 行：通过“Class.forName”加载 JDBC-ODBC 驱动程序。
- 第 12 行：利用 JDBC-ODBC 桥连接数据库 HappyChat。

3．编译并运行程序

保存并修正程序错误后，程序运行后如果数据库和 ODBC 数据源配置正确，则运行结果如图 10-11 所示。

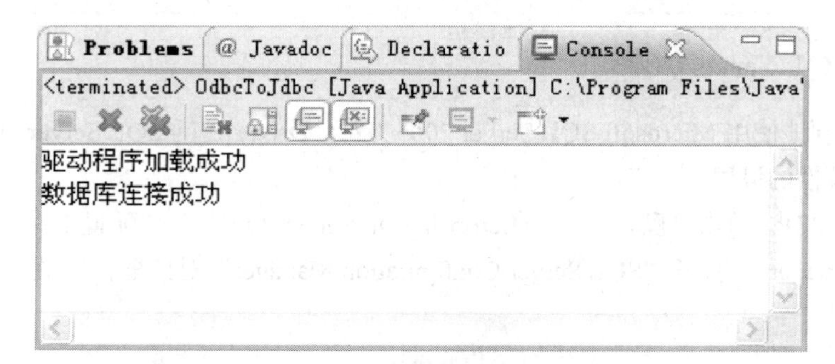

图 10-11　OdbcToJdbc 运行结果

10.2.4　课堂案例 3——使用专用 JDBC 驱动程序连接数据库

Microsoft SQL Server 2005 JDBC Driver 是与 Java 数据库连接（JDBC）3.0 兼容的驱动程序，它可提供对 Microsoft SQL Server 2000 和 SQL Server 2005 数据库的可靠访问。JDBC 驱动程序可以访问 SQL Server 2005 的许多新增功能，包括数据镜像、XML 数据类型、用户定义的数据类型等；并且支持新的快照隔离游标类型。此外，JDBC 驱动程序还支持通过 SQL Server 2000 和 SQL Server 2005 使用集成身份验证。

【案例学习目标】　进一步理解连接数据库的不同方式，能熟练下载和安装 SQL Server 2005 Driver For JDBC，会应用 QL Server 2005 Driver For JDBC 建立到 SQL Server 2005 数据库的连接。

【案例知识要点】　SQL Server 2005 Driver For JDBC 驱动程序的下载、classpath 的配置、SQL

Server 2005 的配置、连接程序中驱动程序的设置和 URL 的指定。

【案例完成步骤】

1. 下载并安装 Microsoft SQL Server 2005 JDBC Driver

要获得 SQL Server 2005 JDBC Driver，可以从 Microsoft 公司网站下载 sqlJDBC_1.1.1501.101_chs.exe，执行该文件进行解压即可得到 sqlJDBC.jar 文件，该文件包含了使用 JDBC 专用驱动程序连接数据库的相关类和接口。

2. 配置 SQL Server 2005 JDBC Driver

（1）设置 classpath。JDBC 驱动程序并未包含在 Java 默认的 classpath 中，因此，如果要使用 SQL Server 2005 JDBC Driver 驱动程序，就必须将 sqlJDBC.jar 文件添加到 classpath。设置 classpath 的步骤参阅第 1 章。

（2）在 Eclipse 中右键单击需要使用 sqlJDBC.jar 文件的项目（这里为 chap10），依次选择“Build Path”→“Add External Archives”，即可将 sqlJDBC.jar 添加到项目中。

- classpath 是保证在 Java 开发中可以找到指定类（包含在 JAR 文件中）的路径。如果在 classpath 中或 IDE 环境中的编译路径中找不到 sqlJDBC.jar 项，应用程序将引发“找不到类”的异常。
- classpath 的具体配置可以参照开发环境的具体要求。

3. 配置 SQL Server 2005

为了能够顺利地使用 Microsoft SQL Server 2005 JDBC Driver 访问 SQL Server 2005 数据库，需要进行 TCP/IP 属性的设置。

（1）启用 TCP/IP。单击“程序”→“Microsoft SQL Server 2005”→“配置工具”→“SQL Server Configuration Manager”，打开“SQL Server Configuration Manager”对话框，如图 10-12 所示，然后进行如下操作。

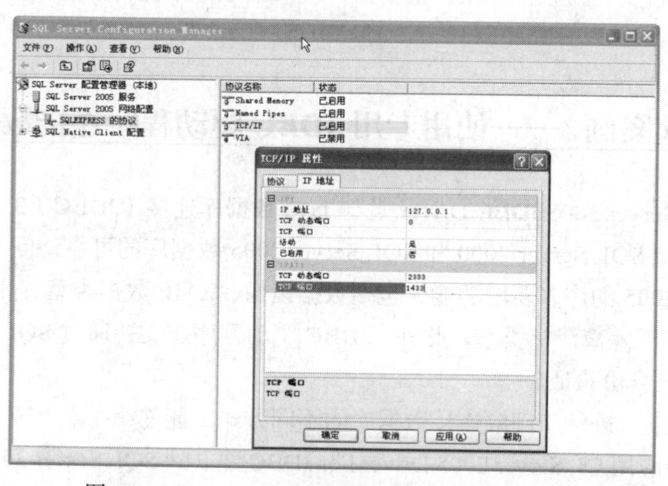

图 10-12　SQL Server 2005 外围应用配置器对话框

- 如果“TCP/IP”没有启用，单击鼠标右键，选择“启动”选项。
- 双击“TCP/IP”，进行属性设置，在“IP 地址”选项卡中，可以配置“IPAll”中的“TCP 端口”，默认为 1433。
- 重新启动 SQL Server 或者重新启动计算机。

（2）设置数据库引擎的验证模式。如果要使用 SQL Server 用户（如 sa 用户）登录，需要将数据库引擎的验证模式设置为“SQL Server 和 Windows 身份验证模式”，如图 10-13 所示。

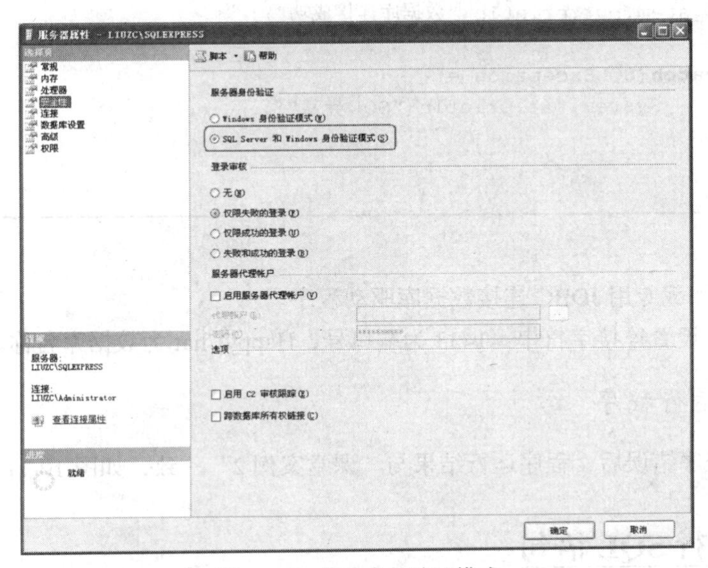

图 10-13　修改身份验证模式

在修改登录模式后，还需要启用 sa 账户并设置 sa 用户的密码（这里为 123456）。

说明

- 在 SQL Server 2005 中启用 sa 登录账号的方法可以参阅 SQL Server 2005 相关资料。
- 如果使用集成 Windows 账户登录，可以参考随驱动程序带的帮助文档进行配置。
- 修改配置后，需要重新启动计算机或重新启动数据库引擎服务。

4. 编写程序

（1）在 Eclipse 环境中打开名称为 chap10 的项目。

（2）在 chap10 项目中新建名称为 JdbcOnly 的类。

（3）编写完成的 JdbcOnly.java 的程序代码如下：

```
1   import java.sql.*;
2   public class JdbcOnly{
3       public static void main(String args[]){
4           try{
5           Class.forName("com.microsoft.sqlserver.jdbc.SQLServerDriver");
6           System.out.println("驱动程序加载成功");
7           }
8           catch(Exception e){
```

```
9                 System.out.println("无法载入 JDBC 驱动程序");
10            }
11            try{
12            String
     sConn="jdbc:sqlserver://LIUZC\\SQLEXPRESS:1433;DatabaseName=HappyChat";
13            String sUser="sa";
14            String sPass="123456";
15            Connection conn=DriverManager.getConnection(sConn,sUser,sPass);
16            System.out.println("数据库连接成功");
17            }
18            catch(SQLException e){
19                System.out.println("SQL 异常");
20            }
21        }
22    }
```

【程序说明】

- 第 5 行：加载专用 JDBC 连接数据库驱动程序。
- 第 12 行：设置连接字符串，1433 为端口号，HappyChat 为数据库名称。

5. 编译并运行程序

保存并修正程序错误后，程序运行结果与“课堂案例 2”一致，如图 10-11 所示。

10.2.5 执行 SQL 语句

1. Statement 接口

Statement 对象用于将 SQL 语句发送到数据库中。有 3 种 Statement 对象，它们都作为在指定连接上执行 SQL 语句的容器：Statement、PreparedStatement（从 Statement 继承而来）和 CallableStatement（从 PreparedStatement 继承而来）。它们都专用于发送特定类型的 SQL 语句。

- Statement 对象用于执行不带参数的简单 SQL 语句。
- PreparedStatement 对象用于执行带或不带 IN 参数的预编译 SQL 语句。
- CallableStatement 对象用于执行对数据库的存储过程的调用。

Statement 接口提供了执行语句和获取结果的基本方法。PreparedStatement 接口添加了处理 IN 参数的方法；而 CallableStatement 添加了处理 OUT 参数的方法。利用 Connection 的方法 createStatement 创建 Statement 对象的语句如下：

```
Connection conn = DriverManager.getConnection(url, "sa", "");
Statement stmt = conn.createStatement();
```

Statement 接口提供了 3 种执行 SQL 语句的方法：executeQuery、executeUpdate 和 execute，使用哪一个方法由 SQL 语句所产生的内容决定。

执行语句的所有方法都将关闭所调用的 Statement 对象当前打开的结果集。这意味着在重新执行 Statement 对象之前，需要完成对当前 ResultSet 对象的处理。Statement 对象将由 Java 垃圾收集

程序自动关闭。程序员也应在不需要 Statement 对象时显式地关闭它们，这样可以释放 DBMS 资源，有助于避免潜在的内存问题。

2. ResultSet 接口

ResultSet 对象包含符合指定 SQL 语句中条件的所有行，即结果集。并且它通过一套 get 方法（这些 get 方法可以访问当前行中的不同列）提供了对这些行中数据的访问。ResultSet.next 方法用于移动到 ResultSet 中的下一行，使下一行成为当前行。结果集一般是一个表，其中包含查询所返回的列标题及相应的值。执行 SQL 语句并输出结果集的语句如下：

```
Statement stmt = conn.createStatement();
ResultSet rs = stmt.executeQuery("SELECT u_name, u_pass FROM users");
while (rs.next())
   {
     // 打印当前行的值。
     String name = r.getString("u_name");
     String pass = r.getString("u_pass");
     System.out.println(name + " " + pass);
   }
```

ResultSet 维护指向其当前数据行的光标。每调用一次 next 方法，光标向下移动一行。最初它位于第一行之前，因此第一次调用 next 将把光标置于第一行上，使它成为当前行，随着每次调用 next 导致光标向下移动一行，按照从上至下的次序获取 ResultSet 行。

方法 get×××提供了获取当前行中某列值的途径。在每一行内，可按任何次序获取列值，但为了保证可移植性，应该从左至右获取列值，并且一次性地读取列值。

列名或列号可用于标识要从中获取数据的列。例如，如果 ResultSet 对象 rs 的第二列名为“s_name”，并将值存储为字符串，则下列任一代码将获取存储在该列中的值：

```
String name = rs.getString("u_name");
String name = rs.getString(1);
```

- 列是从左至右编号的，并且从列 1 开始。
- 用作 get×××方法的输入的列名不区分大小写。
- 用户不必关闭 ResultSet，当产生它的 Statement 关闭、重新执行或用于从多结果序列中获取下一个结果时，该 ResultSet 将被 Statement 自动关闭。

10.3 数据库的基本操作

10.3.1 数据查询

正如前面所提到的，Statement 接口用于执行不带参数的简单 SQL 语句。ReparedStatement 接口和 Callablestatement 接口都继承了 Statement 接口。

创建一个 Statement 接口的实例的方法很简单，只需调用类 Connection 中的方法 createStatement()就可以了，其一般格式如下：

```
Connection con=DriverManager.getConnection(URL,"user","password")
Statement sm=con.createStatement();
```

创建了 Statement 接口的实例后，可调用其中的方法执行 SQL 语句，JDBC 中提供了 3 种执行方法，它们是 execute(),executeQuery(),executeUpdate()。3 种执行 SQL 语句方法的功能及适用 SQL 语句如表 10-1 所示。

表 10-1　3 种执行 SQL 语句方法

方法名称	语 句 功 能	适用 SQL 语句
executeQuery	用于产生单个结果集，利用 ResultSet 接口中提供的方法可以获取结果集中指定列值以进行输出或进行其他处理	SELECT
executeUpdate	用于执行数据更新操作，executeUpdate 的返回值是一个整数，指示受影响的行数（即更新计数）。对于 CREATE TABLE 或 DROP TABLE 等不操作行的语句，executeUpdate 的返回值为零	INSERT、UPDATE 或 DELETE CREATE TABLE 或 DROP TABLE
execute	在用户不知道执行 SQL 语句后会产生什么结果或用于执行返回多个结果集时，execute() 这个方法本身的返回值是一个布尔值，当下一个结果为 ResultSet 时它返回 true，否则返回 false	execute() 的执行结果包括如下 3 种情况： 包含多个 ResultSet（结果集） 多条记录被影响 既包含结果集也有记录被影响

10.3.2　课堂案例 4——查询所有用户信息

【案例学习目标】　进一步了解 JDBC 相关的类和接口，熟悉 Statement 的使用，熟悉 ResultSet 的使用，能编写查询数据库中数据的程序。

【案例知识要点】　连接数据库，使用 Statement 执行 SQL 语句获得结果集，使用 ResultSet 提供的方法读取结果集中的数据。

【案例完成步骤】

1. 编写程序

（1）在 Eclipse 环境中打开名称为 chap10 的项目。

（2）在 chap10 项目中新建名称为 QueryUser 的类。

（3）编写完成的 QueryUser.java 的程序代码如下：

```
1   import java.sql.*;
2   public class QueryUser {
3       public static void main(String args[]){
4           try{
5               Class.forName("sun.jdbc.odbc.JdbcOdbcDriver");
6           }
7           catch(Exception e){
8               System.out.println("无法载入 JDBC 驱动程序");
9           }
10          try{
11              Connection
```

```
        conn=DriverManager.getConnection("jdbc:odbc:happychat","sa","123456");
12                  Statement stmt=conn.createStatement();
13                  ResultSet rs=stmt.executeQuery("select * from users");
14                  while (rs.next()){
15                      System.out.println(rs.getString(1)+" "+rs.getString(2)+"
        "+rs.getString(3)+" "+rs.getString(4)+" "+rs.getString(5));
16                  }
17                  rs.close();
18                  stmt.close();
19              }
20              catch(SQLException e){
21                  System.out.println("SQL 异常");
22              }
23          }
24      }
```

【程序说明】

- 第 12 行：利用 Connection 的方法 createStatement 创建 Statement 对象 stmt。
- 第 13 行：通过 Statement 对象的 executeQuery() 方法执行查询语句，并将结果返回给 ResultSet 对象 rs。
- 第 14 行～第 16 行：遍历结果集 rs，输出查询结果（利用 ResultSet 对象的 getString 方法获取每一列的值）。
- 第 17 行～第 18 行：关闭结果集对象和命令对象。

2. 编译并运行程序

保存并修正程序错误后，程序运行结果如图 10-14 所示。

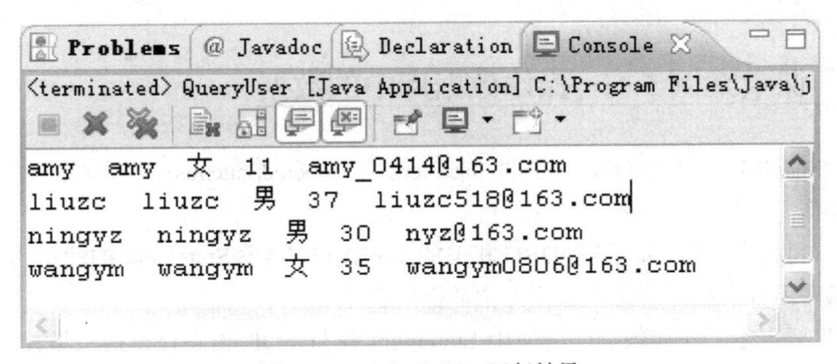

图 10-14 OdbcToJdbc 运行结果

10.3.3 数据添加/删除/修改

PreparedStatement 接口是 Statement 接口的子接口，它直接继承并重载了 Statement 的方法，PrepardStatement 接口有两大特点。

（1）一个 PreparedStatement 的对象中包含的 SQL 语句是预编译的，因此当需要多次执行同一条 SQL 语句时，利用 PreparedStatement 传送这条 SQL 语句可以大大提高执行效率。

（2）PreparedStatement 的对象所包含的 SQL 语句中允许有一个或多个输入参数。创建类 PreparedStatement 的实例时，输入参数用“？”代替。在执行带参数的 SQL 语句前，必须对“？”进行赋值，为了对“？”赋值，PreparedStatement 接口中增添了大量的 set×××方法，完成对输入参数赋值。

1. 创建 PreparedStatement 对象

与创建 Statement 接口的实例方法类似，创建一个 PreparedStatement 接口的对象也只需在建立连接后，调用 Connection 接口中的方法 prepareStatement()创建一个 PreparedStatement 的对象，其中包含一条带参数的 SQL 语句。一般格式如下：

```
PreparedStatement psm=con.prepareStatement("INSERT INTO users(u_name,u_pass) VALUES
(?,?)");
```

2. 输入参数的赋值

PreparedStatement 中提供了大量的 set×××方法对输入参数进行赋值。根据输入参数的 SQL 类型应选用合适的 set×××方法。例如：

```
psm.setString(1, “test” );
psm.setString(2, “test” );
```

上面两条语句的第一个参数表示参数序号，第二个参数表示参数取值。

除了 setInt、setLong、setString、setBoolean、setShort 和 setByte 等常见的方法外，PreparedStatement 还提供了几种特殊的 set×××方法以进行赋值。如 setNull（int ParameterIndex,int sqlType）方法是将参数值赋为 Null，其中 sqlType 是在 java.sql.Types 中定义的 SQL 类型号。将第一个输入参数的值赋为 Null 的语句为：

```
psm.setNull(1,java.sql.Types.INTEGER);
```

10.3.4　课堂案例 5——操作数据库中的数据

【案例详细描述】　应用 JDBC 提供的 Statement 或 PreparedStatement 实现对数据库的数据插入、修改和删除操作。

【案例学习目标】　进一步了解 JDBC 相关的类和接口，熟悉 Statement 的使用，熟悉 ResultSet 的使用，能编写添加、删除和修改数据库中数据的程序。

【案例知识要点】　连接数据库，使用 Statement 执行 SQL 语句获得结果集，使用 ResultSet 提供的方法读取结果集中的数据。

【案例完成步骤】

1. 编写程序

（1）在 Eclipse 环境中打开名称为 chap10 的项目。

（2）在 chap10 项目中新建名称为 ModifyUser 的类。

（3）编写完成的 ModifyUser.java 的程序代码如下：

```
1   import javax.swing.*;
2   import java.awt.event.*;
3   import java.sql.*;
4   public class ModifyUser extends JFrame implements ActionListener{
5       JPanel pnlMain;
6       JLabel lblName,lblPass;
7       JTextField txtName,txtPass;
8       JButton btnInsert,btnUpdate,btnDelete,btnNext;
9       Connection conn;
10      ResultSet rs;
11      public ModifyUser(){
12          super("用户数据的增-删-改");
13          pnlMain=new JPanel();
14          lblName=new JLabel("用户名:");
15          lblPass=new JLabel("密    码:");
16          txtName=new JTextField(16);
17          txtPass=new JTextField(16);
18          btnInsert=new JButton("插入");
19          btnInsert.addActionListener(this);
20          btnUpdate=new JButton("修改");
21          btnUpdate.addActionListener(this);
22          btnDelete=new JButton("删除");
23          btnDelete.addActionListener(this);
24          btnNext=new JButton(">>");
25          btnNext.addActionListener(this);
26          pnlMain.add(lblName);
27          pnlMain.add(txtName);
28          pnlMain.add(lblPass);
29          pnlMain.add(txtPass);
30          pnlMain.add(btnInsert);
31          pnlMain.add(btnUpdate);
32          pnlMain.add(btnDelete);
33          pnlMain.add(btnNext);
34          setContentPane(pnlMain);
35          setSize(280,150);
36          setVisible(true);
37      }
38      public void actionPerformed(ActionEvent ae){
39          if (ae.getSource()==btnInsert)
40              insertUser();
41          if (ae.getSource()==btnUpdate)
42              updateUser();
43          if (ae.getSource()==btnDelete){
44              int intChoice=JOptionPane.showConfirmDialog
                (null,"确定要删除该记录吗?","确认删除",JOptionPane.YES_NO_OPTION);
45              if (intChoice==JOptionPane.YES_OPTION)
46                  deleteUser();
47          }
48          if (ae.getSource()==btnNext){
49              try{
50                  rs.next();
51                  txtName.setText(rs.getString(1));
52                  txtPass.setText(rs.getString(2));
53              }catch(Exception e){
```

```
54                  JOptionPane.showMessageDialog(null,"数据获取错误");
55              }
56          }
57      }
58      public Connection openDB(){
59          try {
60              Class.forName("sun.jdbc.odbc.JdbcOdbcDriver");//加载驱动程序
61      conn=DriverManager.getConnection("jdbc:odbc:happychat","sa","123456");
62              return conn;
63          }
64          catch(Exception e){
65              JOptionPane.showMessageDialog(null,"连接数据库失败!");
66              return null;
67          }
68      }
69      public void getUser(){
70          try{
71              Statement stmt=openDB().createStatement();
72              rs=stmt.executeQuery("select * from users");
73          }catch(Exception e){
74              JOptionPane.showMessageDialog(null,"用户信息获取失败!");
75          }
76      }
77      public void insertUser(){
78          try{
79              PreparedStatement psm=openDB().prepareStatement("Insert users
    (U_Name,U_Pass) values(?,?)");
80              psm.setString(1,txtName.getText());
81              psm.setString(2,txtPass.getText());
82              psm.executeUpdate();
83              JOptionPane.showMessageDialog(null,"用户添加成功!");
84              psm.close();
85          }
86          catch(Exception e){
87              JOptionPane.showMessageDialog(null,"用户添加失败!");
88          }
89      }
90      public void updateUser(){
91          try{
92              Statement sm=openDB().createStatement();
93              String strUpdate="update users set U_pass='"+txtPass.getText()+"'
    where U_name='"+txtName.getText()+"'";
94              sm.executeUpdate(strUpdate);
95              JOptionPane.showMessageDialog(null,"用户修改成功!");
96              sm.close();
97          }
98          catch(Exception e){
99              JOptionPane.showMessageDialog(null,"用户修改失败!");
100         }
101     }
102     public void deleteUser(){
103         try{
```

```
104                 Statement sm=openDB().createStatement();
105                 sm.executeUpdate("delete from users where U_Name='"+ txtName.
getText()+"'");
106                 JOptionPane.showMessageDialog(null, "用户删除成功！");
107                 sm.close();
108             }
109             catch(Exception e){
110                 JOptionPane.showMessageDialog(null, "用户删除失败！");
111             }
112     }
113     public static void main(String args[]){
114         ModifyUser mu=new ModifyUser();
115         mu.getUser();
116     }
117 }
```

【程序说明】

- 第 11 行～第 37 行：在构造方法中构造应用程序界面。
- 第 38 行～第 57 行：按钮动作事件处理，分别处理“插入”、“修改”、“删除”和“>>”（下一条）按钮。
- 第 40 行：选择“插入”按钮，通过调用 insertUser() 方法将用户输入的信息保存至数据库。
- 第 42 行：选择“修改”按钮，通过调用 updateUser() 方法将用户修改后的信息保存至数据库。
- 第 43 行～第 46 行：选择“删除”按钮，如果用户确认要删除指定记录，调用 deleteUser() 方法删除指定记录。
- 第 58 行～第 68 行：连接并打开数据库方法 openDB()。
- 第 69 行～第 76 行：调用打开数据库方法 openDB() 后获取 Users 表中的所有信息，以便通过“>>”移动记录。
- 第 77 行～第 89 行：使用 PreparedStatement 将记录插入到数据库。
- 第 79 行：构造 PreparedStatement 对象。
- 第 80 行～第 81 行：设置 PreparedStatement 对象参数。
- 第 82 行：使用 executeUpdate() 方法完成记录保存。
- 第 90 行～第 101 行：使用 Statement 修改记录。
- 第 92 行：构造 Statement 对象。
- 第 93 行：构造修改记录的 SQL 语句。
- 第 94 行：使用 executeUpdate()方法执行 update 语句完成记录修改。
- 第 102 行～第 112 行：使用 Statement 删除记录。
- 第 105 行：使用 executeUpdate()方法执行 delete 语句完成记录删除。

2. 编译并运行程序

保存并修正程序错误后，程序运行后通过“>>”按钮可以依次显示用户信息，以便选择记录进行插入、修改和删除操作，结果如图 10-15 所示。如果要添加记录，需要用户输入新增用户的用户名和密码。

图 10-15　ModifyUser 运行结果

- 可以结合 GUI 技术中的表格等组件，实现用户信息的更友好的操作，请读者自行补充完成。
- “插入”、“修改”和“删除”按钮中的数据有效性验证代码请自行补充完成。
- 该程序中移动记录时的异常处理代码和上移代码等没有给出，请读者自行补充完成。

10.3.5　使用存储过程

1. 预处理与存储过程

预处理就是先构造好 SQL 语句，然后再发送给 SQL 解释器。第一次解释的结果将会被保留下来，以后重新执行预处理语句时，由于先前已经完成了对 SQL 语句的解释，运行速度将会更快，在这一点上，它和 Java 的 JIT（Just-In-Time）机制非常相似，而且预处理还可以使用不同参数。

存储过程和预处理的思想很相似，它是 SQL 语句和可选控制流语句的预处理集合，以一个名称存储并作为一个单元处理，而并不是像预处理一样保存单个语句。存储过程存储在数据库内，最大为 128MB，可由应用程序通过一个调用执行，而且允许用户声明变量、有条件执行以及其他强大的编程功能。

存储过程可包含程序流、逻辑以及对数据库的查询。它们可以接收参数、输出参数、返回单个或多个结果集以及返回值，由于具有预处理的机制，因此存储过程执行起来比单个 SQL 语句快，并且由于将多个 SQL 语句作为一个单元处理，客户端发送到数据库的请求减少，可以有效减少网络拥塞情况的发生。

2. CallableStatement 接口

CallableStatement 为在 JDBC 程序中调用数据库的存储过程提供了一种标准方式。在 JDBC 中激活一个存储过程的语法的一般格式如下：

```
{call proc_name(?,?,...?)}或{?=call proc_name(?,?,...?)}
```

另外，CallableStatement 中调用的存储过程允许带有输入（IN）参数、输出（OUT）参数或输入/输出（INOUT）参数，作为 PreparedStatement 的子类，CallableStatement 除了继承了 PreparedStatement 中的方法外，还增加了处理 OUT 参数的方法。

（1）创建 CallableStatement 的对象

创建 CallableStatement 的对象主要用于执行存储过程，可以使用 DatabaseMetaData 类中的有关方法去获取相关信息以查看数据库是否支持存储过程。调用类 Connection 中的方法 prepareCall 可以创建一个 CallableStatement 的对象。一般格式如下：

```
CallableStatement csm=con.prepareCall("{call test(?,?)}");
```

CallableStatement 接口继承了 PreparedStatement 接口中的 set×××方法对 IN 参数进行赋值，对 OUT 参数，CallableStatement 提供方法进行类型注册和检索其值。

（2）OUT 参数类型注册的方法

在执行一个存储过程之前，必须先对其中的 OUT 参数进行类型注册，当你使用 get×××方法获取 OUT 参数的值时，×××这一 Java 类型必须与所注册的 SQL 类型相符。CallableStatement 提供两种方法进行类型注册：

```
registerOutParamenter(int parameterIndex,int sqlType);
registerOutParameter(int parameterIndex.,int sqlType,int scale);
```

第一种方法对除了 Numeric 和 Decimal 两种类型外的各种类型注册均适用。对 Numeric 和 Decimal 这两种类型一般用第二种方法进行注册，第二种方法中的参数 scale 是一个大于等于零的整数，这是一个精度值，它代表了所注册的类型中小数点右边允许的位数。下面的例子就对一个名为 test 的存储过程中的 OUT 参数进行类型注册：

```
csm.registerOutParameter(2,java.sql.Types.VARCHAR);
```

这条语句对 test 这一存储过程中的第二个参数进行输出类型注册，注册的 SQL 类型为 java.sql.Types.VARCHAR。

对于“课堂案例 1”中所创建的存储过程 pr_delRecord，可以根据所选择的用户名，删除用户信息，其关键代码如下：

```
public void deleteUser(){
    try{
        CallableStatement csm=openDB().prepareCall("{call delRecord(?)}");
        csm.setString(1,txtName.getText());
        csm.execute();
        JOptionPane.showMessageDialog(null,"记录删除成功!");
        csm.close();
    }
    catch(Exception e){
        JOptionPane.showMessageDialog(null,"记录删除失败!");
    }
}
```

10.4 数据库元数据操作

10.4.1 元数据概述

元数据（metadata）是一种描述数据的数据。数据库中存在大量的元数据，用于描述它们的功能与配置，通常包括数据库元数据、结果集元数据和参数元数据。

1. 数据库元数据

每个数据库的元数据是不同的，我们可以通过 DatabaseMetaData 接口来获得。通过调用 Connection 对象的 getMetaData() 方法，可以得到 DatabaseMetaData 类的实例，该实例包含约 100 个字段和方法，可以获得数据库的特定信息，如数据库中所有表格的列表、系统函数、关键字、数据库产品名及数据库支持的 JDBC 驱动器名称等。DatabaseMetaData 接口一些常用的方法如表 10-2 所示。

表 10-2　　DatabaseMetaData 接口的常用方法

方法名称	方法功能
ResultSet getTables（String catalog, String schemaPattern,String tableNamePattern, String[] types）	检索可在给定类别中使用的表的描述
String getSystemFunction()	检索可用于此数据库的系统函数
getSQLKeywords()	检索此数据库中除 SQL92 关键字以外的 SQL 关键字
getDatabaseProductName()	检索此数据库产品的名称
String getDriverName()	检索此 JDBC 驱动程序的名称

2. 结果集元数据

结果集中也有元数据，使用 ResultSetMetaData 接口可用于获取关于 ResultSet 对象中列的类型和属性信息，如每一列的数据类型、列标题及属性等。ResultSetMetaData 接口的一些常用的方法如表 10-3 所示。

表 10-3　　ResultSetMetaData 接口的常用方法

方法名称	方法功能
int getColumnCount()	返回此 ResultSet 对象中的列数
String getColumnName（int column）	获取指定列的名称
String getColumnTypeName（int column）	检索指定列的数据库特定的类型名称
String getTableName（int column）	获取指定列的名称

3. 参数元数据

ParameterMetaData 接口可用于获取关于 PreparedStatement 对象中参数的类型和属性信息。ParameterMetaData 接口的一些常用方法如表 10-4 所示。

表 10-4　　ParameterMetaData 接口的常用方法

方法名称	方法功能
int getParameterCount()	检索 PreparedStatement 对象中的参数的数量
getParameterTypeName（int param）	检索指定参数的特定于数据库的类型名称

10.4.2　课堂案例 6——操作数据库元数据

【案例学习目标】　了解 DatabaseMetaData 接口、ResultSetMetaData 接口的使用，能查询数

据库元数据的程序。

【案例知识要点】　DatabaseMetaData 接口、ResultSetMetaData 接口中的常用方法。

【案例完成步骤】

1. 编写程序

（1）在 Eclipse 环境中打开名称为 chap10 的项目。

（2）在 chap10 项目中新建名称为 GetMetadata 的类。

（3）编写完成的 GetMetadata.java 的程序代码如下：

```
1   import java.sql.*;
2   public class GetMetadata{
3       public static void main(String args[]){
4           try{
5               Class.forName("sun.jdbc.odbc.JdbcOdbcDriver");
6               Connection
    conn=DriverManager.getConnection("jdbc:odbc:happychat","sa","123456");
7               DatabaseMetaData mtdt=conn.getMetaData();
8               System.out.println(mtdt.getDatabaseProductName());
9               System.out.println(mtdt.getDriverName());
10              conn.close();
11          }
12          catch(Exception err){
13              err.printStackTrace();
14          }
15      }
16  }
```

【程序说明】

- 第 7 行：创建 DatabaseMetaData 对象 mtdt，并通过 conn.getMetaData 方法进行赋值。
- 第 8 行：利用 DatabaseMetaData 的 getDatabaseProductName 方法获取数据库产品的名称。
- 第 9 行：利用 DatabaseMetaData 的 getDriverName 方法获取驱动程序名称。

2. 编译并运行程序

程序运行结果如图 10-16 所示。

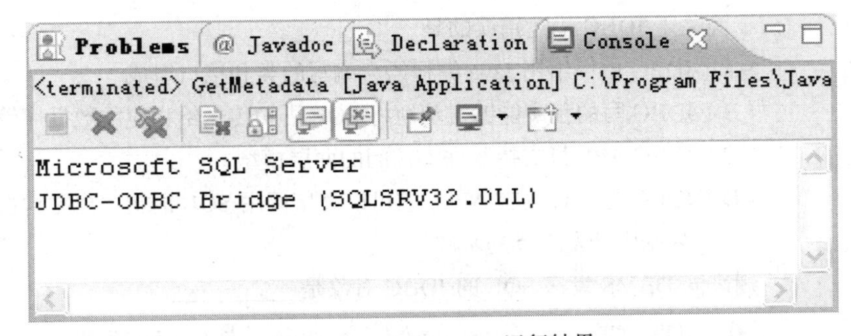

图 10-16　GetMetadata 运行结果

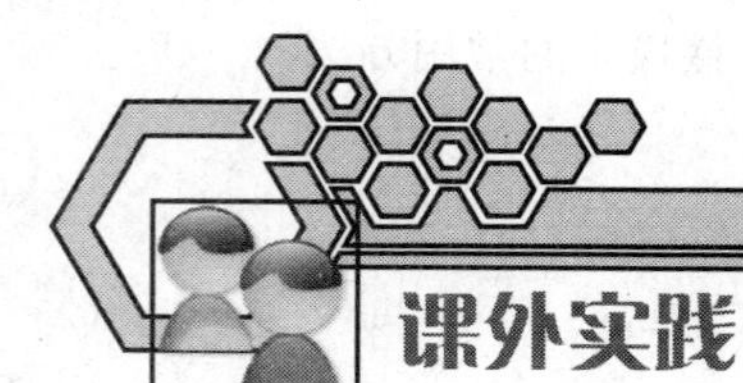

课外实践

【任务 1】

应用 GUI 技术和 JDBC 数据库编程技术，编写一个查询商品信息的程序。

【任务 2】

编写一个可以导航商品信息并可以实现添加、修改和删除商品的程序（建议使用各种数据操作方式）。

商品信息表结构如表 10-5 所示。

表 10-5　商品信息表

g_ID（商品编号）	g_Name（商品名称）	g_Price（商品价格）	g_Number（商品数量）
010001	诺基亚 6500 Slide	1500	20
010002	三星 SGH-P520	2500	10
010003	三星 SGH-F210	3500	30
010004	三星 SGH-C178	3000	10

思考与练习

【填空题】

1. 使用 DriverManager 类的________________方法连接数据库。
2. 使用 JDBC 直接连接数据库注册数据库驱动程序的语句为____。

【选择题】

1. 下面关于 JDBC 描述错误的是__________。
   （A）JDBC 由一组用 Java 编程语言编写的类和接口组成
   （B）JDBC 写的程序能够自动地将 SQL 语句传送给相应的数据库管理系统
   （C）JDBC API 只支持数据库访问的两层模型
   （D）JDBC 是一种底层 API，它可以直接调用 SQL 语句，也是构造高级 API 和数据库开发工具的基础
2. 用来向 DBMS 发送 SQL 的 JDBC 对象是__________。
   （A）Statement　　（B）Connection
   （C）DriverManager　　（D）ResultSet

3. 下列语句用来实现与数据库连接的正确顺序为__________。

（1）Connection con = DriverManager.getConnection（url, "sa", ""）;

（2）ResultSet rs = stmt.executeQuery（"SELECT u_name, u_pass FROM users"）;

（3）Statement stmt = con.createStatement();

（4）Class.forName（"sun.jdbc.odbc.JdbcOdbcDriver"）;

（A）（1）（2）（3）（4）　　（B）（4）（1）（3）（2）

（C）（4）（3）（1）（2）　　（D）（1）（3）（2）（4）

4. 用来执行一个存储过程，可以使用__________方法。

（A）executeQuery 方法　　（B）executeUpdate 方法

（C）execute 方法　　（D）executeNoQuery 方法

【简答题】

1. 举例说明 Statement、PreparedStatement 和 CallableStatement 接口的作用和使用场合。

2. 举例说明 Execute()、executeQuery()、executeUpdate()的用法区别。

参 考 文 献

[1] 杨佩理，周洪斌．Java 程序设计基础教程．北京：机械工业出版社 2010.1.
[2] 刘志成，张杰．Java 进阶教程．北京：机械工业出版社 2009.1.
[3] 王建虹. Java 程序设计．北京：高等教育出版社 2007.4.
[4] 葛志春，刘志成．Java 面向对象编程．北京：机械工业出版社 2007.8.
[5] 刘志成．Java 程序设计案例教程．北京：清华大学出版社 2006.9.
[6] 刘万军．Java 程序设计实践教程．北京：清华大学出版社 2006.9.
[7] 杨树林，胡洁萍．Java 语言最新实用案例教程．北京：清华大学出版社 2006.1.
[8] 陆正武，张志立．Java 项目开发实践（第 2 版）．北京：中国铁道出版社 2005.7.